JN141394

FOOD ETHICS : THE BASICS

フード・エシックス

食物倫理入門

食べることの倫理学

ロナルド・L・サンドラー
Ronald L. Sandler
馬渕浩二 訳
Koji Mabuchi

ナカニシヤ出版

FOOD ETHICS: THE BASICS
by Ronald L. Sandler

Copyright © 2015 Ronald L. Sandler
All Rights Reserved. Authorized translation from the English language edition published by Routledge, a member of the Taylor & Francis Group
Japanese translation rights arranged with Taylor & Francis Group, Abingdon through Tuttle-Mori Agency, Inc., Tokyo

カレン・G・サンドラーに捧げる

凡　例

一、本書は以下の全訳である。Ronald L. Sandler, *Food Ethics: The Basics*, Routledge, 2015.
二、記号類の対応関係は以下のとおりである。
1．テキスト本文での引用符" "は「　」で示した。
2．テキスト本文でイタリック体で印刷されている部分は傍点を付した。ただし見出しでイタリック体が用いられている場合、この限りではない。
3．括弧（　）、ハイフン-、スラッシュ／、ダッシュ——はテキスト本文のものを生かした。ただし、ダッシュに関しては、文意を明確にするためにテキスト本文にない箇所でも用いられている。
4．書名は『　』で示した。
5．〔　〕は訳者による補足である。原語や邦訳書を示したり、短い補足説明を行ったりするために用いられている。
三、文章脇の＊1、＊2……は訳注番号を示す。訳注は巻末に一括して掲げた。なお原著に注はない。
四、ルビは原語を示すために用いられている。
五、本文中に頻出するfoodという語に関しては、文脈に応じて、食べ物・食物・食料・食品・フードと訳した。断りのない限り、これらはすべてfoodの訳語である。
六、USDは正確には「アメリカドル」と訳すべきであるが、煩雑さを避けるため「ドル」と表記した。なお原著出版年の二〇一五年における一ドルの相場は平均で約一二一円。また英ポンドは同じく約一八五円。

謝　辞

本書は、ノースイースタン大学で私が教えている二つの講座、つまり現代的文脈における食物、ならびにフード・エシックスを発展させたものである。これらの講座で受けもった学生たちに感謝する。彼らは、食料と農業に関する彼らの疑問、経験、視点、知識を私と共有してくれた。このように積極的に参加し、よく考え、有能な学生たちに私は教えているのだが、これは幸運なことである。彼らが私から学ぶ以上に、私のほうが彼らからとても多くのことを学んでいるのではないかと思う。

私は、クリストファー・ボッソ〔Christopher Bosso〕に大変お世話になった。私は彼と一緒に現代的文脈における食物について教えているが、彼のおかげで、食べ物という争点の政治上、規制上の重要性について、私の理解は劇的に改善することになった。また、彼はこの原稿の草稿全体についてコメントを寄せてくれた。フードシステムに関して展開した私の思考全体のあらゆる場所に（そしてこの本全体のいたるところに）彼の指紋が残されている。ジョン・バスル〔John Basl〕も、この草稿に対して広範囲にわたるコメントを寄せてくれた。特に、動物と生物工学に関する章がそうである。彼が多くの建設的な批判と示唆を与えてくれた結果として、これらの章は大幅に改善されている。

ジョディー・ライ〔Jodie Ly〕は、事実の確認、資料の徹底的な調査、参考文献の整理、出版のための原稿の準備といったことを行ってくれたし、この研究課題に対して有益な研究補助を提供してくれた。彼女は、読みやすさという点について——もっと明確に書く必要があった章句や、もっと踏み込んだ説明が必要な用語法や観念について――素晴らしい助言を与えてくれた。私は、彼女の勤勉さ、また、私が執筆したり修正したりする間ずっと示してくれた辛抱強さに感謝している。

さらに、ラウトレッジ社のすべての方々、すなわちアンディ・ハンフリーズ〔Andy Humphries〕、シオバーン・プール〔Siobhan Poole〕、イラム・サッティ〔Iram Satti〕、マイケル・ヘルフィールド〔Michael Helfield〕、アンドルー・ワッツ〔Andrew Watts〕に御礼申し上げる。彼らは、この研究課題を支援し、それを生み出すプロセスに貢献してくれた。私の見るところでは、〔彼らがいなければ〕終始もっとスムーズに進行するということはありえなかっただろう。

何よりも、私は、家族に、特に妻エミリー〔Emily〕と、子どもたち――エリジャ〔Elijah〕とルース〔Ruth〕――に感謝している。この本を、私の母カレン・サンドラー〔Karen Sandler〕に捧げる。母さん、いろいろありがとう。あなたの寛大さと無欲さに、私はいつも驚かされている。そして、あなたの作ってくれるマンデル・ブレッドは世界で一番だ。

目次

凡例……ii
謝辞……iii

序章……1

1 なぜフード・エシックスか……2
2 構成とアプローチ……3

第1章　フードシステム……5

1 グローバル・フードシステムとは何か……6
2 グローバル・フードシステムを擁護する論証……8
3 グローバル・フードシステムに関する懸念……25
4 オルタナティブ・フード運動……39
5 オルタナティブ・フード運動に関する懸念……44
6 フードシステムに関する三つの問い……52
7 結論……54
読書案内……54

第2章　食料安全保障と援助の倫理学……59
1　食料不安の原因……61
2　グローバルな食料不安に取り組む……67
3　国家の義務……75
4　個人の義務……85
5　結論……94
読書案内……95
第3章　私たちは動物を食べるべきか……97
1　動物福祉にもとづく論証……98
2　動物福祉にもとづく論証に対する反論……103
3　動物福祉にもとづく論証はどこまで拡大するか……112
4　生態学的影響にもとづく論証……114
5　生態学的影響にもとづく論証に対する反論……117
6　分配的正義にもとづく論証……119
7　健康にもとづく論証……121
8　肉の性的政治にもとづく論証……122
9　肉を食べる（そして狩猟をする）義務はあるか……127

10 狩猟の倫理的次元……129
11 （生存のためではない）狩猟に反対する中核的論証……133
12 娯楽のための食料狩猟を擁護する……135
13 商業型漁業……140
14 結論……145
読書案内……146

第4章 生物工学……149

1 生物工学――背景と文脈……150
2 遺伝子組み換え作物……153
3 結論……188
読書案内……189

第5章 食べ物と健康……191

1 食品に起因するリスク……192
2 肥満と公衆衛生……202
3 栄養主義・栄養補助食品・ダイエット……213
4 摂食障害……216

5 結論……218
読書案内……218

第6章　食べ物と文化……221

1 文化を尊重する……223
2 問題のある文化的実践……227
3 倫理的相対主義……230
4 文化の規範性……238
5 食通文化……241
6 結論……244
読書案内……244

*

訳注……246
訳者あとがき……255
参考文献……270
索引……277

序章

1　なぜフード・エシックスか

食べ物は重要である。一つの理由は、もちろん、生存し成長するために私たちは食べ物を必要とするからである。しかし、それ以上に、食べ物は私たちの生の基礎の一部となっている。私たちは食べ物を中心とし、その周りに私たちの一生を組み立てている。私たちは、食べ物を中心として、その周りで社交する。私たちは食べ物でお祝いをする。食べ物を通じて、私たちのアイデンティティは表現される。私たちは食べ物を楽しむ。食べ物は非常に個人的であり、かつ文化的である。[*1] 食べ物はまたグローバルである。栽培農業や飼育農業が地球の陸地の三分の一以上を占めている。十億人以上が農業で働いており（全労働者のほぼ三五％）、一億人以上が食品関連産業で働いている。農作物と動物が石油についで世界で最も取り引きされている商品である。毎年、五六〇億の陸生動物と九〇〇億の海生動物が、人間が消費するために殺されている。

それだから、食べ物について論争があることは驚くべきことではない。私たちは何を食べるべきなのかということに関して論争がある。私たちの食べ物はどこから来るべきなのかということに関して論争がある。私たちの食べ物はどのように作られるべきなのかということに関して論争がある。食物を操作するテクノロジーに関して論争がある。食料の分配に関して論争がある。食料政策に関して論争がある。この本で用いられるように、**食物問題**〔food issue〕とは、食物のライフサイクルにおける、論争的な側面のすべてのことである。すなわち、農業と捕獲、食品加工、製品、分配、輸送、調理、消費、処分といった側面のことである。食物問題は、私たちの個人的な食物選択〔どのような食べ物を選択するか〕に関係するだけでなく、私たちがその一部である農業－フードシステムにも関係しているのである。

食物問題と食物選択が倫理的問題と倫理的選択になることが実に頻繁にある。倫理的問題と倫理的選択は、権利、正義、権力、自律、管理、持続可能性、動物福祉、[*2] 人間の良好状態[*3]に関係する。人々が倫理的問題や倫理的選択に関して行う主張は指令的である——それらの主張は、私たちが何をなすべきかということに関するものであり、同様に、どのようなフードシステムや政策を私たちは支持すべきかということに関するものだからである。私たちは動物を食べるべきだろうか。私たちは、ローカルに食べるべきだろうか。私たちはGM作物〔遺伝子組み換え作物〕を受け入れるべきだろうか。私たちは、グローバルな栄養不良に取り組むことを手助けすべきだろうか。結果として、それらの主張は、何が問題であるのか、何が価値をもつのか、どのような原則で私たちは生きるべきか、どのような理想を私たちは追い求めるべきか、といったことについての見解を含むことになる。私たちは、食べ物の倫理学（フード・エシックス）に注意を払うことなく、食料消費、食料政策ないしフードシステムについて良い選択を行うことはできないのである。

本書はフード・エシックスへの入門書である。この本は、食物問題の倫理的要素を明確にし、食物選択に備わる重要な倫理的次元を解明するものである。この本の目的は情報提供的であることであって、何をなすべきかを読者に伝えることではない。食物選択は究極的には個人的なことである——何を食べるのか、どこで買い物をするのか、政治的見解はどのようなものであるのか、そういったことを全員が自分で決定するのである。食べ物に関わる実践についての倫理学を準備することに関心のある人たちにとっては、もしかするとこの本は、彼らがそうするのに役立つことができるかもしれない。

2 構成とアプローチ

この本の各章は、フードシステム、[*4] 食料安全保障、[*5] 動物を食べること、生物工学、食べ物と健康、食べ物と文化といった、様々なトピック領域に焦点を合わせている。倫理学的分析においては、議論される問題を明確に理解することが求められる。それゆえに、各章には、豊富な背景情報——たとえば関連する政策、経験的データ、科学的研究に関する情報——が含まれている（大抵の場合それから始まる）。私は問題を明確にしたあとで、問題の倫理的次元を際立たせ、関連する重要な価値や倫理的問いを確認する。多くの場合、その後に私は、この問題に応答して何がなされるべきなのかということに関して、最も有名な見解と論証とを提示する。私の目的は、考察されるすべての倫理的問いに対する個々の答えを擁護することではないが、それにもかかわらず、ある問題に関して最も見込みのある見解だと倫理学者たちがみなすものについて、たびたび確認を行う。また、私は、ある見解や論証が広く認められた欠陥を有する場合は、そのことを指摘し、問題をよく考えるのに役立つかもしれない問いや観点を示唆する。

各章は概ね独立しており、どのような順番でも読むことができる。しかし、考察される話題を関係づけるために内部参照が施されている。それらの内部参照は、大抵の場合、ある問題や疑問に関して、もっと包括的な議論がなされている別の章の節を読者に参照してもらうためのものである。さらに、多くの重大な食物問題は、私たちが参与するフードシステムの諸側面に関係している、あるいはそれらから生じている。フードシステムをめぐる言説は、非常に多くの食物問題を理解するための重要な文脈であるから、あなたがフードシステム論争に馴染みがないのなら、フードシステムに関する章（第1章）を最初に読むことをお勧めする。

最後に、この本が何ではないかということについて、私は一つ言及しなければならない。この本は、食料と農業をめぐる歴史的ないし文化的実践の研究、あるいは批評ではない。一般的にもそうではないし、個別の伝統に関してもそうではない。文化的、社会的文脈の有する倫理的重要性がしばしば議論されるけれども（第6章はこのことに焦点を合わせている）、この本は食文化[*6]――たとえば、人々の特色のある農業実践や食べ物に関連する実践の発展・内容・意味――についての本であることをまったく意図してはいない。食べ物と農業の社会学的、歴史的、人類学的、文化的な研究は魅力的であり価値があるが、それらはここでの焦点ではない。

第1章　フードシステム

私たちの個人的な選好[*1]や選択や実践が、持続可能性、生物多様性、人権、グローバルな正義、動物福祉といったより広い社会的、生態学的な考慮事項と交差するとき[*2]、実に多くの食物問題が発生する。個人の選択をより広い問題に結びつけるものは何だろうか。それは、私たちが参与しているフードシステムである。フードシステム〔food system〕という言葉によって言及されているのは、私たちが口にする食べ物を生産し、私たちが食べる場所にその食べ物をもたらすプロセスやインフラストラクチャーや行為者が織りなす複雑なネットワークのことである。ますます支配的となっているフードシステムはグローバル・フードシステムとしてしばしば言及されるが、このフードシステムに関しては倫理的懸念が存在しており、私たちが耳にするフード運動——スローフード〔slow food〕、ローカルフード〔local food〕、オーガニックフード〔organic food〕、フード・ジャスティス〔food justice〕——のほとんどは、これらの倫理的懸念に対する応答として生じてきたものである。この章が提示するのは、グローバル・フードシステムに関する言説と、これまで提案されてきたグローバル・フードシステムに対する代替案、つまりローカルで地域的（リージョナル）なシステムである。フードシステムに関する論争は、それ自体で重要であるが、それればかりでない。フードシステムに関する論争は、食料と農業に関する他の著名な倫理的問題が繰り広げられる際の重要な背景にもなっている。

1 グローバル・フードシステムとは何か

すべてのフードシステムは、農業生産（たとえば作物や家畜）あるいは捕獲（たとえば漁猟）、加工処理（たとえば屠殺、精製、圧搾、冷凍）、調理（たとえば加工施設、料理店、家庭における）、消費、廃棄物処分を含む。これらはすべて、輸送、分配、農産物供給や加工処理供給、テクノロジー、交換（あるいは売買）を含む。グローバル・フードシステムに関して特色となるものは何だろうか。それは、食料生産と食料配送のネットワークが多国籍的で産業的なことである。グローバル・フードシステムは脱中心化されており力動的である。組織化された計画プロセスは存在しないし、グローバル・フードシステムを構成するネットワーク、行為者、プロセス、政策、インフラストラクチャーは、技術革新、消費者の需要、経済条件、気候パターン、規制、地政学的事件といったような数多くの要素に応じて、たえず変化している。とはいえ、このシステムの多国籍的、産業的な性格は、効率、コストの最小化、市場での成功を優先するので、以下のような特徴を促進することになる。それらの特徴のうちの幾つかは、このシステムに関する倫理的言説にとって中心的なものである。これらの特徴は、グローバル・フードシステムに固有のものではなく、むしろグローバルな産業的生産や配送システム全般に共通するものである。

- グローバルな調達――原料、労働、加工処理は、それらの費用が最も安価な場所で調達される。
- 規模の経済[*3]――合併、垂直的統合、大規模生産（すべての水準での――たとえば農業、加工処理、製造での）が好まれる。なぜなら、それらは連携を高め、単位当たりの生産コストを削減するからである。
- 大規模な行為者――関係する主要な（あるいは最も影響力のある）行為者は、企業、国際組織、国家政府である。というのも、それらは経済的な重要性を有するからであり、グローバルに行為したり、政策に影響を与えたり、政策を設定したりする能力を有するからである。
- 機械化と技術革新――機械化、そして新しいテクノロジーや新しいプロセスは、それらが効率性を高めコストを下げる場合は、すぐに採用される。
- 標準化――サプライチェーン[*4]に沿った投入物（たとえば商品と動物）とプロセス（たとえば製造と調理）の標準化は、生産効率を高め、素早い代用（たとえば様々な地域から調達したり、労働者を置き換えたりすること）を可能にする。
- 商品化――そのシステムのすべての要素は（第一に、あるいはもっぱら）その経済的有用性という観点から評価され、交換可能なもの（貨幣や他の商品と交換できるもの）として、また代用可能なものとして扱われる。
- コストの外部化――消費者価格を下げ利潤を増やすこ

とは、生産プロセスのコスト（たとえば生態学的、社会的、公共的健康）を、他者たちに、ないし全体としての社会に負担させようと試みる誘因となる。

・高度な投入物の必要（と資本コスト）――集約型で大規模な生産とグローバルな分配は、高水準の資源投入を必要とする――たとえば農業用の肥料、加工処理用の機械装置、輸送用の化石燃料。

グローバルな産業型フードシステムとグローバルな食料連鎖（フード・チェーン）の複雑さを表す典型的な実例は、ファストフード店のチーズバーガーである。チーズバーガーは安価で、巨大企業によって世界中で売られ、すべての地域で同じものが売られ、徹底的に加工処理され、すぐに入手可能で、匿名で生産され、グローバルに調達される。ファストフードのチーズバーガーは、「他の食品に比べると」いっそう産業的でグローバルな食料品目であるかもしれないが、チーズバーガーは決して特別な事例ではない。とりわけ、豊かな国々に住む私たちに関していえば、私たちの料理店で出される食べ物、私たちの日用雑貨店の棚に置かれた食品、私たちの家庭にある食品は、ますますグローバルになり、加工処理され、容易に消費することができるものになりつつある。

2 グローバル・フードシステムを擁護する論証

グローバル・フードシステムは、グローバル化と産業化が食料と農業に適用された結果として生み出された。経済的、テクノロジー的、社会的な要因が、その発展を促進してきた。これらの要因のなかには、食料品を貯蔵したり輸送したりする能力、長距離を飛び越えて瞬時に容易に意思伝達する能力、人々（そして人々の料理の選好や実践）の移動、国際的な商品市場の発展といったものが含まれる。しかし、フードシステムがこのような仕方で発展することは不可避のことではなかった。むしろ、このシステムを促進しようとする国家的、国際的な政策が存在したのである――たとえば国境を越えて商品やサービスが移動することを促進する自由貿易協定、商品作物（たとえばトウモロコシと大豆）の生産量を著しく増やすための農業補助金、巨大な行為者（たとえば多国籍農産物供給会社）に権限を与える特許法、ローカルに消費される混作から離れグローバルな商品農業に向かうよう国家を動かすための一致協力した努力（たとえば国際的金融機関、宗主国による）などである（混作〔poly-culture〕は、幅広い種類の食用植物を育てる実践を表す。商品単作〔commodity monoculture〕は、市場で売るために一種類の作物を大量に育てる実践を表す）。グローバルな産業型フードシステムを促進することを支持してなされてきた幾つかの論証が存在する。

◈**世界を養うことにもとづく論証**

グローバル・フードシステムを支持して提示される主要な論証の一つは、世界のすべての人々を養うという難題に対処するために、私たちはこのシステムを必要としている、というものだ。この惑星上には現在七二億人がおり、またグローバルな人口は来たる数十年間は増えつづけることが予想されている。どのくらい多くの人々が存在することになるのだろうか。これは、女性一人当たりの子どもの数という視点から計られる未来の出生率に左右される。未来の出生率がどのようなものとなるかを正確に知ることはできないので、未来の人口はシナリオという視点から考察されなければならない。国際連合の見通しによると、今世紀の半ばまでに出生率が女性一人当たり二・二四人まで下がれば、グローバルな人口は二〇五〇年にはおよそ九六億人に、二一〇〇年までには一〇九億人になるだろう。もし出生率が女性一人当たり二・七四人ならば、予想される人口は二〇五〇年に一〇九億人、二一〇〇年には一六六億人である。出生率が女性一人当たり一・七四人に急落すれば、人口は今世紀中頃までには八三億人、二一〇〇年までには六八億人にすぎなくなる（UN, 2013a）。

出生率の中位の（あるいはより低い）推計が達成されうると信じるのに十分な理由がある。出生率は世界中で下がってきているし、出生率を効果的にもっと下げることができる政策が存在するのである。（これらの政策は次章で考察される。）そうだとしても、七二億の人口を養い成長させることは途方もない難題である。現在、世界には八億四二〇〇万の栄養不良の人々がおり、グローバルな作物需要が二〇五〇年までに六〇％から一二〇％

の間で上昇するだろうと予想されている。この幅は、人口増加、経済成長、食事の変化のような要因に左右される（Cassidy et al., 2013; Alexandratos and Bruinsma, 2012）。

世界を養うとは、私たちが有限な自然資源を用いて対処しなければならない難題のことである。国連食糧農業機関（FAO）によると、陸地の表面のおよそ三八％がすでに食料生産（作物と牧草）に用いられている（FAO-STAT, 2014a）。インドはその土地の六〇％を農業用に利用しており、一方、合衆国は四五％を利用している（World Bank, 2014a）。人口が増えたときでさえ、これらの比率は長年にわたって相対的に安定しつづけてきた。農業によく適していて、他の目的にとっては重要でない土地のほとんどが、すでに何らかの形態で農業利用されているというのが、その理由である。（農業利用のための土地が増える可能性を秘めた実質的に唯一の地域は、アフリカと南アメリカの一部にある森林地帯である。）農業で用いられる土地の量は一定であったのに人口は増加してきたのだから、一人当たりの使用される農業用の土地の量は着実に減ってきている。さらに、最近の研究が示唆するところでは、一年間に植物、つまり作物やそれ以外のものが育つことができる規模に関して、地球全体での限界が存在している。そのような限界が存在する根拠は、土地の利用可能性、太陽放射、降水量といったような事柄である（Running, 2012）。それゆえ、私たちが自分たちのために地球資源をより多く利用すると、他の種にとって利用可能な資源は減ることになるだろう。すでに推定されているところでは、人間は、生物圏の生産量の、ないしは主要植物の純生産量のほぼ二五％を使用している（Haberl et al., 2007; Krausmann et al., 2013）。海洋に関しても状況は似たようなものである。グローバルな漁場で現在十分に利用されていないのは一三％以下である。残りは十分に利用されているか（ほぼ五七％）、過剰に利用されている（ほぼ三〇％）。特に、私たちが他の種のために十分な資源を残すべきであるとすれば、海から受け取ることができる生産量はそれほど多くない（FAO, 2012a）。

一人当たりの使用される農業用の土地の量が減ってきていることを前提すると、一人当たりの生産され入手可能なカロリー量も減ってきていると予想されるかもしれない。しかし、この予想は正しくない。「最近数十年では、グローバルな農業の潜在的生産性は人口増加を上回っており、その結果として、一人当たりの平均した食料供給可能性は、ゆっくりではあるが継続的に向上している。世界全体としては、一人当たりの食料供給量は、一九六〇年代初期には一日当たり約二二〇〇キロカロリーであったものが、二〇〇九年までには一日当たり二八〇〇キロカロリー以上に増えた。……タンパク質と脂肪の供給量も、一日一人当たりグラムで測ると過去一〇年間にわたって増えてきており、脂肪供給量はタンパク質供給量を凌いでいる」(FAOSTAT, 2013, p. 126)。グローバルには、そしてアフリカ、アジア、ラテンアメリカ、オセアニアを含む主要な地域すべてにおいては、一九六〇年、一九九〇年、あるいは二〇〇〇年に比べて、今日のほうが、一人当たりの食料供給において、より多くのカロリー、脂肪、タンパク質が生産され入手可能となっている(FAOSTAT, 2013; FAO, 2013c)。グローバル・フードシステムの支持者たちの主張するところでは、このことは、テクノロジーの革新や産業の効率性がもたらした結果であって、それらはこの期間に農業部門と食料部門に広まってきたのである。より少ない土地からより多くのカロリーを手に入れる方法はどのようなものだろうか。生産を強化し、農業用の新しいテクノロジーを開発し採用し、必要なときに投入物(たとえば合成窒素肥料)を加え、ある地域に最も適したものに生産を専門化し(そしてそのあとでグローバルに貿易する)、作物の損失(たとえば害虫や腐敗)を減らし、サプライチェーンにおける浪費を取り除き、世界中で必要とされるときに必要とされる場所に食料を届けることが、その方法である。

産業化による生産量の増加ということは、栽培農業と同じく飼育農業にも適用される。たとえば合衆国では、ウシ一頭当たりの牛乳の生産量は一九七〇年から二〇一二年の間に年間九七〇〇ポンド〔約四四〇〇キログラム〕から二万一七〇〇ポンド〔約九八四三キログラム〕に増えたが、これは〔生産が牛乳へと〕集中し専門化しただけでなく、搾乳技術、給餌、品種、ホルモンが改善されたせいである(USDA-NASS, 2014; USDA, 2012b)。

とすると、グローバル・フードシステムを擁護する一つの中核的論証(コア・アーギュメント)は、技術革新、グローバル化、産業化、専門化が、数十年にわたって食料生産水準を著しく向上させてきた、というものである。七〇億人を超える人口を養い成長させるという難題に私たちが対処することができる唯一の方法は、生産、加工処理、分配をさらに効率的にするのに役立つよう技術革新を継続することであり、科学とテクノロジーを利用することなのである。この論証の支持者たちは、しばしば次のような推論を付け加えるだろう。私たちが食料生産をもっと効率的にすればするほど——私たちが土地一単位当たりもっと多く生産することができればできるほど——私たちは他の種に対してもっと多くの空間と資源を残すことができるという推論である。そうであるなら、農業の効率性と強度を最大化することには、生態学的な利点と生物多様性上の利点があることになる。

◆世界を養うことにもとづく論証に対する応答

世界を養うことにもとづく論証に対して、幾つかの批判が練り上げられてきた。以下において、私は、それらのうちで最も影響力のあるものを考察する。

産業型農業の収穫量のほうが本当に多いのだろうか

有機（オーガニック）農業と産業型農業、単作と複作では、どちらの生産性が高いのだろうか。この件に関する主張は、かなり論争的である。産業型農業（従来型農業〔conventional agriculture〕としてしばしば言及されたりもする）が表しているのは、化学肥料や除草剤や殺虫剤を用いる商品単作である。産業型農業は、遺伝子組み換え作物（GM作物）の使用や企業による支配と結びついてもおり、企業による支配は、種子の特許や統合整理した農場所有といった事柄を通じてもたらされる。有機農業を特徴づけているのは、GM作物や化学的投入物の使用を拒否することである。有機農業は、非合成肥料（堆肥のような）、作物の多様性、輪作、総合的有害生物管理[5]を利用する。有機農業は、また、比較的小さな独立農場、比較的小さい生態学的影響、ローカルな、あるいは地域的な分配システムといったものにも歴史的に結びついている。しかし、豊かな国々では有機食品に対する消費者の需要は高まっているので、産業型の有機的生産——そうでない言い方をするとすれば、GM作物や化学的投入物を用いない従来型農業——と呼ばれるかもしれないものが著しく増えていることに注意しておくべきである。

農業に対するどちらのアプローチがより多くの収穫量を生み出すかということは、主として経験的な問題であって、十分な調査とデータがその問題の解決に役立つはずである。とはいえ、この議論においては科学そのものが論争の的であるし、かつ、それぞれの立場が、自身の見解の擁護のために引用する研究や事例を手に入れているのである。それにもかかわらず、この分野の文献に関する最近の幾つかの調査は、次のような説明に収斂（しゅうれん）し始めている。非常に産業化した国々で育てられている商品穀物――たとえば合衆国とブラジルで育てられているトウモロコシ――については、有機農業と従来型農業との間に収穫量の差（ほぼ二五％）があるように見える。しかし、他の多くの作物（たとえば豆）については、産業化された国々においてさえ、この差はもっと小さい（五％程度にすぎない）。さらに、産業化が進んでいない国々――大抵は食料不安が存在する――においては、有機農業と伝統的農業がしばしば産業型農業の収穫量に匹敵することがあり、あるいは、それを超えることがある。（これらの有機農業と伝統的農業はしばしば非認証オーガニック〔uncertified organics〕と呼ばれる。）さらに、幾つかの研究が発見したところでは、両方のタイプの農業において――たとえば有機農業で窒素の利用可能性が増大したことによって、また従来型農業で作物の多様性が増え作物残渣（ざんさ）の利用が改善したことによって――収穫量が著しく増えるための余地が存在している（Seufert et al., 2012; De Schutter, 2011; Pretty and Hine, 2001; Pretty et al., 2003）。そうであるから、有機農業と従来型農業の間には収穫量の差がある一方で、それらの差がどのようなものとなるかは、作物の種類や経済的・社会的文脈に応じて変化するのである。

何がより高い収穫量に数え入れられるのか

グローバルな産業型フードシステムの幾人かの著名な批判者たち――たとえばマイケル・ポーラン〔Michael Pollan〕、フランシス・ムーア・ラッペ〔Frances Moore Lappé〕、ヴァンダナ・シヴァ〔Vandana Shiva〕――は次のように主張する。すなわち、産業型農業と結びついた収穫量の「増加」が存在するときでさえ、それらの増加は見かけの増加にすぎないと主張する。この主張を擁護する一つの理由は、産業型単作のより大規模な生産を伝統的な複作よりも優位なものとして算定することは、複作の実践において育てられているすべての種類の食料用植物を計算に入れるのを怠ることである、というものだ。たとえば、シヴァの報告によると、インドの小自作農業において、女性たちは、食料のために、そして医療を含む他の用途のために一五〇の異なる種類の植物を栽培しているし、サハラ以南のアフリカでは、女性たちは一二〇にも及ぶ種類を栽培している、タイでは女性たちは二三〇もの多くの種類を栽培している。結果として、大豆やトウモロコシのような主要作物にだけ焦点を絞る研究は、複作の生産水準を体系的に過少報告するものであるかもしれない。

他の批判は、産業型農業の「より高い」収穫量に関する主張は誤解を招くおそれがある、というものだ。なぜなら、これらの主張は、この収穫量と結びついているコスト全体を組み入れていないからである。産業型農業が、ある成育期に、限定的な地域で、より多くのカロリーを生産することができるとしても、この農業システムの及ぼす外部への影響があるわけだから、それをも考慮しなければならない——たとえば、大量の水の利用は別の場所で（あるいは将来）利用可能な水が減ることを意味するし、化学肥料の表面流出あるいは動物の排泄物の処理は、ローカルな飲料水供給に害を与え、河岸や海洋の生産性を減少させることがあるだろうし、あるいは、この農業システムに対しては大量の投入物が必要とされるのである。こうしたことが考慮されなければならない。批判者たちが主張するところでは、ひとたび外的な農業コストや影響が収穫量の計算に内部化されると、産業型農業は有機農業あるいは複作ほど効率的ではないことになる。

第三の懸念は、これらの外的な影響や大量の投入物の必要という同じ事柄によって、長期的には産業型農業が高い生産水準を維持するのがいっそう困難になる、というものだ。産業型農業はまた、第二の成育期——たとえば被覆作物や干草にとっての[*6]——に畑が利用されないという事態をもたらす。それだから、第一の時期の収穫量は短期間で増えるとしても、第二の成育期あるいは将来における生産性の喪失によって、それは相殺されてしまうのである。

収穫量を最大化することが本当の課題なのか

有機農業の収穫量と従来型農業の収穫量のどちらが多いかという論点は、人の注意を重要な事柄から少し脇へ逸らすものだ、と主張した人々がいる。一例を挙げると、さきに考察されたように、目標が生産性を最大化することであるとすれば、その場合、ある事例では従来型農業のほうが良いが、他方、他の事例では有機農業のほうが良いのであって、二者の諸要素を組み入れる何らかの混合的なアプローチなら収穫量はより多くなるだろう。そのうえ、両方のアプローチに関して収穫量を増やす余地があるのだから、それぞれのアプローチが、世界を養うのに十分なカロリーと栄養を生産する能力を有しているということがあるかもしれない。

さらに、世界を養うという難題は、生産に関するものであるのと同じ程度に、食料の分配、調達、利用に関するものでもある。現在は、全員が必要を満たすに足る（サフィシェント）カロリーと栄養を手にするのに十分な食料が存在する（FAOSTAT, 2013; FAO, 2013c）。「平均食事エネルギー供給量の十分度〔average dietary energy supply adequacy〕――食事エネルギー供給量が食事エネルギー平均必要量の何パーセントになるかを表現する――は、グローバルには過去二〇年間で一一四％から一二〇に増えた。同時に、穀物、根茎、塊茎によって提供されるエネルギーの割合は次第に低下してきており、二〇〇七－二〇〇九年には五一％に達した。一日一人当たりの入手可能なタンパク質の量は、一九九〇－一九九二年と二〇〇七－二〇〇九年の間に世界水準で一三％増えた」（FAOSTAT, 2013, p. 76）。ある人物にとっての食事エネルギー必要量は、年齢、性別、活動水準に応じて異なる。各国にとっては、「最低限のエネルギー必要量は」その国における「様々なジェンダー－年齢集団の最低限のエネルギー必要量の加重平均であり」、最近のほとんどの概算では、一日一人当たり一六九〇キロカロリーから一日一人当たり一九九〇キロカロリーの範囲であった（FAOSTAT, 2010; FAOSTAT, 2008a）。

平均食事エネルギー供給量の十分度は、すべての国においてではないけれども、すべての発展途上地域において一〇〇を超えている――これらの地域にはサハラ以南のアフリカと南アジアが含まれるが、これらは栄養不良の比率が最も高い地域である（FAOSTAT, 2013）。全体として、発展途上地域における平均食事エネルギー供給量の十分度は、一九九〇－一九九二年と二〇〇一－二〇一三年の間に一〇八から一一八に増加した。発展途上地域における食事の栄養上の質も改善した。「たとえば、一人当たりの果物と野菜、家畜生産物、植物油の供給可能性は、一九九〇－一九九二年以来それぞれ九〇％、七〇％、三二％ずつ増えた……これらの改善から十分な恩恵を被らなかったのはアフリカと南アジアだけである」（FAO, 2013c, p. 18）。

全員のための十分な食料と栄養が存在するにもかかわらず、二〇億人が微量栄養素不足[*7]の影響に苦しみ、八億四二〇〇万人が慢性的に栄養不足であり、深刻な食料不安の状態にある。五歳以下の二億人近くの子どもたちが標準体重未満であり、毎年二五〇万を超える子どもたちが栄養不良で死んでいる（FAO, 2012b）。サハラ以南のアフリカや南アジアでは、五歳以下の子どもたちの三五％から四〇％が慢性的なカロリー不足と栄養不足で発育が遅れている（UNICEF, 2011）。エジプト、カザフスタン、ニカラグア、マラウイのような幾つかの国々においては、幼い子どもの食事供給量の十分度は平均必要量を十分に上回るにもかかわらず（一一〇％から一四五％）（FAOSTAT, 2013）、その発育の遅れが広がっている。

食料不安の問題は次章で詳しく考察される予定である。ここでの要点は、世界を養うことに関して言えば、収穫量を改善するのと同じくらいに分配と調達を改善することが重要であるということだ。そのようにするための一つの鍵は、グローバルな貧困に対処することである。グローバルな貧困者たちの所得が上昇すれば、食事は――特にタンパク源、果物、野菜という点で――改善されるし多様化するし、発育の遅れ、栄養不良、体重不足の割合はすべて減少する（FAO, 2012b; FAO, 2013c; FAOSTAT, 2013）。大抵の場合、問題であるのは、食料が周りにないということなのではなく、食料を手にする余裕が多くの人々にないこと、あるいは彼らが食料の調達手段を手に入れられないことなのである。作物収穫量を増やさずに食料の供給可能性を著しく増大させることは可能である。

食料の供給可能性を増大させるために検討されている

もう一つの有名な戦略は、特に肉の生産量を減らすことによってカロリーと栄養の利用を改善することである。いずれ私たちが食べることになる動物に穀物を与えることは、農業資源の利用法としてはひどく効率が悪い。というのも、動物は、細胞を成長させることのほかに様々な種類の事柄のために、カロリーと栄養を使用するからである。作物カロリーのほぼ四一%がフードシステムから失われる。なぜなら、それらのカロリーは動物の体を通って排泄されたり、バイオ燃料の生産といった食料以外の目的のために利用されたりするからである。非効率な利用パターンのせいでフードシステムから失われる農業生産物の量がどのくらいになるかは、国によって著しく異なる。インドでは作物カロリーの九〇%は人間によって消費されることになるが、他方、合衆国では人間によって消費されるのは三四%にすぎない。もし合衆国がその作物カロリー全体を人間による直接の消費用に提供すれば、それらのカロリーは、現在養っている人間たちの三倍を養うことができるだろう（Cassidy et al., 2013）。グローバル・フードシステムの内部では、農業生産物は一つの商品であって、市場が最も金を払う対象が飼料や燃料であるなら、結果として生じる作物は飼料や燃料になるだろう。

食料の供給可能性を高めるための、さらにもう一つの方法は、食品ロスを減らすことである。ＦＡＯが推定するところでは、地球全体で見て、人間による消費のために生産された食品の三分の一が、フードシステムから消失している（FAO, 2013a）。食品ロスの割合は、先進国と発展途上国の両者において、おおよそ同じである。しかし、グローバル・フードシステムの内部での食品ロスの分布は異なっている。発展途上国では、ロスは主に生産、輸送、加工処理の段階で発生し、腐敗や害虫によるものである。対照的に、豊かな国々――強固なインフラストラクチャーがあり、食料が大量にあり、世帯所得に比して食料支出が低い――においては食品ロスの大部分は、小売りや消費の段階での廃棄という形態で発生する。食品廃棄物は次章でより詳しく考察されるだろう。もう一度言うと、現在の目的にとっての要点は、作物収穫量を増やすのとは別に、グローバルな食料供給可能性を著しく高め、栄養不良を減らす方法が存在するということである（Foley et al., 2011）。

◈選好充足にもとづく論証

グローバル・フードシステムを支持する第二の中核的論証は、次のようなものである。すなわち、他のシステムでは、消費者が欲しいものを、消費者が欲しいときに、消費者が払いたい価格で、消費者に届けることはできない、というものだ。経済学では、市場あるいはシステムは、人々の選好を充足する限りで、よく機能している、あるいは効率的であるとみなされる。グローバル・フードシステムは、人々の料理の選好を充足することについては、きわめて効率的である。

豊かな国に暮らす私たちは、一年のほぼどの時期においても、自分が欲しい食べ物を手に入れることができる。このことは、加工食品（たとえばシリアル、アイスクリーム、香りのついた飲料、チップス、スプレッド）だけに当てはまるのではなく、生鮮食品（たとえば肉、チーズ、果物、野菜）や外食（たとえばメキシコ料理、インド料理、中華料理、イタリア料理、日本料理）にも当てはまる。グローバル・フードシステムだけが、ベリーをニューイングランドへ、柑橘類を真冬の北ヨーロッパへ届けることができるのであり、獲れたてのマグロやサケをシカゴやロンドンに絶え間なく届けることができるのである。たとえば、合衆国では海産物の九一％（NOAA, 2013）と新鮮な果物とナッツの三八％が輸入されている（USDA, 2012a）。イギリスは、海産物のうち二六億英ポンドを輸入し、イギリスで消費される果物と野菜のうち二三％しか生産していない（結果として七三億英ポンドの果物と野菜の貿易赤字が生じている）（DEFRA, 2012）。

さらに、これらのすべての食べ物が、人々が払いたい価格で入手可能である。つまり、ダブルチーズバーガーは一ドルで、ロブスターの夕食は一五ドルで、スウィートチェリー一ポンド〔約〇・四五キログラム〕は二・九九ドルで入手可能である。グローバル・フードシステムは、さきに考察された方法でコストを抑えることによって、すなわち、グローバルな調達、労働コストの最小化、専門化、垂直的統合、標準化、規模の経済によって、このことを可能にしている。合衆国では世帯当たりの平均的な食料支出が現在は世帯所得の一〇％であるが、一九五〇年には二〇％を超えていた。イギリスでは、世帯当たりの平均的な食料支出は全支出の一一・六％にすぎない。豊かな国々に豊富な食べ物とともに住む私たちが食べ物に支出している所得の割合はきわめて小さいのであるが、このことが意味するのは、私たちはより選り好みすることができるということだ。コストや栄養内容だけにもとづいて選択する必要に迫られているわけではないので、私たちは、自分が欲しいときに、自分が欲しいもののために、もう少し多く払うことができるのである。

世界中で人々がますます欲しいと思っているものは何だろうか。それは便利さである。つまり、ファストフード、加工食品、調理済み食品、料理店の食事、自分の玄関まで配達してもらう食べ物である。ヨーロッパや合衆国では、人々がとる週当たりの食事の回数が長年にわたって増えつづけてきた。調理済み食品、加工食品、パッケージ入りの「付加価値」食品――冷凍の夕食からドリトスまで[*8]――が一九五〇年代以来、合衆国の食品経済における成長の大部分を形作ってきた（USDA, 2014a）。イギリスでは、食料輸入品の八一％は高度に加工されたものか（三七％）、軽度に加工されたもの（四四％）である（DEFRA, 2012）。人々が、大きな容器に入った食品や生鮮食品をこれまでよりも多く購入しているのは、自分の家庭で料理するためにではない。食べられる状態になっている（あるいはほぼそうなっている）食品を食べるために、人々は、これまでよりも頻繁に出掛けたり、そうした食品を家庭に持ち帰ったりしているのである。加工食品は大部分の発展途上国においても、ますます受け入れられるようになってきた。なぜなら、信頼できる電力／冷蔵が存在しない場合、加工食品はより長期の保存を可能にするからであり、食品調理に伴う相当の時間や労働の負担を軽減することができるからである。洗濯機が人々（とりわけ女性たち）を手洗いの負担から解放したように、加工食品は、食品をゼロから調理する負担から人々（とりわけ女性たち）を解放することができるのである。

グローバル・フードシステムは、消費者の需要に反応する市場システムである。他のシステムでは、人々が欲しい種類の食べ物を、人々が欲しいときに、人々が払いたいと思い、払うことができる価格で、期待どおりに届けることはできない。すなわち、他のフードシステムでは、グローバルな産業型フードシステムと同じように人々の食べ物のニーズと選好を充足することはできない。経済システムは、人々の選好を充足する限りでよく機能しているのであるから、そして、グローバル・フードシステムは選好を非常によく充足するのだから、この論証にしたがえば、私たちはグローバル・フードシステムを採用すべきなのである。

◆選好充足にもとづく論証に対する応答

世界を養うことにもとづく論証と同じく、選好充足にもとづく論証に関する批判が幾つか提示されてきた。以下において、私は、それらのうちで最も影響力のある批判について考察する。

選好はすべて平等なのだろうか

選好充足にもとづく論証は、あるシステムないし政策は、それが人々の選好を充足する限りで正当化できるという規範的前提に依拠している。この前提は、選好がどのようなものであるかにかかわらず、選好を充足することは善いことであり、選好を妨げることは悪いことであるという価値主張によって支えられている。しかし、多くの倫理学者たちは、選好それ自体を評価することも重要であると主張してきた。選好は十分な情報にもとづいていなかったり、間違った情報にもとづいていたりすることがありうる。たとえば、人々は、その美的性質にもとづいてある種の肉料理を好むが、それを生産する過程で動物がどのように扱われているのかということについて、十分な情報をもたないかもしれない。この情報は、それが入手可能な場合には、人々の選好を変えることがあるかもしれない。ある事例では、追加の情報によって人々の選好が変えられるべきであるということさえあるかもしれない。すなわち、倫理的な考慮事項が、その選好を支持しえないものにすることがある。たとえば、ある製品が人々を搾取することによって、あるいは生態学的に破壊的な仕方で生産されており、これが、その製品を相場価格で作ることができる唯一の方法であるということを私たちが知る場合、適切な応答は、その選好を諦めることである。このことは北半球で冬に熱帯の食品を食べることに対する選好にも当てはまり、同じく、多くのファストフード店から手に入れて食べる安価な食品にも当てはまると、多くの人々が主張してきた。生態学的コストや関連する労働者の待遇などを考慮すると、私たちはそのような選好をもつべきではないのである。ある者たちは、この批判をグローバル・フードシステム一般にまで拡大する。グローバル・フードシステムは、私たちが欲しいものを、私たちが欲しいときに、私たちが払いたい価格で私たちに与えてくれる唯一の方法であるかもしれないが、しかしそのシステムは倫理的にかなり問題があるので（その理由は以下で考察される）、この批判によると、私たちはこのシステムを維持しつづけるのではなく、むしろそうした選好を諦めなければならない。

私たちはまた、自分自身の倫理的な確信と整合的でなかったり、貧しい根拠にもとづいたりしている選好をもつこともありうる。たとえば、私たちは、常勤で働く者全員が生活賃金[*9]を受け取るに値すると信じながら、しかしまた私たちは、可能な限り安価な食品を入手したいと思うかもしれない。これら二つの選好は相互に緊張関係にある。というのも、みんなに生活賃金を、と思うことは、彼らが作るものにもう少し多く支払いたいということを意味するからである。それゆえ、理性が重んじる整合性は、私たちが自分の選好を修正することを要求する。

選好が本物ではないこともありうる。たとえば、選好は、内的な反省の産物というより、むしろ外部からの操作の産物であることがありうる。このような懸念は、しばしば食品広告に関して、とりわけそれが幼い子どもたちに向けられる場合に提示されている。すなわち、広告は人を惑わしたり、操作的であったり、あるいは私たちの不安感や文化的バイアスを利用したりすることがありうるというのである。（この問題は第5章で論じられる。）選好を操作することができるもう一つの方法は、選好形成の条件を制御することである。たとえば、肉のコストが補助金やコストの外部化のせいで作為的に低くなっているがゆえに、それだけで人々は、自分の食事では大量の肉を食べたいという選好をもつかもしれない。最後に、私たちの選好は自分にとって悪いものでありうる。食べ物について言えば、私たちは実にしばしば不健康な選好を（そう知りつつも）もっている。私たちが糖分の多い飲み物やバターソースを欲しがるという事実は、私たちが不健康な選好をもつことが善いことであるということを意味しない。したがって、選好充足は必ずしも善いものではないと考えるための、かなり多くの理由が存在することになる。

誰の選好が充足されるのか

選好充足にもとづく論証に対してしばしば提示される第二の応答は、私たちの選好の内容に関するものではなく、その分配に関するものである。懸念はこうである。グローバル・フードシステムは、食料の豊富な国々に住む豊かな人々の食べ物の選好を充足する点では優れている——私たちは、自分が欲しいどんな食べ物をも、世界のいたるところから、自分が払いたい価格で手に入れることができる——が、他者たちの選好は満たされていないし、他者たちの基礎的ニーズさえ満たされていないのである。このことは、世界に八億四二〇〇万の栄養不良の人々が存在するということで立証される。そのうえ、この批判は次のように主張する。グローバル・フードシステムの産業型の特徴は、豊かな国々においては食料をより安価にするが、低開発の国々においては食料安全保障を実際には損ねており、低開発国の人々を犠牲にしている、と。こうしたことが発生すると考えられる幾つかの経路が存在する。

一つの経路は、ローカルな小自作農業や漁業の立ち退きによるものである。この立ち退きは、産業型の生産が及ぼす生態学的に有害な影響を通じて生じる。たとえば、南アジアにおける集約型の小エビ養殖は〔自然環境への〕影響が強いものであるが、これは最近数十年のうちに急速に拡大し、その結果、水質が悪化し、湿地帯が失われ、マングローブが伐採された。このことによって、より小規模の漁業活動がいっそう困難になる。というのも、このことのせいで他の水生種の質が著しく悪化し、その数が著しく減少してしまうからである。これはまた水中塩分を増やすことによって、沿岸の農業に悪影響を与えている。立ち退きのもう一つの原因は、直接の競争である。漁業がずっと主要な食料源であった多くの場所で、産業型のトロール漁が漁業資源を特に沿岸水域において減少させ、地域の漁師たちを立ち退かせ、食料不安を増大させてきた。たとえば、タンザニアのビクトリア湖では、ナイル・パーチ[*10]（移入種）の商業型漁業が地域の漁師たちを立ち退かせ、社会システムを崩壊させ、その結果、食料の調達手段と質が著しく衰えてしまったのである。立ち退きは、小自作農の栽培農業のもとでも生ずることがある。それは、企業による土地購入、地下水面の低下（より深い井戸を掘る資本コストと結びついている）、また合成化学投入物からの汚染を通じて生ずる。

産業型農業がグローバルな貧困者の食料安全保障にとって有害であると考えられる第二の経路は、人間が直接に消費するために作られる混作から商品単作へと農業が移行する際に生み出される依存に関係するものである。商品農業とともに、生産者たちは、食料の多様性（自分が作る）作物が観賞用の花のように食料でない場合は食料全体）を買って手に入れるために、（作物を）売ることで手に入る所得に依存するようになる。しかし、グローバル市場は、小農地農民たち（しばしば純食料購入者である）や貧しい消費者（自分の所得のかなりの部分を食べ物に費やし余分な所得をもたない）にとっては、食料安全保障を損なってしまうような仕方で変動することがある。このことは二〇〇六－二〇〇八年に起こった。そのとき、グローバルな食料価格が急騰し、非常に貧しい小農地農民たちの栄養不良率が上昇したのである。（価格上昇は純食料販売者である農民たちの所得を増やすことがあるが、これは、高度の食料不安にある集団には当てはまらない。）栄養不良率の上昇は、輸出のコントロールができる国々ではそれほど著しいものではなかった。というのも、上昇したグローバルな食料価格は、それらの国々の経済から（コントロールできない国々と）同程度に食料を引き出すことはなく、また同程度の国内価格の上昇を引き起すことがなかったからである（FAO, 2001）。さらには、ある国がグローバルな食料商品貿易に一度開放されると、その国の生産者たちは、より低コストの輸入品によって弱体化されることがある。

グローバル・フードシステムが貧困と食料不安を促進すると考えられる第三の経路は、グローバルな「底辺への競争（レイス・トゥ・ザ・ボトム）」によるものである。グローバルな調達のせいで、労働コストが最も安く、規制が最も弱い場所ならどこでも、製造業が存在することが可能となる。それゆえに、製造業を惹きつけるためのグローバルな競争は、これらの条件を提供することを含むことになるが、これらの条件は労働者の搾取や生態学的な劣化を引き起こすのに十分なものである。このことは、多くの安価な消費財――携帯電話からプラスチック製のおもちゃまで――の製造業に関して生じており、農業食品の加工や製造において広く行きわたっている。

グローバル・フードシステムの支持者たちがこれらの懸念に応答して強調するのは、農業や、高い熟練を必要としない製造業には経済成長に貢献する能力があるということだ。食料不安は所得水準と密接な関係があり、多くの国々は、低賃金で高い熟練を必要としない製造業を経済発展のための手段として利用してきた。初期のコストや脆弱性が存在することは正しいかもしれないことを、この論証は承認するが、しかし、やがて製造業のインフラストラクチャーが発展し、より高い熟練が必要とされ、より高価値であるような製造業と雇用が登場するというわけである。このことは、農業食品加工業や製造業に関しても同じように生じる。さらに、資源が乏しい低所得の国々においては、非常に貧しい者たちは、非農業分野の成長よりも農業分野の成長から生まれる恩恵のほうにより多く与る。というのも、農業で働く人々は農村地帯に住む傾向があり、農業分野の成長は食料価格を引き下げるのに役立つからである（FAO, 2012b）。しかし、非常に貧しい者たちに対して生じる農業成長の経済的恩恵や栄養不良削減の恩恵は、土地所有が不平等である場合（すなわち、非常に貧しい者たちのほとんどが自身は土地所有者でない場合）非常に小さい。たとえば、この恩恵がもたらす影響は中国やベトナム（そこでは土地所有が相対的に平等である）のほうがインド（そこでは土地所有がより平等ではない）よりも大きい。高度に機械化され外国の存在（個人あるいは企業）によって所有される大農場に関しては、農業の成長は、非常に貧しい者たちにとっては雇用増加を伴うものではなく、地域コミュニティにとっては経済的利益がほとんど残らず、貧困の削減が進まないという結果になる。それゆえに、小規模・中規模土地所有者が最低限の生存水準を超えるまで生産量を増やし、市場に参入することができる場合に、農業の成長は発展途上国における貧困の削減に最も貢献するのである。このことが起こると、多くの食料が入手可能となって価格に対する下落圧力を作り出し、土地所有者は経済的利益を実現し、農業雇用も非農業雇用も創出されることになる。

選好がすべてなのか

グローバル・フードシステムを擁護するための選好充

足論証に関する第三の懸念によると、その論証は、人々の選好を充足することの価値や重要性を誇張するものだ。さきに考察されたが、このことの一つの理由は、選好充足は必ずしもそれ自体で善いわけではないというものだ。しかし、第二の理由は、ニーズや選好の充足以外にも、グローバル・フードシステムに巻き込まれる多くの別の重要な価値が存在するというものだ。これらの価値は、次節において考察されるグローバル・フードシステムに関する懸念の基礎をなすものである。

3　グローバル・フードシステムに関する懸念

グローバル・フードシステムに関しては、多くの懸念が提示されてきた。それらの懸念のほぼすべてが、そのシステムのグローバルな特徴と産業型の特徴に関係している。それらの懸念は、このシステムの諸側面、あるいはその影響が、重要な価値を損なったり倫理的原則を破ったりしているという信念から生じている。

◈食料の自律と食料の主権

食料の自律〔food autonomy〕とは、ある地域がその全住民の栄養上のニーズを満たすのに十分な食料を生産する能力のことである。食料の主権〔food sovereignty〕とは、ある地域がその食料や農業実践や農業政策に関して、みずから決定することができる能力のことである。グローバル・フードシステムは、すでにさきに考察された幾つかの経路で、食料の自律と食料の主権を損なうと考えられている。このフードシステムのグローバルな性格ならびに商品生産への集中は、市場が原因となる脆弱性を作り出している。国際的な自由貿易協定によって、各国政府は、自国の農民や農業部門を保護するために行動するのを制限される。種子に関する特許によって、将来の利用のために、また他者と分け合うために農民たちが種子を保存することができなくなってしまう。大量の投入物にかかるコストのせいで、農業はより多くの資本を必要とするものとなり、依存と負債が生み出される。この負債が支払われなければ、農民たちは自分の土地を失う結果となる。これは、地主がその貸金を確保することができない場合にも起こる。この結果は、女性たちにとって特別な困難である。単作のせいで、地域は微量栄養素の影響を受けない状態ではなくなる。[*11] 企業的に所有される農業経営・漁業経営に由来する競争のせいで、小規模農民と漁民は立ち退きの目にあうことがある。グローバル化されたサプライチェーンのせいで、小農地農民が自分の農産物を市場にもっていったり、農産物に対する十分に見合う価値を手にしたりすることがいっそう困難になる（たとえば、サプライチェーンの複雑さ、資本コスト、生産の不安定性、作物のサイズなどのせいで）。

それゆえ、グローバル・フードシステムに関する主要な懸念の一つは、グローバル・フードシステムがローカルな自律と主権、地域的な自律と主権、国家的な自律と主権を縮小させてしまう、というものだ。この懸念がしばしばどのように表明されるかといえば、それは、食料供給の企業によるコントロールという視点から表明される。この言い回しは以下の考えを表現しているとされる。この考えによると、グローバルな産業型システムにおいては、巨大な行為者がテクノロジーの利用、サプライチェーンの組織化、国家政策や国際政策といった事柄に対して不釣り合いに大きな影響力をもっており、みずからの利益になるようなやり方で、そしてコミュニティや個人の力を削ぐようなやり方で、この影響力を利用しているというのである。

◆共同の実践と文化的多様性

さきに考察された食料の自律と食料の主権に対する影響は、農業と食料をめぐる文化的実践や伝統に対して副次的な影響を与える。たとえば、種子に関する企業の特許が種子の保存や分かち合いをめぐる儀式や実践を損なう様子を説明したという点で、インドの活動家ヴァンダナ・シヴァは有名な存在である。これらの儀式や実践は、インドや他の場所における農村の社会構造にとって重要なものである。地域の土地所有者が立ち退くことによって、何世代も遡る地域社会の構造や家族の役割が崩壊することにもなる。

インスタント食品や加工食品が豊かな国々と発展途上国の両方でますます普及しているが、このことによって、人々、とりわけ家族が、食べ物を一緒に調理したり消費したりするのに費やす時間の総量が減ってしまう。食べ物を調理する際の文化的知識や技量の喪失がこのことから帰結するのであって、それは家族の交流や関わりのあり方を変えることになる。加工食品とファストフードのグローバル化からは、また、食習慣における変化が結果として生じる。ますます多くの人々が同じソーダを飲み、同じファストフード店で食べ、同じ加工食品を購入するがゆえに、食事における同質化に関して、そして文化的喪失に関して、しばしば懸念が示されている。

産業化は、それが提供する効率性と安定性のゆえに標準化を促進する。すべてのトマトや鶏肉が、調達された場所がどこであるかにかかわらず、同じ種類とサイズであれば、また、すべての加工処理設備が似たようなインフラストラクチャーとテクノロジーを備えていれば、信頼性があり、タイミングがよく、費用効果の高いサプライチェーンや加工調理手順を作ることは相当に容易なことである。それゆえ、同質化に関する懸念は、最終的に市場にもたらされる生産物に対して当てはまるだけでなく、生産され育てられる食物や動物の種類、それらが輸送され加工される方法にも当てはまることになる。

◆労働者の権利と良好状態

消費者のために価格を下げよ、かつ利益を増やせという産業と市場の命令は、労働コストを削減するための――農業労働者や食品産業労働者に対して可能な限り少ない給料を払い、可能な限り少ない諸手当を給付するための――強力なインセンティブをもたらす。それゆえ、グローバル・フードシステムに関する主要な懸念の一つは、それが労働者の搾取や酷使を助長するあり方に向けられる。

たとえば合衆国では、被雇用の農業労働者の大多数は、英語をほとんど話さないか、あるいはまったく話さない移民たちである。被雇用の農業労働者のほぼ半分が、必要な証明書類をもたない移民である（NAWS, 2004）。彼らは一つの層として社会的、政治的、法的に周辺化されている。大抵の場合、彼らはほとんど権利をもっていない（そして彼らが実際に有している権利についての知識をほとんどもたない）。彼らは国外退去させられたり、取り替えられたりする危険に晒されている。彼らは政治制度に馴染みがない（そして、これらの制度の運用にあたって用いられる言語を話さない)。彼らは短期滞在者であるか移住者である。彼らは消費者の目には見えない(たとえば、彼らが生産する製品には彼らに関する情報は書かれていない)。これらのことが搾取を可能にする条件である。すなわち、自分たちにとって利用可能な形態の頼みの綱をほとんど、あるいはまったくもたない無力化された人々の搾取である。被雇用の農業労働者の平均賃金は一時間当たり八ドルから九ドルであり、これは生活賃金以下である。また健康保険や諸手当が支給されることは稀である。労働条件は、仕事場の安全性、治安、化学暴露、一日の労働時間の長さ、休憩、衛生、水の入手可能性、住居、遅延のない全額支給といったような事柄に関して、法的基準を満たしていないことがしばしばある。合衆国では、農産業は、致命的な労働災害の率が最高であり、最も率の高い非致命的な労働災害のうちの一つを抱えている(これは長期にわたる汚染物質暴露や筋骨格の外傷を考慮に入れていない)。

食品産業労働者も似たような状況に置かれている。合衆国では、料理店で食事の調理やサービスをする労働者が二四〇〇万人いる。彼らは一時間当たり九ドル以下すれすれの平均時給を手にし、年齢の中央値は二八歳より上である(Bureau of Labor Statistics, 2014)。特に、ファストフード労働者に関しては、圧倒的多数は高卒であり、四〇%が二五歳以上で(一〇代は三〇%にすぎない)、五八%が女性で、二五%以上に子どもがいる(Schmitt and Jones, 2013)。一時間当たりの賃金が九ドルでフルタイムで働く人物の一年の賃金の総額は、三人家族のための連邦貧困ライン(一万九〇九〇ドル)以下である。(合衆国の最低賃金は、一時間当たり七・二五ドルであるが、それを手にするのは、ファストフード産業の労働者の一三%である。)ファストフード労働者の労働災害の割合は最も高い部類に含まれ、特に一〇代に関してはそうであり、離職までの期間が最短であり、昇進のための機会が最も少ない。ほとんどの労働者は医療給付をほとんど、あるいはまったく受け取っていない。

投入物や加工処理をグローバルに調達することは、「底辺への競争」を促進するが、そこからしばしば帰結するのは、低開発国の農業‐食品労働者たちが有する保護手段や権利が、合衆国の労働者たちよりもかなり少ないということだ。彼らは殺虫剤や除草剤に晒され、安い報酬を受け取り、職場での酷使に対する補償があったとしてわずかでしかなく、簡単に取り替えられ、危険で衛生的でない条件で労働するのである。もちろん、必ずしもすべての農業－食品労働者の処遇が悲惨であるというわけではないが、しかし、グローバル・フードシステムはそのことを奨励し、そのための条件を提供しているという懸念が存在する。

◈生態学的影響

グローバル・フードシステムがもたらす生態学的影響は途方もないものだ。地球の陸上表面の三分の一以上が、農業用に利用されている。毎年、約一三〇〇万ヘクタールの森林が農業のために開拓されている。グローバルには、真水利用全体の七〇％が農業用である（合衆国では八〇％）（USDA, 2013b; Aquastat, 2014）。〔動植物の〕生息環境の破壊は、現在、生物多様性の喪失を引き起こす最大の原因であり、生息環境破壊の主要な原因は農業である。農業部門と林業部門は温室効果ガス排出量の二四％の原因となっており、そのことによってグローバルな気候変動の最大の原因のうちの二つになっている（IPCC, 2014）。合衆国だけで、毎年、約九億ポンド〔約四〇・八万トン〕の殺虫剤と除草剤、ならびに一二〇〇万トン以上の化学肥料（窒素、リン酸肥料、炭酸カリウム／カリウム）が使用されており、これは空気と水の質に有害な影響を与えており、水中の「デッドゾーン」（農業による表面流水によって作り出される低酸素域であり、高栄養負荷あるいは富栄養化を生み出すが、そのせいで極度の微生物増殖が発生する）をもたらしている。毎年、五六〇億の陸生動物が、人間が消費するために育てられており、それらは凄まじい量の排泄物を生み出す――すなわち一頭のウシは毎日ほぼ一〇〇－一四〇ポンド〔約四五・四－六三・五キロ〕の排泄物を生み出している（FAOSTAT, 2008b; EPA, 2011）。家畜も河岸の侵食、土壌圧縮、植生破壊〔devegetation〕の原因となりうる。世界の漁場の八七％以上が十分に利用されているか過剰に利用されているし、集約型水産養殖はしばしば水質の悪化と生息環境の喪失をもたらす。延縄（はえなわ）やトローリングのような産業型の漁業実践は、水生系や標的ではない種にとって破壊的である。

きわめて多くの土地や水を利用しないで、あるいは多くの植物や動物を捕獲しないで、七〇億以上の人々のために食料を生産することは不可能である。しかし、グローバル・フードシステムの批判者たちが主張するところでは、生態学的影響は現在そうであるほどに重大なものである必然性はない。さきに考察されたように、有機農業の多くの支持者たちは、合成化学投入物を除去してもなお、十分な食料を生産することが可能であると信じている。多くの人々は次のように主張する。すなわち、グローバルなサプライチェーンは、輸送に関連した非常に重大な排出物や汚染物質をもたらすが、これは、地域的あるいはローカルなシステムを通じてなら著しく減らすことができるだろう、と。フード・マイル〔food miles〕という用語が用いられているが、これは、私たちが食品を消費する前にその食品とその成分が移動する距離に注意を引くための用語である。他の者たちは、飼育農業、とりわけ集中家畜飼養施設〔Concentrated Animal Feed Operations〕（CAFO）[*12]の影響に焦点を合わせてきた。CAFOに関しては、次のことが不可欠の事柄として含まれる。つまり、多数の動物たちが閉鎖空間（動物たちが餌を求めて歩き回る開放空間ではなく）で育てられ、この空間のなかで飼料がこの動物たちにもたされるということである。合衆国では、酪農場、ウシのフィードロット[*13]、養豚場、家禽農場を含むCAFOがほぼ五〇万ある。CAFOは、中央アメリカ、南アメリカ、アジアの各地と同じように西ヨーロッパにおいても（たとえばオランダとイギリス）当たり前のものとなっており、また拡大しつつある。これらの農場は、おびただしい量の排泄物を生み出すが、これが適切に管理されなければ、病原体、高栄養負荷、抗生物質、ホルモン、有機物などが河川や帯水層を汚染することになる。批判者たちは次のように主張する。持続可能な数の動物たちをCAFOから移動させて、牧草地や放牧地に戻してやり、牧草地や放牧地を栽培農業と統合すれば――たとえば雑草と害虫を制御するために動物を牧草地に放ち巡回させ、動物の排泄物を肥料の代わりに用いれば――、有害な生態学的影響を引き起こすことなく肉を生産することが可能となるだろう。（CAFOは第3章においてもっと詳しく考察される。）

グローバル・フードシステムの産業型で市場本位の特徴は、価格を下げ、かつ利益を増やすために、コストを外部化すること――すなわちコストを他者に負担させること――を助長する。現在、温室効果ガスの排出や窒素の富栄養化、ならびに、グローバルな産業型フードシステムが及ぼす他の生態学的影響に関連する経済的コスト、生態学的コスト、人間の健康コストは、生産や消費のコストのなかに価格として十分に織り込まれてはいないのである。

◆動物福祉

グローバル・フードシステムの産業型の性格は、食料の生産や加工や分配のすべての要素が商品化するのを助長している。このことは、さきに農業-食品労働者に関して考察された。このシステムの目標が消費者価格を下げ、利益を増やすことであり、かつ、グローバルな労働プールが存在するとすれば、その場合、標準化され代替可能で低コストの労働力を育成するインセンティブと条件が存在することになる。毎年ほぼ五六〇億の陸生動物と九〇〇億の水生動物が、食料生産において利用されている（FAOSTAT, 2008b）。コストを下げ、生産を促進させようとする同じ産業的、経済的インセンティブが、これらの動物に適用される。このことによって、特にCAFOにおける多くの標準的実践が生み出されるのであるが、これらの実践が動物の扱いと福祉に関する懸念を引き起こしている。家禽に関しては、卵の生産施設でトリを飼うための針金製の小さなバタリーケージ[*14]の使用や、高密度のブロイラー生産において行使される断嘴（だんし）[*15]や除爪[*16]に対して、頻繁に異議が唱えられている。（「ブロイラー」[*17]は、人間による消費を意図したニワトリを表すために用いられる用語である。この用語は、ニワトリを人間用の食料として分類するものであり、言語というものがしばしばただ言及のためだけではなく主張のためにも用いられる有り様を例証している。このような事態の別の例には、野生動物を「ゲーム」〔狩猟の獲物〕として、水生系を「漁場」として、森林を「木材」として言及することが含まれる。）ブタに関しては、妊娠期間用檻[*18]で雌ブタを飼育することに対する異議が存在している。この檻のなかでは、雌ブタは立つことも向きを変えることもできない。同様に、従順さを高め、味を改良するために行われる雄ブタの尻尾切除や去勢に対して、異議が向けられている。ウシに関しては、焼印、品種改良技術、成長ホルモンと抗生物質の使用、不適切な飼料、屠殺プロセスについて、懸念が存在している。

これらは、私たちが懸念すべき実践なのだろうか、違うのだろうか。それは、私たちが動物福祉に配慮すべきかどうかに左右される。このことは第3章で詳しく考察されるトピックである。ここでの要点は、低コストの肉を求めるグローバルな需要を満たすように設計され産業化された生産は、効率性を高めたり生産コストを下げたりすることを意図した実践をもたらすということである。これらの実践の多くは、動物を苦しませる原因となるような方法で動物を扱うことを伴うのであるが、多くの人々が、これは好ましくないことであるとみなしている。

◆分配的正義

グローバルな産業型フードシステムに埋め込まれている中心的な価値のなかには、生産の効率性と経済的成果を最大化することが含まれる。この種の最大化を狙うシステムや政策に関してしばしば提示される懸念は、それらのシステムや政策は分配に関連する問題に対して注意を向けていない、というものだ。分配的正義〔distributive justice〕は、利益や負担をどのように割り当てるのかということに関係する。あるシステムや政策あるいは実践は、それから利益を得る者たちが、それに関連する負担も引き受けない場合、あるいは、そのシステムの利益が正当な理由のないまま不平等に分配される場合、不正なものであると考えられる。たとえば環境的不正義は、マイノリティが多く低所得のコミュニティが直面する環境上の危険要因——たとえば工場、発電所、廃棄物処理施設、輸送車両基地——の度合いが高められることを表す。気候的不正義が表すのは次のような事実である。すなわち、気候変動はグローバルな貧困者たちに対して不釣り合いに影響を与えるという事実である。なぜ不釣り合いなのかといえば、グローバルな貧困者たちの消費水準と二酸化炭素排出量は相当に小規模なものであるので、その問題〔気候変動〕を引き起こしたことに対して彼らが負う責任は最も少ないにもかかわらず、彼らのほうが生態学的に脆弱だからであり、また、彼らは変化する経済的‐社会的条件に適応するための資源をほとんどもっていないからである。経済的不正義が表しているのは、経済成長が豊かな者たちに対しては所得を増やす一方で、貧しい階級や中間階級の経済状況は悪化してしまうという事態である。

食料正義〔food justice〕は、フードシステムの内部における利益と負担の割り当てに関係する。幾つかの食料正義[19]の問題がすでに考察されている。たとえば、農業−食品労働者たちは、しばしば報酬が不十分であり、酷使の危険に晒されている。他の者たちは、このような酷使から、より安い価格、そしてより多くの利潤という形態で利益を手にしている。これは不正なことであると、多くの人々によってみなされている。国際取引や国内取引や農業政策や漁業政策はしばしば、企業や、資本の豊富な大地主（ないし船舶所有者）には有利であるが、他方、独立生産者や小自作農民（あるいは漁民）にとっては不利であるということも、多くの人々によって不正であるとみなされている。さらに、食料の入手可能性における不平等も、しばしば不正義の諸形態であるとみなされている。たとえば食の砂漠〔food desert〕が表しているのは、豊かな国々に存在する次のような地域のことである。すなわち、手頃な価格で高品質の栄養豊かな食品（たとえば果物や野菜）が容易に入手可能ではない地域のことであり、典型的にはマイノリティが多く低所得のコミュニティのことである。グローバルな食料正義が注意を向けるのは次のような事実（すでに考察された）である。すなわち、世界では全員を養うのに十分なカロリーが生産されているが、まだ八億四二〇〇万人が慢性的に栄養不良でありながら、他方で、他の者たちは非常に多くの食料を手にしており、その食料の三分の一は廃棄されているという事実である。環境正義〔environmental justice〕は、フードシステムに関する問題でもある。というのも、農業は生態学的影響をきわめて広範囲に及ぼすからであり、また生産の生態学的コストと健康上のコストを外部化しようとするインセンティブが存在するからである。たとえば、集約型水産養殖やＣＡＦＯは、しばしば、水質や空気の質が悪化するという危険要素をもたらすが、この危険要素はローカルなコミュニティが負担しているのである。

食料正義の問題は、それが歴史的不正義と交差することによっていっそう複雑になることがしばしばある。たとえば合衆国では、環境正義と食の砂漠の問題は、しばしば市民権と人種差別という枠組みを通じて理解されている。（この理由から、環境不正義はしばしば環境人種差別〔environmental racism〕と呼ばれる。）多くの先住民の間だけでなく、幾つかの経済的に発展していない国々においても、食料安全保障、食料の自律、食料の主権の問題は、軍事的、経済的な植民地政策と結びついた歴史的不正義と連続しているものとしてしばしば理解されている。

全体としていうと、食料正義という概念は、グローバル・フードシステムの負担と利益が誰にどのように分配されるのかということと結びついた多様な問題を要約するものだ。このシステムに関する他の懸念と同じように、これらの問題は偶然にもたらされた副産物であるとはみなされていない。むしろ、これらの問題は、そのシステムの根本的な特徴——すなわち、より安い価格への衝動、大規模な行為者の権力、いつでもどこでも可能な限り効率を最大化しコストを外部化せよという命令——から生じると考えられているのである。

◆消費者の健康

農業の産業化と加工食品の増加は、消費者の健康に関する多様な懸念を生み出してきた。そのような懸念の一つは化学物質への暴露である。産業型の栽培農業は大量の合成除草剤や合成殺虫剤を用いる。そして、それらは、植物によって吸収されたり生産物に残留したりすることで、食料供給に入り込むのではないかという懸念が提示されてきた。産業型の飼育農業は一般的に、ＣＡＦＯでの病気の蔓延を防ぐために抗生物質を使用するし、成長や牛乳生産の速度を速めるために成長ホルモンを使用する。これらの物質が消費者に対して及ぼす影響、特に肉や乳製品の多い食事をとる者たちに対して及ぼす影響が心配されている。また、加工食品で使用される大量の食品添加物——染料、防腐剤、香料、増量剤——の累積効果について心配されている。

消費者の健康に関するもう一つの懸念は栄養である。産業的に生産された果物や野菜が含むビタミンや栄養素は、有機的に育てられたものに比べて少ないと、しばしば主張される。最近の研究はこの主張に関して疑念を提示してはいるが。また、高度に加工された穀物や動物性食品は、人間が必要とする全範囲のタンパク質やアミノ酸を含むわけではないと、しばしば主張される。しかし、栄養に関する最大の懸念は、加工食品と加工飲料は、カロリーが高く栄養が少なくなる傾向があるというものだ。[*20]加工食品や加工飲料はしばしば高果糖コーンシロップのような甘味料を含んでおり、またそれらの脂肪含量は多い。たとえば、マクドナルドのダブルクォーターパウンダー・チーズ〔Double Quarter Pounder with Cheese〕には七五〇キロカロリーが含まれ、そのうち三八〇キロカロリーは脂肪に由来する。二〇オンス〔約五九一ミリリットル〕のコカコーラには二七五キロカロリーと七五グラムの砂糖が含まれる。産業的な効率性やコストの外部化や補助金によって、高カロリーの加工食品のほうが生鮮食品に比べてしばしば安価となってきた（特にカロリーベースではそうである）。高所得の国々においては、果物や野菜や魚やナッツが多い食事一食は加工食品や肉や精製された穀物が多い、より健康的でない食事よりも、一日当たり平均して一・五〇ドル以上（一年当たりでほぼ五五〇ドル以上）高価なのである（Rao et al., 2013）。安価で高カロリーの加工食品の拡大は、世界規模で肥満率が途方もなく上昇するのに貢献してきた。現在、世界にはほぼ一五億人の過体重の成人が存在し、そのうち五億人は臨床的には肥満である。過体重であるか肥満である一八歳以下の子どもたちが一億七〇〇〇万人いる。過体重の五歳以下の子どもたち四〇〇〇万人のうち四分の三は、発展途上国に住んでいる。合衆国では大人の三五％が肥満であり（六六％が過体重）、イギリスでは大人の二六％が肥満である。過体重と肥満は、心臓病、糖尿病、脳卒中、がん、骨関節炎を含む多くの健康問題のリスク増加と結びついている。

消費者の健康に関する第三の懸念は、食品の安全性に関係するものである。効率性が最大化される産業化された集約型の生産によって、生産とサプライチェーンのいたるところで、食品汚染をもたらす条件が助長されると考えられている——たとえば畑の不衛生な状態、動物の高密集度、かろうじて健康な動物の利用、訓練が不十分な食品調理者といった条件である。食品中毒（あるいは食物に起因する病気）の原因は広範囲にわたり、ウイルス、細菌、寄生生物、毒素、プリオンが含まれる。豊かな国々におけるもっとありふれた、いくつかの病原体は、大腸菌、サルモネラ菌、ノロウイルス、リステリア菌、カンピロバクター菌である。アメリカ疾病(しっぺい)管理予防センターが推定するところでは、合衆国では食物に起因する病気で毎年、四八〇〇万人（あるいは六人に一人）が病気に罹り、一二万八〇〇〇人が入院し、三〇〇〇人が死亡している。イギリスでは食物に起因する病気で毎年おおよそ一〇〇万人が病気に罹り、ほぼ二万人が入院し、五〇〇人が死亡している（FSA, 2011）。

食品汚染と病気の問題は、産業化の進んでいない国ではもっと深刻である。推定されるところでは、食品と水による病気の事例が毎年二〇億にものぼり、ほぼ一六〇万人——そのほとんどが五歳以下の子どもたちである——が、下痢性疾患で死亡している（WHO, 2014）。この主要な原因は、二五億人（世界の人口の三六％）が適切な衛生設備を欠いていることであり、七億六八〇〇万人が安全な飲み水の信頼できる調達手段を欠いていることである（WHO, 2014; UNICEF, 2013a）。（食品の安全性、食品の衛生については第5章でもっと詳しく考察される。）

◆隠されたプロセス

思想家のなかには——最も目立っているのは哲学者のアルバート・ボルグマン〔Albert Borgmann〕——、産業化が、商品やサービスの消費をそれらの生産プロセスから切り離していると述べた者もいる。暖房であれ靴であれ、私たちが何かが欲しかったり、何かが必要であったりするなら、私たちはそれを買うだけである。物がどのようにして作られるのか、それがどこから来るのか、それを誰が生産するのか、あるいは、私たちがそれを用いた後、それがどこにゆくのかといったことについて、私たちはまったく何も知る必要がない。物がどのようにして作動しているのかということも、私たちは知る必要がない。自分のコンピュータや暖房装置に問題があるなら、私たちはそれらを修理するためのサービス（技術者や配管工）を購入することができるだけである。私たちがなすべきことは、一定の貨幣を支払うことであり、その後でインターネットにつなぐために電源ボタンを押したり、暖をとるためにサーモスタットをオンにしたりするだけである。

生産が隠されているという事態は、食品の消費にも浸透している。グローバルな産業型フードシステムにおいては、加工食品や調理済み食品がいたるところに存在する。私たちがなす必要のあることは、自分が欲しいものを選び、それに払い、それを食べることだけである。どのようにして作物が育てられたのか、どのような条件のもとで動物が生きていたのか、どのように農業‐食品労働者たちは処遇されたのか、加工のプロセスはどのようなものか、廃棄物には何が起きているのかといったことに、私たちが直面することはない。（例外は、自発的なラベル表示〔任意表示〕――たとえば「人道的に（ヒューメインリー）生産された」、「フェアトレード」あるいは「オーガニック」――が存在する場合である――しかしこれが当てはまるのは食料供給のほんの一部である。）食べ物は、スーパーマーケット、あるいは料理店からやってくる。私たちが自分で料理することを選ぶ場合でさえ、私たちは、セロハンで包まれた食肉処理済みの肉や、原産国だけがラベル表示されている農産物を購入するのである。

ここでの懸念は、そのような隠されたあり方が思慮のなさを助長するというものだ。食品の生産プロセスは私たちには見えないから、私たちはそれについて詳しい情報を知らされないし、それに直面することも要求されない。私たちは、動物の苦しみや労働者の搾取について抱くかもしれない良心の呵責（かしゃく）を脇においたり、回避したりすることができる。なぜなら、そうしたことは隠されているからである。そして、私たちはあらわになったものを、つまり食べ物とその価格を享受するだけである。結果として、私たちは自分が行った食物選択に関して適切な責任をとることがない。私たちは、それらの選択が味と価格（そして、もしかしたら健康）の選択にすぎないとみなしている。実際にはもっと多くの事柄が含まれているにもかかわらず、そうみなしているのである。グローバル・フードシステムにおいて消費が生産から強力に分離されることは、かくして、倫理的な怠慢に加担するよう私たちを促すこととなり、そのことは、さきに考察された問題の多くを許すことになると考えられている。

◆美学

グローバルな産業型フードシステムに関する最後の懸念によると、このフードシステムのせいで、生産物そのもの、つまり食べ物の面白みや味がより貧しいものになってしまった。この懸念は、さきに考察された多くの問題と関係している。すなわち、多様性の喪失をもたらす食料供給の均質化と標準化、食品の集約型加工調理、増量剤や防腐剤や添加物の使用の拡大、料理の伝統や知識や文化的実践（すなわち食文化）の劣化といったことに関係する。

さらに、何かを産業型の生産やグローバルなサプライチェーンに十分に適合したものにする特徴——たとえば低コストである、容易に標準化される、成長が速い、長距離の輸送が可能である——は、しばしば良い味に対立するものである。このことの典型的な例がトマトである。グローバルな産業型サプライチェーンにとっては、トマトは熟す前に摘み取られる必要がある。トマトはつぶれにくいものである必要がある。トマトは期待どおりの大きさ、期待どおりの形、期待どおりの色である必要がある。しかし、本当に味の良いトマトは熟した状態で蔓から摘み取られるのであり、ジューシーであり、簡単に傷んでしまう。本当に味の良いトマトは、様々な大きさをしており、様々な形をしており、様々な色をしているのである。新鮮でローカルに生産された食べ物の味、手触り、見た目は、グローバルな産業型フードシステムに組み込まれるのに必要とされる特徴と両立しない。

もう一つの懸念によると、良い食べ物を鑑賞する力が失われつつある。食べ物の美しさ——その味や手触りや匂い——の認識は、注意深さ、感受性、洗練、経験を必要とする。ここでの心配は何かといえば、それは、ファストフードと加工食品がこれらの発展を許さないということである。その一つの理由は、食べ物そのものが美的性質を欠如させているというものである。別の理由は、私たちの食べ物に対する態度、ならびに私たちが食べ物を消費する文脈である。私たちは、まずは栄養、コスト、便利さ、豊富さという観点から食べ物を見るし、また、私たちは忙しくしながら出先で一人で、あるいはほかのことをしながら食べ物を食べるが、そのようなとき、私たちはより少ない美的関心とともに食べ物を選んでおり、また、食べ物がどのような性質をもつかということに焦点を合わせてはいないのである。食べ物の美学が私たちの側で失われており、食べ物を鑑賞する文化に参加する恩恵が私たちから失われている。人々は、このことを次第に懸念するようになっている。

4　オルタナティブ・フード運動

オルタナティブ・フード運動〔alternative food movement〕が表しているのは、グローバルな産業型フードシステムに対する代替（オルタナティブ）案を奨励することに傾倒している人々やグループのことである。グローバル・フードシステムと同じように、オルタナティブ・フード運動は、中央集権的に組織化されてはおらず、また非常に活力に満ちている。それを構成するのは、個人、家族、食品企業、農民、コミュニティ組織、学生グループ、料理店オーナー、料理人、非政府組織（NGO）、活動家などであり、彼らが試みているのは、グローバル・フードシステムに依存せずに食べること、代替となる農業－食品ネットワークを発展させること、グローバル・フードシステムの問題含みの特徴に対処することである。ここで私が考察するのは、オルタナティブ・フード運動の幾つかの異なる側面である。これらの側面は、個々の組織やイデオロギーの特徴を明らかにするためのものではなく、この運動に共鳴する多くの人々が採用している一群の重なり合う取り組みや目標の特徴を明らかにするためのものである。

◆オーガニックフード

オーガニックフードは、それが生産されるプロセスによって他から区別される。有機（オーガニック）農業は、GM作物、合成化学投入物、抗生物質／ホルモンを用いない。オーガニックフードの生産者は、害虫や雑草を管理し、土を豊かにし、排泄物に対処するために、総合的有害生物管理、作物の多様性、輪作、被覆作物、堆肥肥料といった技術を用いる。「オーガニック」について、多くの異なる規制上の定義が存在する。米国農務省（USDA）によると、「オーガニックは、食品あるいはその他の農産物が認可された方法で生産されたことを示すラベル表示の用語である。これらの方法は、資源の循環を促し、生態学的な均衡を促進し、生物多様性を保全するような文化的実践、生物学的実践、機械による実践を統合するものである。合成化学肥料、下水汚泥、放射線照射、遺伝子操作を用いることは許されない。」

オーガニックフードの生産と消費を擁護するために、どのような正当化理由が提示されているのだろうか。それには以下のようなものが含まれる。すなわち、オーガニックフードの生産と消費は、合成化学物質を用いないので産業型農業に比べて持続可能なものであり、生態学的影響や生物多様性の影響がより少ない、という正当化理由である。多様な種類が育てられることは、栄養がより豊かになり、味がより良くなり、化学的汚染物質からより免れることになることであるから、オーガニックフードは消費者にとってもより良いものであるとみなされている。

「オーガニック」は生産方法によってしばしば公的に定義されているけれども、それにもかかわらず、オーガニック運動――一九六〇年代以来グローバルに拡大してきた――の内部にいる者たちは、一連のもっと広範囲の取り組みを採用している。その者たちは、概ね化学的な単作を拒否するが、それだけではなくもっと一般的に、企業による産業化も拒否する。それは、比較的小規模な自作農、ローカルな生産、より簡略な食料網、ホールフード[*21]（自然食品あるいは低加工食品）、人道的な飼育農業、強い（あるいは深い）生態学的な持続可能性といったものを支持するからである。しかし、オーガニックフードに対する需要が増えるにつれて、次第に、巨大な農業‐食品企業がオーガニックとしての資格をもつ食品を市場に出すようになった――すなわち遺伝子組み換え生物を含まず、合成化学投入物を用いて育てられたのではない食品を市場に出すようになったのである。グローバル・フードシステムは、豊かな消費者たちに、彼らが欲しいものを、彼らが欲しいときに、彼らが払いたい価格で届けることに優れており、また、人々は手頃な価格のオーガニックを欲しがっているのである。その結果として、オーガニックフードという語によって以前は包摂されていた幾つかのもっと広い取り組みをうまく表現することが必要となり、そのためにローカルフード〔local food〕とかスローフード〔slow food〕とかいった用語が登場することになった。

◆ローカルフード

ローカルフード運動は、食料が生産される場所と食料が消費される場所との間に横たわる距離を強調する。この距離が有する一つの側面は、空間的なものである――すなわち食料が食べられるまでにどれほどの距離を移動するかということである。これはしばしばフード・マイルという観点から言及されている。そして、平均的なアメリカ人の食事は農場から皿までたどり着くのに一五〇〇マイル〔約二四一四キロメートル〕移動するとよく主張される。この数字が基にしているのは果物と野菜に関する研究であり、これらの研究の見出したところでは、果物や野菜は、生産された場所から平均してほぼ一五〇〇マイルの場所で消費される。とはいえ、これはサンプルのサイズが小さいし、また、加工されていたり多様な場所で集められたりする多くの成分からなる製品――たとえばチーズバーガー――について、そのフード・マイルを計算するとなると、この計算はもっと複雑になる。たとえばイチゴヨーグルト（アイオワで生産され消費される）に関する研究が見出したところでは、その成分は平均してほぼ二七七マイル〔約四四六キロメートル〕の距離を移動し、そのヨーグルトの全産地距離ほぼ二二一六マイル〔約四二一〇キロメートル〕になるという(Pirog and Benjamin, 2005)。

食料生産と食料消費との間に横たわる距離が有するもう一つの次元は、社会的なものである。この次元は、ロカボア〔locavore〕と関係する。ロカボアとは、ローカルフード運動に共鳴する者たちのことである。社会的距離が表しているのは、グローバルなサプライチェーンを構成する莫大な数の行為者、ならびにそれらの概して匿名的な本性のことである。社会的距離は、産業化によって生み出される秘匿性に関係する。グローバルな産業型フードシステムにおいては、私たちの食品に含まれる成分がどこからやってくるのか、食べ物を育てたり調理したりする農民や労働者が誰であるのかといったことを、私たちは知らない――そして、大抵の場合に調べることさえできない。消費者が参加する「社会的」相互行為は、通路で在庫管理をしたり、レジで働いていたりする人々との間で発生する。私たちは、自分が食べる食品を生産する人々とリアルな関係を結ぶことがない。彼らは私たちには見えないのである。そのことに関連するロカボアの懸念によると、人々は食料生産のプロセスから非常に離れたところにいるので、そのプロセスを理解していない。食料がその生産のプロセスから切り離されて、ただ棚の上に、あるいは私たちの前に準備された状態で登場するだけである場合、それを作り出す人々や生態系について私たちが考える必要はないのである。このような無知が、従属関係、鑑賞力の欠如、誤った情報にもとづく実践や政策を助長することになる。

サプライチェーンを短くすれば生産者と消費者の社会的距離や物理的距離は減少するが、このような減少と結びついて、幾つかの恩恵が生まれると考えられている。ローカルフードを擁護する主張は、これらの恩恵に訴える。これらの恩恵には以下のことが含まれる。生産者と消費者の間に有意義で思いやりのある関係や感謝や友情が発展すること、コミュニティの感覚が築かれること、私たちが生態系につながり依存していることの理解が促されること、食料生産と食料輸送に結びついた生態学的影響が減ること、自分の食物選択に対する責任をとる消費者——情報に通じた——が作り出されること、土地の管理人であり自分のコミュニティに注力するローカルな小規模農家が支援されること、資源が（株主に分配されるのではなく）ローカル経済のなかで食料に費やされつづけること、私たちが食べる食品の栄養と味が改善すること。

近年、ローカルフード運動は急速に成長しているが、そのことを証明するのが、小規模でローカルな農家が消費者に直接販売するファーマーズ・マーケットや地域支援型農業〔Community Supported Agriculture〕（ＣＳＡ）がとてつもなく拡大していることである。たとえば、合衆国においては一九九四年以来、ファーマーズ・マーケットの数が一七五五から八一四四にまで四六四％増えた（USDA, 2013c）。

◆スローフード

ローカルフードはグローバルフードと対比されるが、スローフードはファストフードに対比される。組織としてのスローフードは、一九八〇年代にローマでマクドナルドのフランチャイズが開店するのに反対するデモから生まれた。それ以来スローフードは拡大し、一五〇以上の国々において一五〇〇を超える地方支部（「コンヴィヴィウム」[*22]）を抱えるまでになった。スローフードのマニフェストは、フードシステムの産業化に関する懸念を、もっと広い批判に、つまり「ファスト・ライフ」に対する文化的批判に結びつけている。食べ物を減速することによって、社会的に公正で、生態学的に持続可能で、よく調理された美的に心地よい食べ物に傾倒することによって、この運動は、慌ただしいペース、プロセスよりも生産物に焦点を合わせること、質よりも量を強調すること、個人の優先や個人の均質化といった現代社会の産業型の性格に異議申し立てすることを狙っている。この考えでは、よく生きるために本当に重要な事柄、すなわち人間関係、美学、経験、多様性、他者（人間と人間以外の）への気遣いといったものを、私たちは失ってしまった。食べ物は、慌ただしい文化に対抗するための理想的な場所である。というのも、食べ物は、日々の生活と文化的実践にとって中心的なものであり、食べ物に対する産業化の影響は大変に有害だからである。

近年、スローフードは、文化批判や「良い食べ物（グッド・フード）」への取り組みを、多くの別の関心と結びつけるようになった。これらの関心は、食料の主権、食料安全保障、持続可能性、動物福祉、労働者の権利、人間の尊厳、社会正義といったオルタナティブ・フード運動を動機づけている関心である。

◆フード・ジャスティス

フード・ジャスティス運動〔food justice movement〕が表すのは、グローバル・フードシステムにおける不正義を減らし、不正な不平等にもっと広範囲に取り組むための手段として食料を用いる組織や活動家や努力のことである。フード・ジャスティス運動は、それが取り組む問題、関係する組織の種類、いかにしてその目標を追求するのかという点に関して多様である。たとえば、フェアトレード〔fair trade〕の組織は、グローバルな貿易実践のなかに存在する搾取を除去することに関心をもっている。発展途上国の農民が自分の商品に対する公正な対価を受け取るよう保障したり、自分のコミュニティとそれを支える農業システムや生態系の完全性（インテグリティ）〔損なわれていないあり方〕を保護する権限を農民に与えるよう保障したりすることで、搾取を除去するのである。それらの組織は、公正さや持続可能性という基準を満たす企業と生産者との間の取引を確実なものにすることによって、これらの目的を促進している。労働者組織——アメリカ農業労働者連合やユナイト・ヒアのような[23]――は、労働組合や抗議集会を組織しているが、この狙いは、農業労働者や食品産業労働者の労働条件や報酬を改善することである。コミュニティ組織は、栄養があり味の良い食品の入手可能性を促進したり、食の砂漠の除去を促進したりしている。都市農園組織は、コミュニティ農園と果樹園を促進しているが、それらは、コミュニティが改善し力をつけ自立するための源泉であるだけでなく、文化的に重要な食べ物や実践を都市部という文脈に組み入れることができる場所でもある。オックスファムやフィード・ザ・チルドレンのような大規模なNGOは、グローバルな栄養不良についての意識を高め、援助プログラムや介入プログラムという手段を通じて、栄養不良の原因となる貧困に取り組んでいる。

スローフードの歴史は食べ物に関する懸念とともに始まり、そこから正義に関する懸念へと拡大しているのであるが、他方、フード・ジャスティス運動は、搾取、酷使、不平等、無力化、社会的周辺化に関する懸念から始まり、そこから食べ物に関する懸念へと移動する。栄養があって文化的に適切な食べ物の調達を擁護することは、文化的権利、市民的権利、コミュニティの承認と向上、尊厳と主権、環境上の健康と正義を求める闘いの一部であると理解されている。食べ物がこれらの取り組みにおいて目立つのはなぜかといえば、それは、食べ物が共同生活、文化的実践、公衆衛生、自己決定にとって重要なものだからである。

5 オルタナティブ・フード運動に関する懸念

グローバルな産業型フードシステムには非常に問題含みの特徴が備わっていると、オルタナティブ・フード運動の支持者たちはみなしているが、この問題含みの特徴がオルタナティブ・フード運動を主として動機づけているものである。しかし、オルタナティブ・フード運動そのものが多くの批判に晒されている。

◈ローカルの限界

ローカルフード運動に反対する主要な主張のうちの一

つは、ローカルな食料生産だけでは人口密集地域に対して十分な食料を提供することができないというものだ。ほとんどの主要な都市部にとって――そして世界のほとんどの人々が現在は都市に住んでいる――五〇〇万、一〇〇〇万、二〇〇〇万人を養うのに十分な耕作可能地や漁業資源や水資源は、特に産業的に増強しなければ、五〇マイル〔約八〇キロメートル〕、一〇〇マイル〔約一六一キロメートル〕、二〇〇マイル〔約三二二キロメートル〕以内に存在することはない。

批判者たちがしばしば強調するのは、カロリーだけでなく栄養や多様性も考慮すると、この問題がもっと深刻になるということだ。北アメリカやヨーロッパの多くの地域において、ローカルだけであるとは、コーヒー、紅茶、甘蔗糖、米や他の主食なしでやってゆくことを意味するだろう。ローカルだけであるとは、どこでも旬のものを食べることを意味するだろうし、非収穫期中はもっと制限された食事をとるという結果になるだろう。ローカルだけであるとは、移住者たちが、その地域では育てることができない文化的に重要な食べ物の調達手段をもたないことを意味するだろう。ローカルだけであるとは、輸入物の「洗練された」あるいは「グルメな」食品が存在しないことを意味するだろう。ローカルだけであるとは、沿岸地域からもたらされる海産物が存在しないことを意味するだろう。全体的に言って、ローカルは、面白さのかなりの減少、安全性のかなりの減少、多様性のかなりの減少、豊かな食事のかなりの減少を意味するだろう。

これらの懸念に応答して、ローカルフードの支持者たちは、食事の多様性が減ってしまうことを承認する。私たちは、自分が欲しいものを何でも、それが欲しいときにいつでも食べることができなくなるだろう――一二月に北半球で熱帯果実を食べることはできなくなるだろう。しかし、これは重大な犠牲ではない。事実、ローカリズムが体現する価値に傾倒する人々は、パイナップルやバナナを食べるよりも、旬の時期にカボチャを食べることを喜び、それに満足するだろう。また、多くのロカボアも、幾つかの主食や特産の食品が〔ローカルよりも〕さらに遠くから来る必要があるだろうということを是認している。つまり、次のことを是認している。すなわち、「ローカル」は、二五〇マイル〔約四〇二キロメートル〕

ないし五〇〇マイル〔約八〇五キロメートル〕を含む（そうであれば実際には地域的（リージョナル）である）べきだということ、もし収穫量に影響を及ぼす危機（たとえば旱魃（かんばつ）や自然災害）が発生すれば、地域の外側から持ち込むことが必要になるだろうということ、ローカリズムがまったく実行可能ではない状況が存在するということ、こういったことを是認している。

批判者たちは、この種の但し書きはロカボアの理想からのズレを表していると指摘する。批判者たちの理解するところによれば、ローカルなフードシステムは、私たちがフードシステムから必要とするすべてのもの——多様性や手頃さや豊富さや確実性——を届けることができない。ローカルな農業と都市農業を支えることに関連した多くの恩恵が存在するかもしれない。そうすることは良いことであるかもしれない。それにもかかわらず、この見解によれば、ローカルなフードシステムはそれ自体では堅固なものではなく、多地域的システムあるいはグローバル・システムに対する真の代替案を代表するには十分でないことになる。

ローカルフード運動に反対する第二の主張によると、食料が移動する距離というのは、実際には、この運動に身をおく者たちが一番気にかけている事柄の多くを表す代用品としては、不適切なものである。さきに考察されたように、グローバル・フードシステムが生み出すフード・マイルの数字は大きいものであり、そのことに関して主要な懸念が存在するのだが、その懸念の一つは、消費されるエネルギーと輸送機関からの温室効果ガスの排出である。ローカルに食べることをこのようにして正当化することは、食料のカーボンフットプリント[*24]を当てにしている。カーボンフットプリントはフード・マイルを後追いする——つまり食料がローカルであればあるほどカーボンフットプリントは小さくなる（二酸化炭素は最も優勢で重要な温室効果ガスである）。しかし、どれくらいの距離を食料が移動するのかということは、その食料のエネルギーや〔二酸化炭素〕排出のプロフィールに関連した一要因でしかない。どのように食料が育てられるかということも問題なのである。たとえば、エネルギー集約型の温室で育てられるローカルなトマトは、日向で育てられ、何千マイルも離れたところから船で輸送されるトマトに比べて、カーボンフットプリントが高いことがある。食料がどのように輸送されるかということも問題である。電車で大量に移動する食料は、より少量の同じ食料がより短い距離をトラックで移動するのに比べて、単位当たりではカーボンフットプリントが小さいことがある。食料を購入するために消費者がどれほどの距離を移動するのかということが問題となる。すべての食料を買うために一軒の店に短い距離を出掛けるのではなく、ローカルフードを購入するために様々な多くの店に自動車で出掛けることは、一回の食事のカーボンフットプリントを著しく増加させることがありうる。合衆国の家庭においては、食料に関連する排出量のうち、食料のライフサイクルの輸送段階からのものは一一%にすぎず、一方、八三%は生産段階に関係するものである (Weber and Matthews, 2008)。

概して、ローカリズムの批判者たちが指摘することを狙っている論点は、ローカルに生産された食べ物を消費することは悪いことだということではない。しばしば、ローカルに育て、ローカルに食べることと結びついた個人的、社会的、生態学的な利益が存在する。しかし、彼らが主張するには、ローカルなシステムが提供できるものには重大な限界があり、「ローカル」は、動物福祉、生態学的影響、あるいは生産物の質といった事柄の良い尺度では必ずしもないということを、私たちは承認しなければならないのである。この理由から、食べ物に関して単一のパラメーターで評価すること――たとえば食べ物の善し悪しをフード・マイルだけにもとづいて決定すること――は避ける必要がある。何が問題であるのかということに焦点を合わせつづけることが重要である。そして、食べ物が移動する距離が食べ物の倫理的に最も顕著な特徴であることは、稀なことなのである。

◈オーガニックの限界

オーガニック運動に反対する最初の主張は、合成投入物、成長ホルモン、GM作物、また他のテクノロジー上の革新がなければ、七〇億人以上の増加しつつある人口を養うのに十分な食料を生産することは不可能だろうというものだ。この章でさきに考察されたように、幾つかの条件のもとで育てられた幾つかの作物については、産業型農業と有機農業の間には収穫量の隔たりがあるように見える。しかし、研究は以下のことも示唆している。

オーガニックな方法は、それにもかかわらず、全員にとって栄養的に適切な食事を供給するのに十分な食料を生産することができるかもしれない。特に、利用パターンの変化と食品廃棄物の削減とを組み合わせた場合には、そうである。（このことは次章でより詳しく考察される。）

オーガニック運動に反対する第二の主張は、有機的に生産された食料は従来型で育てられた食料に比べて高価になる傾向があるというものだ。これには多くの理由がある。一つの理由は、認証されたオーガニックの供給は非常に少ないために、多くの場所で需要に対する供給の比率が低いというものである。USDAによると、合衆国では、たとえば全農耕地の〇・七％だけが認証されたオーガニックである。主要なオーガニック部門である野菜（六％がオーガニック）、果物とナッツ（四％がオーガニック）に関してさえ、耕地の大部分は従来型である。オーガニックのほうが高価になるもう一つの理由は、大抵の場合、農業政策が、収穫量を最大化したり産業型の商品単作を促進したりすることを狙っていることである。第三の理由は、オーガニックの認証プロセス関連のコストと、従来型で育てられた作物によって「汚染」されていないことを保証するコストである。また、オーガニックのほうを高価にするようなオーガニック生産の特徴もある――たとえば、労働需要がより大きいし、動物をよりよく扱うし、生態学的コストを外部化することがより少ないのである。さらに、オーガニックが、独立した小規模の農民や加工業者と結びついている限り（さきに考察したように、必ずしもそうだとは限らない）、産業型の農業‐フードシステムに見出される規模と垂直的統合とがもたらすのと同じ効率性は存在しないだろう。オーガニックなフードシステムは、一ドルのダブルチーズバーガーを生産することはないだろう。オーガニックフードはより高価であるため、オーガニック運動はエリート主義であるとしばしば批判される。さらに、貧しい者たちにとっては、食品価格がもっと高くなると、彼らの状況は悪化するだろう。

最後に、オーガニック運動の批判者たちは、オーガニックフードを擁護して主張される利益というのが見せかけのものであると、しばしば主張する。たとえば、幾つかの研究が見出したところでは、有機農産物は、従来型で育てられた農産物に比べて著しく栄養があるわけでも、消費者にとって著しく安全であるわけでもない（Smith-Spangler et al., 2012）。他の研究が指摘するところでは、高度に資本化された科学集約型の農業実践は、実のところ、従来型農業のもたらした生態学的影響を近年は減らしてきたのである（OECD, 2013b）。また別の批判者たちが強調するところでは、「オーガニック」は今や、小規模で独立して所有される農業経営にとって、それがかつてそうだったほどには良き代用物でなくなっている。

◆スローフードの限界

さきに考察されたように、スローフード運動の起源は、ファストフードとファストな社会に反対するところにあったし、スローフード運動は、食べ物の質、美的観賞力、共同での消費を強調するものであった。しかし、それが採用する原則は拡大し、広範囲のオルタナティブ・フード運動の価値や目標――食料安全保障、社会正義、人権、動物福祉、生態学的な持続可能性、文化的敏感さ――を含むまでになった。この運動の批判者たちが主張するところでは、スローフード運動がそれらの価値に関与することにより、重大な緊張関係が引き起こされるのであり、またこれらの緊張関係は、スローフード運動がしばしば実際にどのように活動しているのかという、そのあり方に明白に現れている。

スローフード運動に対するよくある一つの批判は、スローフード運動はエリート主義的であるというものだ。スローフード運動は、美的性質や伝統的な生産方法を強調するけれども、そうしたことを強調することは、グルメ食品や職人的食品[*25]の価値を高めることである。これらの食品は高価であったり、多くの人々には入手可能なものでなかったりする傾向がある。批判者たちは次の点も指摘する。スローフード集団に加入し、スローフードイベントに参加するコストは、しばしばきわめて高いものである。というのも、関連する食品は高価であり、その運動に惹きつけられた（そしてその運動の一部となるほどに余裕のある）人々は、サービスや場所のような事柄に関して「期待」するからである。さらに、食べ物の調理と消費がスローであることは、そうしたことに時間を使えることが前提されるが、多くの勤労家庭にはそのような時間はない。さらに、その運動は、多くの貧しい人々や中間層の人々が頼りにしている便利で安価な加工食品やファストフードの名誉を毀損する。

スローフード運動は食べ物の美学を優先するが、そのことによって、この運動が支持している他の価値がしばしば損なわれると、批判者たちは指摘もする。たとえば、グルメ食品と職人的食品はしばしば長距離を輸送されるのであって、そのフード・マイルは大きい。多くのスローフードの擁護者たちも、動物福祉への関与が子牛肉やフォアグラの生産のような伝統的で珍味な食品の生産と緊張関係に入るときには、動物福祉への関与に関して妥協するのを厭わないように思える。さらに、この運動は、職人的でグルメな食品に関与するだけでなく、もっと一般的に「良い食べ物」にも関与するが、このようなあり方のせいで、幾人かの論評者がこの運動について次のような批判をするようになった。つまり、スローフード運動は、消費主義(コンシューマリズム)の一つの形態——便利で安価で「ファスト」な消費主義——をもう一つの形態——排他的で贅沢で「スロー」な消費主義——で置き換えたにすぎないのではないかという批判である。スローフード運動は消費主義的理想を拒否するものではなく、むしろ〔消費主義の〕大衆迎合的なバージョンをエリート主義的でわがままなバージョンで置き換えたにすぎないことになる。

スローフード運動に関するもう一つの懸念は、その根拠となる確信——産業的に生産された加工食品の拒否——に問題があるというものだ。多くの解説者は、現在そうであるような産業型フードシステムには多くの問題が存在することを認めつつも、食品テクノロジーや産業化がもたらす利益を承認する必要も私たちにはある、と主張する。すでに考察された一つの利益は、産業型フードシステムが収穫量や、資源の効率的な利用を増やすことである。もう一つの利益は、調理済み食品や加工食品が生鮮食品に比べてより容易により長い期間にわたり輸送し保存することができることである。これは食料の安全性を向上させ、腐敗を減らす。それはまた、非収穫期に入手可能な食料の多様性と量を増やし、そうすることで食料安全保障を促進する。調理済み食品と加工食品はまた、食べ物を作ったり準備したりする負担を減らす。

このことによって、食べ物の調理に責任のある者たち――大抵は女性たち――は、他の活動のために解放されることになる。この活動には、学校に行ったり、労働人口や市民生活に加わったりすることが含まれる。便利な食品は本当に便利なのであり、多くの人々にとって、このことは彼らのすでにきわめて多忙で要求の多い生活において素晴らしく価値のあることなのである。

スローフード運動の別の批判者たちは、スローフード運動は間違ったノスタルジーである、と批判する。スローフードの支持者たちは、食べ物が産業化する以前には、良い味がしローカルに調達された豊富な食べ物を食べる人々で世界は溢れかえっていたと想像しているように思われる。しかし、食物史家たちは次のことを指摘してきた。すなわち、ほとんどの人々にとっては、産業化以前の状況は、食事が乏しい状況、食料がぎりぎりの状況であったし、前年の収穫（あるいは漁獲）が尽きるときから新しい作物と食料源が入手可能になるときまでの間にある「飢餓の季節（ハンガー・シーズン）」を乗り切るという毎年の難題が存在するような状況であったのである。

スローフード運動に反対する包括的な主張は、それが間違った方向に導かれているというものだ。スローフード運動はファストフードと加工食品を拒否するけれども、このような拒否は、これらの食品やそれらを可能にするシステムがもたらすとてつもない利益に対して目を閉ざすことである。さらに、スローであることと「良い食べ物」への関与が消費主義のもう一つの（もっとエリート主義的な）形態にすぎないという事態を理解することに、スローフード運動は失敗している。このような消費主義の形態は、スローフード運動が信奉すると公言する社会正義や生態学的な持続可能性、そして他の価値を損なうものである。最後に、スローフードの支持者たちは次のように信じているように見える。つまり、本当の問題は、十分な食べ物をもたない人々が世界に八億四二〇〇万人存在するということであるにもかかわらず、私たちが直面している主要な食料の難題は、豊富な食料をもつ人々がお粗末な食料選択をしていることなのだと、信じているように見える。

6　フードシステムに関する三つの問い

ここに掲げられているのは、フードシステム論争に関して考察すべき三つの重要な問いである。これらの問いは続く章で考察されるトピックにも関連している。

1. グローバル・フードシステムに結びついた問題のある特徴は、このシステムから切り離せないのだろうか。それとも、このシステムは「浄化する（クリーン・アップ）」ことができるのだろうか。

私たちが見たように、グローバル・フードシステムの多くの批判者たちは、このシステムに結びついた問題は、その産業型でグローバルな性格のせいで生み出されているのであり、それだからこのシステムに内在するものであると主張する。しかし、他の批判者たちは、政策や実践が改善されるならば、それらの問題の多くを軽減したり除去したりすることができると示唆してきた。この見解だと、たとえば生活賃金法、労働者保護の実施、動物の思いやりのある取り扱い基準、生態学的コストの内部化、フェアトレード、より良い消費者情報といったものが存在するなら、グローバル・フードシステムが現在抱えている問題を引き起こすことなく、そのシステムの利点――低コストで便利で多様な食品の信頼できる調達――を、私たちは手にすることができることになる。この立場を擁護して、支持者たちは、この点についてすでに成功例があることを強調する――たとえば多くの国々で食品労働者に生活賃金が支払われているとか、サプライヤーたちが妊娠期間用檻の使用を廃絶するように多くの小売り業者（たとえばマクドナルド）が要求しているといったことである。これに応答して、批判者たちは、このことが原則的には可能であるとしても、政治的現実や強固な利害関係や権力構造のせいで、それが実際には不可能になると主張する。より有望で期待のもてる選択肢は、代替のモデルを作ることである。さらに、批判者たちの指摘するところでは、グローバルな産業型フードシステムを「浄化する」ために必要とされる変更がこのシステムに対して実際に施されたなら、その結果は、オルタナティブ・フード運動によって提唱されているシステムときわめて似たものとなるだろう。

2．豊かな消費者たちには、自分たちが欲しいと思うものや、自分たちのフードシステムに期待しているものを変更する責任があるのだろうか。

豊かな国々に住む人々は、広範囲にわたる多様な食べ物が事実上いつでも手頃な価格で入手可能であることを期待している。もしグローバルな産業型フードシステムがこれらの期待に応えるために必要であり、かつ、そのシステムが社会的、生態学的、倫理的に問題があるのなら、その場合、豊かな国々に住む人々には、消費者としての自分の選好と行動とを変更する責任があるのだろうか。もしそうであるなら、彼らはどのような期待あるいは実践を変更すべきなのだろうか——季節外れの食べ物に対する欲望だろうか、肉が多い食事に対する欲望だろうか。あるいは、何らかの重要な点において自身の期待や行動を変更する必要なしに、もっと地域的あるいはローカルなシステムに移行することが可能なのだろうか。

3．ハイブリッドなシステムは望ましいだろうか、そうだとすれば、そのシステムはどのようなものになるのだろうか。

グローバル・フードシステムとオルタナティブ・フードシステムは、しばしば完全に対立するものとして提示される。しかし、私たちが見てきたところでは、それらのシステムと結びついた二分法は必ずしも有効なものではない。ローカルフードの生態学的フットプリントのほうが小さいというわけでは必ずしもない。オーガニックフードは、独立に所有され運営される小規模の農場からやってくるというわけでは必ずしもない。人々が文化的に適切な食べ物を入手するためには、しばしばグローバルな調達が必要となる。産業型の農業のほうがより高い収穫量を有するというわけでは必ずしもない。農業－食品労働者たちはいつも搾取されているというわけではない。加工食品とファストフードのほうが健康的ではないというわけでは必ずしもない。スローフードのほうがより思いやりがあるというわけでは必ずしもない。ローカルなシステムのほうが食料が安定しているというわけでは必ずしもない。このことが示唆するのは、倫理的に最適なフードシステムは、グローバル・フードシステムと、オルタナティブ・フード運動によって提唱されるシステムの両方の要素を組み入れるものであるかもしれないということだ。このことが正しいとすれば、そのハイブリッドなシステムはどのようなものになるのだろうか。どのような点で、そのシステムは産業型であり、どのような点でそれはオルタナティブであるのだろうか。そして、それは文脈に応じて（つまり都市部か農村か、豊かな国か発展途上国かで）異なるのだろうか。

7　結論

現代のフード・エシックスと食料政策における根本問題は、どのような種類のフードシステムを私たちは支持し促進すべきであるかというものだ。この章で私は、グローバルな産業型フードシステムを擁護する主要な主張、これらの主張に対する幾つかの応答、このシステムの批判を検討した。私はまた、オルタナティブ・フードシステムを擁護して提示される考慮事項、ならびに、オルタナティブ・フード運動に関して提起されてきた懸念に関して考察した。私は、フードシステムが、動物福祉、生態学的な持続可能性、社会正義、公衆衛生、美学、テクノロジーの利用、食料安全保障といったものを含む、フード・エシックスの他の側面とどのように関連するのかも強調した。これらのトピックは、続く諸章においてもっと詳しく検討される。

◎読書案内

本書全体で用いられる経験的データの出典は本文中に示した。それらのデータの完全な出典は参考文献一覧のなかに収められている。これらの情報源には学術雑誌、政府機関、NGO、信頼できる報道機関が含まれる。これらの論文、報告書、データバンク、出版物には豊富な情報と視点が見出される。

食べ物の社会的、倫理的次元に関する幾つかの一般的な資料には、以下のものが含まれる。

Paul Thompson and David Kaplan, eds., *The Encyclopedia of Food and Agricultural Ethics* (Springer)

Gregory Pence, ed., *The Ethics of Food: A Reader for the Twenty-First Century* (Rowman and Littlefield)

David Kaplan, ed., *The Philosophy of Food* (University of California Press)

Fritz Allhoff and Dave Monroe, *Food and Philosophy* (Wiley-Blackwell)

Peter Singer and Jim Mason, *The Ethics of What We Eat* (Rodale Press)

Paul Thompson, *The Agrarian Vision: Sustainability and Environmental Ethics* (University Press of Kentucky)

Food, Culture & Society (Bloomsbury). 食料と社会研究学会〔The Association for the Study of Food and Society〕によって刊行されている雑誌。

Agriculture and Human Values (Springer). 農業・食料・人間的価値学会〔The Agriculture, Food, and Human Values Society〕の雑誌。

Agricultural and Environmental Ethics (Springer). 農業、食料生産、環境保護への関心に立ちはだかる倫理的問題に関する論文を刊行する雑誌。

Renewable Agriculture and Food Systems (Cambridge University Press). 農業と食料生産に対する経済的、環境的、社会的に持続可能なアプローチに焦点を合わせる雑誌。

Food Policy (Elsevier). 発展途上国の経済と先進国の経済の両方における食料部門のための政策の形成、実行、分析に焦点を合わせる雑誌。

フードシステムに関しては、グローバル・フードシステムに批判的で、オルタナティブ・フード運動を支持する著名で影響力がある一般向けの本が何冊かある。それには以下のものが含まれる。

Michael Pollan, *The Omnivore's Dilemma: A Natural History of Four Meals* (Penguin)〔マイケル・ポーラン『雑食動物のジレンマ——ある4つの食事の自然史』上下巻、ラッセル秀子訳、東洋

経済新報社、二〇〇九年〕

Vandana Shiva, *Stolen Harvest: The Hijacking of the Global Food Supply* (South End Press)〔ヴァンダナ・シヴァ『食糧テロリズム――多国籍企業はいかにして第三世界を飢えさせているか』浦本昌紀訳、明石書店、二〇〇六年〕

Eric Schlosser, *Fast Food Nation: The Dark Side of the All-American Meal* (Mariner Books)〔エリック・シュローサー『ファストフードが世界を食いつくす』楡井浩一訳、草思社文庫、草思社、二〇一三年〕

Carlo Petrini, *Slow Food: The Case for Taste* (Columbia University Press)

Frances Moore Lappé, *Diet for a Small Planet* (Ballantine Books)

Anna Lappé, *Diet for a Hot Planet: The Climate Crisis at the End of Your Fork and What You Can Do about It* (Bloomsbury)

Wendell Berry, *The Unsettling of America: Culture and Agriculture* (Sierra Club Books)

Wes Jackson, *New Roots for Agriculture* (University of Nebraska Press)

グローバル・フードシステムの諸側面を擁護し、オルタナティブ・フード運動の諸要素に批判的である作品には以下が含まれる。

Pierre Desrochers and Hiroko Shimizu, *The Locavore's Dilemma: In Praise of the 10,000-Mile Diet* (Public Affairs)

James McWilliams, *Just Food: Where Locavores Get it Wrong and How We Can Truly Eat Responsibly* (Back Bay Books)

Rachel Laudan, "A Plea for Culinary Modernism: Why We Should Love New, Fast, Processed Food," in *Gastronomica: The Journal of Food and Culture* (University of California Press)

Robert Paarlberg, *Food Politics: What Everyone Needs to Know* (Oxford University Press)

特に食料正義の問題に関する優れた二冊の本は以下のとおり。

Alison Hope Alkon and Julian Agyeman, eds., *Cultivating Food Justice: Race, Class, and Sustainability* (MIT Press)

Robert Gottlieb and Anupama Joshi, *Food Justice* (MIT Press)

第2章

食料安全保障と援助の倫理学

世界の栄養不良の人々の数は近年は減ってきた。その原因には、食料供給量の増加と極度の貧困の減少が含まれる。一人当たりの生産されるカロリー量は、世界のすべての地域において直近の数十年間にわたって増えてきたし、一方、その間、一日当たり一・二五ドル購買力平価というグローバルな「貧困ライン」以下で生活する人々の数は減ってきた。[*1]それにもかかわらず、極度の貧困状況で生活しており、その基本的な食料ニーズを満たすことができない人々の数は膨大なままである。すなわち、一二億人が極度の貧困状況で生活しており（その三分の一が一二歳以下の子どもたちである）、八億四二〇〇万人が慢性的に栄養不良であって、このことが意味しているのは、彼らが日々の最低限のエネルギーと栄養必要量を満たすことができないということだ（UN, 2013b; Olinto et al., 2013）。この数字はグローバルな人口の一二％に相当する。栄養不良の人々のうち大部分（八億二七〇〇万人）は、発展途上地域に、とりわけサハラ以南のアフリカ、東アジア、南アジアにいる。サハラ以南のアフリカでは、人口の四分の一が栄養不良である（FAO, 2013c）。

カロリーや栄養素の不良状態がもたらす影響には、発育不良、衰弱、慢性的な健康問題、より病気に罹りやすくなること、そして死が含まれる。たとえば、世界保健機構（ＷＨＯ）が推定するところによると、二億五〇〇〇万人の子どもたちがビタミンAの不足に苦しんでいるが、その結果、二五万人の子どもたちが毎年失明し、その半分が視力を失ってから一年以内に死んでいる。アフリカと南アジアの幾つかの国々においては、五歳以下の子どもたちの発育不良の割合は三〇％を超える（FAO, 2013c）。発育不良が及ぼす発達上の影響は、教育の到達度や経済生産性に対して長期にわたって作用する。それゆえ、栄養不良の蔓延は人々の福祉に対して直接的な影響も及ぼすのであり、長期にわたる社会的課題を引き起こすことになる。

フード・エシックスにおける最重要の問題の一つは、この状況に応答して、豊かな国々に住む人々が国家と個人のレベルでなすべきことは何であるかを決定することである。つまり、以下のように問うことである。グローバルな貧困や栄養不良に対処するための私たちの義務と責任はどのようなものであるか。この問いが本章のトピックである。私は、食料不安の原因と、それに対処するための可能なアプローチを考察することから始めて、その後で、援助する義務に関する賛成の主張と反対の主張に取りかかることにする。

1　食料不安の原因

グローバルな栄養不良問題は、しばしばグローバルな人口問題と同一視されている――たとえば、栄養不良問題というのは、有限な地球資源が支えることのできる以上に多くの人間が存在するということにすぎないというように。しかし、これだと、栄養不良問題は、その一因となっており、それに対処するのに重要な諸要因のうちの二つの要因、つまり人口と資源基盤という二つの要因〔だけ〕から構成されることになる。栄養不良問題とは、慢性的に栄養不良の人々が世界に八億四二〇〇万人存在するということである。課題は何かというと、それは、他の種のために十分な資源を残す持続可能な仕方で、栄養的に十分で文化的に適切な食事を全員に提供することである。栄養不良問題の一因となっており、この課題への対応にとって重要な多くの要因が存在する。そのうちの幾つかは前章で考察された。

◆人口

人間が多く存在すればするほど、（他の条件がすべて等しいなら）栄養的に十分な食事を全員に提供するためには、ますます多くの食料が必要となる。すでに地上には七二億人が存在する。将来の、女性一人当たりの出生率が二・二四人であると仮定すると（国連の中位出生率のシナリオ）、二〇五〇年には九六億人が、二一〇〇年には一〇九億人が存在することになる。高い出生率である場合の国連のシナリオでは、二一〇〇年の人間の数は一六六億人であると予測されている。低い出生率のシナリオでは、二一〇〇年の人口は六八億人と予測されている（UN, 2013a）。

◆資源基盤

食料生産に関連する生態学的かつ惑星的な限界が存在

する。たとえば、耕作可能地、真水、日射の量は有限である。地球の陸地表面の三分の一以上、つまり農業上好ましい土地の大部分が、食料生産のためにすでに利用されている（その二五％は、表土の喪失、微生物の減少、栄養素の枯渇といった事柄のせいで劣化している）（FAO, 2013b）。私たちは、地球の主要な植物純生産のほぼ二五％を使用している。世界の漁場の八七％以上が十分に利用されているか、過剰に利用されている、あるいは回復期にある（グローバルに消費される動物性タンパク質の一五％から二五％は水生生物由来のものである）。農業用に不可欠の真水の水源の多く――北アメリカのオガララ帯水層のような――は、それらを補給することができる速度よりも早い速度で枯渇しつつある。

◆農業生産性

農業の資源基盤は相対的に一定のままであったのに対して人口は増えてきたから、食料生産のために利用可能な一人当たりの資源量は減ってきた。しかし前章で考察されたように、今日一人当たりの生産される入手可能なカロリーやタンパク質や脂肪の量は一九六〇年よりも多い。一人当たりの生産量と供給量は地域によって著しく異なる――たとえばアフリカやアジアに比べると、北アメリカとヨーロッパでは一日一人当たりかなり多くが生産されるし、北アメリカとヨーロッパの平均食事エネルギー供給量の十分度は高い。そのような差異があるにもかかわらず、世界のすべての地域の平均食事エネルギー供給量は一〇〇――すなわち全員の食事エネルギーの必要を満たすのに十分なカロリー――を超えている。さらに、発展途上国における食事は、果物、野菜、油、畜産物の供給可能性が増大したおかげで、より栄養と多様性に富むものになった。食料供給量の増加は、農業実践における改良、農業用テクノロジーの革新と普及（産業型農業と有機農業の両方における）、農業と捕獲の拡大を通じて達成されてきた。

◆所得の不平等と消費パターン

食料供給において全員にとって十分なカロリーと栄養が存在するとすれば、その場合、食料生産が制約されているとか人口が多いとかいったことでは、世界に八億四二〇〇万の栄養不良の人々が存在する理由をすべて説明することはできない。もう一つの重要な要因があって、それはグローバルな貧困と所得の不平等である。さきに考察されたように、一二億人が一日当たり一・二五ドル購買力平価という極端に低い貧困ライン以下で生活している。すなわち、この貧困ラインは、合衆国で二〇〇五年に一・二五ドルで購入できるものに相当するが、それよりも低い水準で生活する努力を彼らはしているのである（Olinto et al., 2013）。非常に多くの場所で、この額は（あるいはその額の二倍でさえ）、栄養を満たす食事を手に入れるのに十分なものではない。二〇〇七年には、世界の人口の最も豊かな二〇％が、グローバルな全所得のほぼ八三％を稼いだ一方で、最も貧しい二〇％は一％を稼いだにすぎず、最も貧しい六〇％は七・三％を稼いだにすぎない。稼得者の最高位一％（六一〇〇万人）が、底辺の五六％（三五億人）の総所得と同じだけの所得を手にしている（Ortiz and Cummins, 2011）。グローバルな資産の不平等は、グローバルな所得の不平等とまったく同じように極端なものである。二〇一二年には、世界の成人の最も豊かな〇・七％（一〇〇万ドル以上の純資産を有する者たち）が世界の富の四一％を保有していたが、一方、最高位八・四％（一〇万ドルを超える純資産を有する三億九三〇〇万の成人）が八三％を保有し、最も低い六八・七％（一〇万ドル以下の純資産を有する三二億の成人）は三％を保有したにすぎない（O'Sullivan and Kersley, 2012）。驚くべきことではないが、所得／資産と消費――穀物と動物性食品の両方の消費を含む――との間には強い相関関係がある（Ortiz and Cummins, 2011）。一人当たりの食料消費は、低所得の国々に比べて高所得の国々では四倍以上も大きいし、一人当たりの動物性食品の消費は、低所得の国々に比べて高所得の国々では二〇倍ぐらい大きい。

◈資源の利用

多くの場所で、生産されるカロリーの大部分がフードシステムまで送り届けられていない。このことは、合衆国、ヨーロッパ、ブラジル、アルゼンチンのような、一人当たりの牛肉生産量の水準が高い地域に当てはまる。動物を通じて栄養を生産することはきわめて非効率である。というのも、動物は細胞組織を成長させるほかに、新陳代謝上の多くの目的――たとえば呼吸、移動、毛、歯、皮の成長など——のために、飼料や水を使用するからである。たとえば、五〇〇カロリーの牛肉を生産するのに四〇九二リットルの水が必要である一方で、五〇〇カロリーの家禽の肉を生産するのに一五一五リットル、五〇〇カロリーの豆を生産するのに四二一リットル、五〇〇カロリーのジャガイモを生産するのに八九リットルが必要である。同様に、トウモロコシから一〇グラムのタンパク質を生産するのに用いられる水は一三〇リットルにすぎないが、一方、卵では二四四リットル、牛肉では一〇〇〇リットルである（World Watch Institute, 2004; FAO, 2006）。動物に与えられるカロリーのうち最終的に人間によって消費されるのはほぼ一〇%から一二%にすぎず（これは全体としてのことであって、肉の消費に比べて乳製品と卵の消費のほうがこの割合は高くなる）、食用作物のカロリーの三分の一以上、タンパク質の半分以上が動物に与えられている。昆虫の飼育でさえ家畜を育てることに比べればかなり効率的である——たとえばコオロギは同じ量のタンパク質を生産するのにウシの飼料の一二分の一しか必要としない——そして昆虫は、すでに二〇億人の通常の食事の一部になっていると推定されている（van Huis et al., 2013）。

カロリーがフードシステムにまで届くのに失敗するもう一つの経路は、バイオ燃料の生産で使用するためにカロリーが転用されるというものだ。合衆国でトウモロコシから作られるバイオ燃料と、ブラジルでサトウキビから作られるバイオ燃料だけで、二〇一〇年には地球全体での作物カロリー生産量の四%を占めた。合衆国においては、バイオ燃料を生産するために用いられたカロリーで三億人以上を養うことができただろう。また、育てられたトウモロコシの八〇%以上が、動物の飼料やエタノールの生産のために用いられている（Love, 2010; Cassidy et al., 2013; USDA, 2014b）。さらに、フードシステムにおけるカロリーと栄養のかなりの部分が浪費によって失われている。イギリスでは、一五〇〇万トンの食料が毎年捨てられており、合衆国では、フードシステムに入る食料の四〇%ぐらいの量が捨てられたり失われたりしていると推定されている。低開発国においてさえ、食料の浪費や腐敗による損失は、生産されるものの三〇%から四〇%になると推定されている（FAO, 2013a; Godfray et al., 2010; Foley et al., 2011; Cassidy et al., 2013; DE-

FRA, 2012)。

◆資源の分配と人口の分布

さきに考察されたように、食料生産と人口は食料安全保障に関連する重要な要因である。それらの分布も重要である――すなわち、ローカルな規模、地域的な規模、グローバルな規模で、食料の分配が人口の分布によく適合しているかどうかということも重要である。戦争地帯のような幾つかの事例においては、人がいるところに十分な食料を届けることはきわめて困難である。しかし、平和な人口密集地帯においてさえ、それが困難なことであることを証明することができる。特に、食料が豊富ではなく、インフラストラクチャーが貧しい国々では困難である。ローカルな農業や都市農業を進める動機の一つは、人々がいる場所のより近くで食料を育てることである。そして、「スマート」な分配システムとサプライチェーンの目標は、食料が必要とされている場所により効率的に食料を届けることである。

◆社会制度と政治制度

貧困や〔資源〕利用そして分配という要因が示しているように、食料不安が生じるのは、食料生産における制限、あるいはより適切に言えば食料の供給可能性における制限のせいばかりだとは言えないし、大抵はそのせいであるとさえ言えるわけではない。食料不安は、しばしば食料調達〔food access〕の問題である。食料調達は、人々が自分とその家族のために食料を獲得するための物理的、社会的、経済的資源あるいはケイパビリティ[*2]をもっているかどうかということに関するものである。社会的、政治的、経済的な制度や政策は、食料安全保障という点から見て、人々のケイパビリティに非常に大きな影響を与える。それらの制度や政策は、別の行為者たちよりも優先的に、ある行為者たちに権限を与えたり、インセンティブの構造を変化させたり、権限を設定したり、市場を開いたり閉じたり、食料の価格に影響を与えたり、テクノロジーの利用可能性を変更したり、衝突を生み出したり、生態系に影響を与えたり、人々を移住させたり、所得に影響を与えたりする。以下に掲げるのは、こうしたことの数え切れない事例のうちの数例にすぎない。

・化学肥料や種子に対する補助金は、低開発国における食料生産量の増加と関連がある。

・合衆国でトウモロコシが広く作られているのは、部分的には、政府の補助金とかバイオ燃料の義務づけとかのせいである。さらに、これらの補助金はトウモロコシ飼料をより安価にするが、そのことによって、これらの補助金は、産業化された肉生産を下支えしている。南アメリカとヨーロッパでは、バイオ燃料の義務づけが農地や農業生産物の利用に影響を与えている——すなわち、どのような作物が育てられるのか、また、カロリーが食料供給のほうに入り込むのかどうかということに影響を与えている。

・国内的、国際的取引政策、関税、融資、支援協定は、発展途上国における農業の種類——たとえば混作か商品か——と、食料が国内で消費されるのか別の場所に輸送されるのかということにしばしば影響を与える。

・土地政策や国際取引／投資協定は、しばしば土地の収奪と呼ぶことができる巨大な土地取得が広がることと関係している。土地収奪においては、投資家（政府の、あるいは私的な）が莫大な量の農地を購入する。二〇〇〇年から二〇一〇年の間に、発展途上国では約七〇〇〇万ヘクタールが売却されたか貸借され、そのうち五六〇〇万ヘクタール以上がアフリカにあり、それはアフリカの農地のほぼ五％に相当する。取得された土地は、大抵は商品用、動物飼料用、燃料作物用に用いられ、しばしば地元の農民の立ち退きを引き起こしている（World Watch Institute, 2012）。

・最低賃金や最低報酬に関する法は、人々が栄養的に十分な食料を手に入れることができるかどうかということに関係する。たとえば合衆国では、正規の最低賃金労働者の所得は国内の貧困ライン以下である。特に、食糧支援プログラムは、貧困ラインの一八五％までの収入がある者たちに利用可能である。

・ローカルな、国内的な、国際的な福祉と食料支援プログラムは、貧しい人々が、市場価格を支払うことができないときに、自分の栄養上のニーズを満たすことができるかどうかということに影響を与える。

・環境規制と労働規制は、生態学的な健康と人間の健康への影響を外部化することによって食料コストをより低く抑えることができるかどうかということに関係している。
・移民や出稼労働者に関する法律は、発展途上国への送金に影響を及ぼす。この送金は、いまや公的な開発支援の総額の三倍となっている。
・特許法は、種子や機械装置のような農業用テクノロジーや食品加工用テクノロジーの調達に影響を与える。
・規制法や食品の安全性に関する法は、フードシステム構造に影響を与える。たとえば、合衆国では、GM作物は巨大企業によってほぼ独占的に商品化されているが、それは部分的には規制当局の認可を得るためにかかるコストが高いせいである。また、食品加工が高度に集約化している理由の一つは、規制基準を満たすことに関連するコストである。

食料の供給可能性と食料安全保障に影響を与える諸要因は別々のものではなく、非常に強く相互に連関している。社会的、経済的な政策や制度や実践が、この点に関して特に重要である。というのも、それらは食料生産から、取引、貧困、出生率にいたるまで、すべてに影響を与えるからである。しかし、相互連関という事態は別の要因にも同様に当てはまる。たとえば、生産性の向上はしばしば価格の低下と結びつくが、このことは人々の、食料を確保するためのケイパビリティを拡大するし、テクノロジーの革新と普及はしばしば生産性を上げる。重要な点は、食料不安は私たちが何もなすことができない不可避的状況ではないということであり、また食料不安は、人口増加と有限な惑星資源がもたらす結果にすぎないのではないということである。食料不安は幾つかの要因の産物であって、それらの多くを私たちは変えることができるのである。

2　グローバルな食料不安に取り組む

食料調達と食料不安に関連する諸々の要因がひとたび理解されると、グローバルな栄養不良に対処するための実行可能な手段がどのようなものであるかが明らかになる。

◆人口を減らす

人口は食料安全保障に関連する唯一の要因ではないが、非常に重要な要因ではある。人口置換水準[*3]に近い出生率を達成した場合、国連の高い出生率シナリオ――二一〇〇年では約一七〇億人を予測している――よりもおよそ一〇〇億人少ない人口になるだろう。グローバルな出生率は数十年の間、下がりつづけてきた。一九六〇年では女性一人当たり四・九二人であったが、二〇一一年には二・四一人であった。非常に産業化した国々においても低開発の国々においても、出生率は下がってきている。現在、世界の人口のほぼ半分が人口置換水準以下の出生率の国で暮らしている。もちろん、中国が行ったように、子どもの数に厳しい制限を課すことによって出生率を劇的に下げることは可能である。中国では、出生率が一九六五年の五・八六人から二〇一一年の一・五八人まで下がったのである。しかし、人口を減らすための非常に効果的で、かつ強制的ではないアプローチも幾つか存在する。

・**経済発展**――出生率は一人当たりの国民所得と反比例する。多くの産業化した国々は、日本、ヨーロッパのほとんどの国々、合衆国、ブラジル、オーストラリア、台湾、シンガポールを含めて、人口置換水準以下の出生率である（CIA, 2014）。特により下位の十分位数にいる者たちの所得を引き上げることは、食料を購入するための人々のケイパビリティを現在において拡大するだけでなく、人々の数を将来において減らすことにもなる（Myrskyla et al., 2009）。

・**女性のための機会**――女性の学歴と出生率との間には強い相関がある。女性たちが学校にとどまることが長ければ長いほど、彼女たちがその生涯を通じてもつ子どもの数は少なくなる傾向がある。中等教育に入学した少女たちの割合が八〇%を超え始めるにつれて、一国の平均出生率は人口置換水準以下に下がる。同様に、女性たちが、労働人口に加わるもっと多くの機会、専門職に就くもっと多くの機会、市民としてのもっと多くの機会をもてばもつほど、出生率はもっと低くなるだろう（World Bank, 2011; Reading, 2011）。

・**医療へのアクセス**――医療アクセスと出生率の低下と

の間には強い関連がある。医療アクセスが乳児死亡率の低下をもたらす場合はとりわけそうである。乳児死亡率（生児出生一〇〇〇人当たり一年以内に死亡する子どもの数）がほぼ三・〇に下がるとき、出生率はだいたい人口置換水準にまで下がる（World Bank, 2011; UN, 2009）。

・家族計画へのアクセス——避妊と出生率の間には強い関連がある。発展途上国では、このことが自然実験と制御実験の両方によって証明されてきた。たとえばパキスタンの出生率（三・三）はバングラデシュ（二・二）よりも一人以上多いが、バングラデシュでは避妊法がより広範囲に利用可能である。そして、一九七〇年代と一九八〇年代におけるバングラデシュの一部での介入の結果として避妊法が利用可能になったとき、女性一人当たりほぼ二人の子どもというところまで出生率が下がったのである（Ezeh et al., 2012; Cleland et al., 2006）。

　女性たちが家庭の外での雇用、経済的機会、教育、医療、家族計画といったものへのアクセスを改善させたときには、出生率は文化的、社会－政治的文脈を越えて著しく下がるという強力な記録が存在している。これらの目標を追求すること（このことは、文脈に固有な仕方で、また文化的に敏感な仕方でなされる必要がある）は、ウィン・ウィン関係である。これらの目標はそれ自体で倫理的に善い。というのは、それらの目標は、女性たちの自律を拡大し、平等を促進し、人間の福祉や生活の成果を改善するからである。かつ、それらの目標はまた人口を減らし、そのことによってグローバルな食料安全保障を実現するという課題を達成するのに役立つからである。

◆生産性を向上させる

　食料供給量を増やす「伝統的」方法は、より多くの土地を農業用に切り替えたり、野生での捕獲量を増やしたりすることであった。しかし、これはもはや実行可能な方法ではない。利用可能な土地はすでにほとんどが使用されており（そして、残っている土地を［農地用に］取り込むことは、生物多様性に対して大変に有害な影響をもたらすことだろう）、ほぼすべてのグローバルな漁場は十分に利用されている（あるいは過剰に利用されてい る）。結果として、生産性の向上は別の仕方で追求されなければならないことになる。さきに考察されたように、一ヘクタール当たりの食料生産量は数十年の間、増えつづけてきた。それにもかかわらず、多くの農業システムが現在生産しているものと、それが生産することができると見込まれるものとの間には、かなりの落差が残っている。たとえば、窒素の供給可能性を拡大すると、有機農業の生産量を増やすことができる。灌漑を改良し化学肥料を使用すると、混作の生産量を増やすことができる。輪作を拡大し被覆作物を使用すると、産業型農業の生産性を向上させることができる。一般に、資本の供給可能性の改良、テクノロジー、種子、土壌の保存、害虫の管理技術といったものによって、収穫量を増やすことができる。収穫量の落差をなくす方法、また食料不安を減らすような仕方で効率的に持続可能に生産力を向上させる方法は、状況ごとに異なったきわめて特殊なものとなる。発展途上国では小自作農の生存のために複作が行われているし、産業化された国々では従来型の商品農業が行われているのだから、前者に利益をもたらすものと、後者の収穫量を増やすものとは異なる。しかし、両方の事例において収穫量を著しく増やすことは可能である。たとえば、五七の貧困国における小農地農場に焦点を合わせた介入プロジェクトの調査が見出したところでは、殺虫剤の使用を減らして水の効率性を上げることによって、同時に五〇％を超えるまで収穫量を増やすことが難なく達成可能である（Pretty et al., 2006）。一六の主要作物（大麦、キャッサバ、落花生、トウモロコシ、雑穀、ジャガイモ、油ヤシ、アブラナ、米、ライ麦、モロコシ、大豆、テンサイ、サトウキビ、ヒマワリ、小麦）についての最近の研究が見出したところでは、主に水や栄養素の管理を改良するという手段によって、それらの最大収穫量の九五％にまで生産性を向上させ、グローバルな収穫量を五八％まで増やすことができることになる（そして七五％の生産性なら収穫量の増加は二八％になる）（Foley et al., 2011）。米、小麦、トウモロコシに焦点を当てた別の研究が見出したところでは、栄養素の使いすぎを減らすこともしながら収穫量の落差を縮めることによって、グローバルな収穫量を四五％から七〇％までの範囲で増やすことが可能である（Mueller et al., 2012）。

さらには、すでに考察されたように、テクノロジーと農業実践における革新は、「最大収穫量」とみなされているものを増やすことができる。それゆえに、生産性が持続可能なやり方で向上するための、非常に多くの余地が残されているように見える。

◈利用パターンを変更する

さきに考察されたように、公共政策や経済的インセンティブの結果、非常に多くの耕作地が食用作物生産から飼料作物生産や燃料作物生産へと転換した。二〇〇〇年から二〇一〇年の間に、バイオ燃料生産に充てられた農耕地の総面積は四倍以上になった。この転換は合衆国とブラジルでとりわけ著しいものであったけれども、しかしアフリカやアジアでも同じように生じている。また、さきに考察されたように、家畜飼料のために作物を使用することは、直接人間が消費するのとは対照的に、きわめて効率が悪い。それゆえ、食料の供給可能性を著しく増やす一つの方法は、人間が直接に消費するカロリーと栄養を増やすことである。最近の分析が発見したところでは、このようなやり方で使用方法を変更するだけで、フードシステムに対して供給可能なカロリー総量が最大七〇%増えることになる。これは一日当たり二七〇〇キロカロリーの食事を四〇億人に提供するのに十分なものである。家畜に与えたり燃料に使用したりする作物カロリーの半分だけを人間による直接の消費に向ける場合でさえ、現在の水準の生産性で、さらなる二〇億人に食事を与えることができることになる。これは、地上の土地の二六%を使用する飼育農業のために利用可能な牧草地を残すことにもなるだろう。一ヘクタール当たりの養われる人々の潜在的な増加は、バイオ燃料と肉が集中する地域で特に大きい。インドでは作物カロリーの八九%が直接に人間によって消費されるが、中国とブラジルではほぼ四五%であり、合衆国では作物によって生産されるカロリーの二七%（そしてタンパク質の一四%）しか人間は直接に消費していない。これらの四つの国は、合わせると、グローバルに育てられる作物カロリーのほぼ五〇%を生み出している（Cassidy et al., 2013）。

◈浪費を減らす

ＦＡＯが推定するところでは、人間による消費のために生産されている食料の三分の一が、地球全体で浪費により失われている。これは毎年一三億トンの食料に相当し、その経済コストはほぼ七五〇〇億ドルである(FAO, 2013a)。浪費は食料のライフサイクルのすべての時点で発生する。すなわち、農業生産、穫り入れ後の処理と保管、加工、分配、消費、処分の時点である。しかし、損失は、先進国と発展途上国とでは食料サプライチェーンに沿って違ったふうに分布している。低開発国では、損失は主に生産や輸送や加工の段階で生じ、腐敗と害虫の結果である。これは、主に収穫技術や保管能力、効率的な輸送や冷蔵といったインフラストラクチャーが欠如しているせいで生じる。低開発国においては、小売りや調理や消費の段階での浪費は非常に少ない。というのも、食料が豊富に存在するわけではないし、所得のうち食料に支払われる割合が高いからである。たとえば、インドでは世帯所得の二五・二%が家庭で消費される食料に費やされ、中国では二六・九%、グアテマラでは三七・九%、ケニアでは四四・八%である(USDA, 2014a)。極度の貧困状況で生活する世帯は、その所得の六〇-八〇%ほどの割合を食料に費やす(World Food Programme, 2012)。豊富な食料と堅固なインフラストラクチャーが存在する豊かな国々においては、食料支出が世帯所得に占める割合はかなり低い。合衆国では世帯所得の六・六%が、家庭で消費される食料に費やされるにすぎず(食料全般には一〇%のみ)、イギリスでは九・一%(食料全般には一一・六%のみ)、フランスでは一三・二%、カナダでは九・六%である。結果として、食料の浪費の大部分は消費と小売りの段階で発生し、この段階では、果物や野菜やパン類品目が主要な廃棄物である。イギリスでは、食料購入品と飲料購入品の一五%が浪費されており、一年当たり一二〇億英ポンドの損失である(一世帯当たり四八〇英ポンド)(DEFRA, 2012)。合衆国では、消費者の食料購入品と飲料購入品のほぼ二五%が最終的には廃棄されており、その損失は四人家族当たり毎年一二六五ドルから二二七五ドルの間であると推定されている(Grunders, 2012)。合衆国の食料のサプライチェーン全体で、一年間に一人当たり二七三ポンド〔約一二四キログラム〕の食料が失われている(Buzby and Hyman, 2012)。それゆえ、食料の浪費を除去することでフードシステムが「獲得」しうる莫大な量の食料が存在することになる。多くの低開発国では、テクノロジーの利用、保管能力、輸送、融資の利用可能性、電力といったものを改善することが重要である。豊かな国々においては、一人分の分量を少なくするとか、補助金を削減するとか（それによって食料コストを増加させる）、賞味期限の的確さを改善するなどといったことをすれば、浪費を減らすことができるだろう。

◆貧困を減らす、そして消費分布を変える

食料調達に対する主要な障壁の一つは経済的なものである。多くの栄養不良の人々が十分な食料や栄養の入手可能な場所に暮らしているが、彼らには食料や栄養を手にする余裕がない。それゆえ食料不安を減らす一つの方法は、貧しい人々の経済的条件を改善するか、あるいは彼らのために食料コストを減らすことである。これは、たとえば中国でかなりの程度まで達成されてきた。一九九〇年以来、中国では経済成長のおかげで貧困率と子どもの栄養不良率の両方で著しい減少が達成された。（さきに考察されたように、貧困は栄養不良に貢献し、栄養不良は貧困が永続化するのを助長する。）しかし、経済成長だけでは貧困率の低下は保証されない。成長は、経済的分配の下端にいる人々にまで及ぶ必要がある。これは難題となる可能性がある。というのも、極度の貧困状況にいる人々は、社会関係資本[*4]、経済資本、中等教育、医療、移動性、テクノロジーといったケイパビリティや機会——これらは成長経済にあずかることを可能にするものだ——をしばしば欠如させているからである。それゆえに、成長が食料不安に大きな影響を与えるためには、それは広範囲にわたるものである必要がある。

経済成長が存在しない場合には、経済的不平等を減らすことによって食料調達を向上させることも可能である。さきに考察されたように、地球の人口の最も貧しい二〇％が世界の所得の一％しか有していないのに対して、最も豊かな二〇％が世界の所得の八三％を有している。経済的不平等に対処したり、全員のための最低限のまっとう（ディーセント）な生活水準を推奨したりする計画や政策によって、十分なカロリーや栄養を確保するための人々の能力は増大させることができる。（さきに考察されたように、それらの計画や政策によって、出生率は下がりうる。）この事例は先進国にも発展途上国にも存在する。合衆国

においては莫大な量の食料が存在するにもかかわらず、一七六〇万世帯（一四・五％）と四九〇〇万の市民（八三〇万の子どもたちを含む）が二〇一二年には食料不安の状況にあった。そのうち七〇〇万世帯は次のように報告している。すなわち、彼らは［可能であったなら］自分が望んだであろう食料よりも少ない食料を食べた、なぜなら、彼らが望んだであろう食料を確保するための経済的あるいは社会的資源が彼らには不足していたからである、と（USDA, 2014c）。これほど多くの食料をもつ国において、これほど多くの人々が食料不安の状況であるということは、巨大な経済的不平等の結果としてもたらされたものであるし、また堅固な社会的支援システムが不在であるということを示している。そして、これらの社会的支援システムは、今度は、教育、労働、医療、税、福祉に関する公共政策の所産なのである。他のほとんどの豊かな国々においては、食料不安はほとんど存在しない。強固な公共的支援計画、累進課税率、生活賃金法、国民皆保険制度、公正に資金提供された教育システムといった事柄は、最低限のまっとうな生活の質がより高くなることを保障し、著しい不平等とは反対のほうへと牽引してくれるのである。

低開発国に関しては、一人当たりの経済活動が相対的に少ないのに食料不安も低い地域が存在する。この件の、最も顕著に引用される事例の一つは、インドのケララ州である。ケララ州では、経済成長が限定的なものであるにもかかわらず、生活の質の成果において大規模な向上——学歴の改善、市民参加のいっそうの拡大、乳児死亡率の低下、著しい貧困削減——が見られた。主として、これは資源（たとえば教育と医療）のより公平な分配を促す努力と社会的、政治的不平等を減らす努力のおかげであった。ケララ州とは対照的に、一人当たりの経済活動は同じだが社会的、政治的不平等がより大きいインドの多くの別の地域では、貧困率がより高く、食料不安の度合いがより高いだけでなく、識字率はより低く、乳児死亡率はより高い。

それゆえ、経済成長や経済資源のいっそうの公平な分配、そして直接の支援によって、食料不安を減らすこと、そして栄養不良に対処することが可能である。支援と再分配は、国内的であるか国際的であるかのいずれかでありうる。最近の世界銀行の分析が推定したところでは、グローバルな総貧困ギャップ——すなわち一日当たり一・二五ドルという非常に低い貧困ラインにまで全員を引き上げるために必要とされることになる貨幣の総額——は一六九〇億ドル（Olinto et al., 2013）であるが、ブルッキングス研究所による分析が述べるところでは、それは六六〇億ドルにすぎない（Chandy and Gertz, 2011）。このギャップを解消するには、これ以上のコストがかかるだろう。というのも、ゼロコストの資源に完全に的を絞るのは可能なことではないし、また、食料安全保障を達成することは、人々が暮らしを立てるために一日当たり一・二五ドルよりも多くもつことを大抵は必要とするだろうからである。しかし、これらの数字によって、必要とされる総量の感覚は私たちに与えられる。

まとめると、今しがた述べたことが示しているのは、持続可能な食料安全保障を達成するための凄まじい可能性である。持続可能な食料安全保障の達成という問題の大きさにもかかわらず、それは実現可能な目標であるように見える。さらに、食料安全保障を向上させることを目指したこれらの道のそれぞれを実現するために、多くの人々と組織が、文脈に相応しい具体的な戦略やテクノロジーや計画や政策を展開し、実行し、評価するという、大変な仕事に取り組んでいるのである。

3 国家の義務

栄養不良や食料不安を著しく減少させることは可能である。豊かな国々に住む私たちにとって、倫理的問いはどのようなものになるだろうか。それは、栄養不良や食料不安が著しく減少するのに役立つように自分の資源を用いる責任が私たちにはあるのかどうか、という問いである。私たちは、国家のレベルと個人のレベルの両方で、このように問いかけることができる。この節において、私は、グローバルな栄養不良に取り組む責任が豊かな国々にあるかどうかを考察する。次の節においては、同じことをする責任が個人にあるかどうかを考察する。

◈援助を擁護する倫理的根拠

豊かな国々はグローバルな食料不安への取り組みを促

進すべきであるという主張を支持して提示される、幾つかの倫理的考慮事項が存在する。これらのうちの第一のものは、単純な同情〔compassion〕である。「苦しみ」とみなされる広範囲の多様な状況や経験が存在する。たとえば、身体の負傷や感情的な苦悩の経験は著しく異なっている。しかし、それらが共通にもっているもの——それらを苦しみにするもの——は何かといえば、それは、それらが不快であり望ましくないということである。それゆえ、苦しみは定義によって悪いものであり、（他のすべての事情が等しいなら）それが少なければより善いことになる。同情的であるとはどういうことであるかというと、それは、他者たちの苦しみによって心が動かされ、その結果、他者たちの苦しみを認知し緩和するような仕方で行為するようになることである。カロリーや微量栄養素の不足は、とてつもない苦しみを引き起こす。過剰な経済資源と食料資源を有する豊かな国々は、極度の貧困と栄養不良に巻き込まれて苦しんでいる人々のことに気づいているし、その苦しみを緩和するよう促進することができる立場にある。それゆえに、同情にもとづいてなすべき事柄は、援助をすることである。

慢性的に栄養不良である者たちに援助することを支持して提示される第二の倫理的考慮事項は、人権である。人権に関する国際的な声明は、基本的な生計手段と、健康であるために必要とされる最低限の資源とに対する権利を人間は有している、と明確に述べている。たとえば世界人権宣言は明言する（第二五条）。すなわち、「すべての人は、食料、衣類、住居、医療、必要な社会福祉事業（ソーシャル・サービス）を含め、自身とその家族の健康および良好状態（ウェルビーイング）のために十分な生活水準を手にする権利を有する。また、失業、病気、障碍、配偶者の死亡、老齢の場合には、あるいは、その他やむを得ない事情で生活手段を喪失した場合には、保障を受ける権利を有する」（UN, 1948）。さらに、国際的に承認された他の多くの権利には、自己決定の権利から、科学やテクノロジーがもたらす恩恵を利用する権利にいたるまでの権利が含まれるが（UN, 1966）、それらの権利は食料安全保障を前提としている。人々が慢性的な栄養不良で苦しんでいたり、その家族を養うのに努めることに忙しかったりする場合、人々が自分のそうした権利を行使したり、それらの権利を主張したりすることは困難となるからである。個人の権利に関する国家的な声明はまた、大抵の場合、生命と健康のために基本的資源を利用する権利を含んでおり、ブラジル、グアテマラ、キューバ、イラン、南アフリカのような多くの国々の憲法には、食料の権利が明確に含まれている。

国内的、国際的に承認された法的権利に加えて、人々は十分な栄養を享受する道徳的権利を有すると、多くの人たちが信じている。この権利には、あなたがあなたの基礎的ニーズを満たすのを妨げるような行為を他者にさせないこと（しばしば「消極的権利」と呼ばれる）が含まれるだけでなく、これらの基礎的ニーズを追い求め充足するケイパビリティをもつこと（しばしば「積極的権利」と呼ばれる）も含まれる。道徳的権利は、人々の価値（あるいは尊厳）のうちに根拠をもつと考えられている。あるいは、道徳的権利は次のことを承認することから帰結すると考えられている。すなわち、私たちは自分の基礎的ニーズが保護され満たされることを期待するにもかかわらず、私たちが他者に対して〔その基礎的ニーズが保護され満たされるという〕同じ責任を有していることを承認しないのは合理的ではありえないということの承認である。〔自分だけを特別扱いするような〕差別的な地位や保護を正当化する例外的な事柄は、私たちに関して何も存在しないのだ。

国家による援助を支持して提供される第三の倫理的考慮事項は正義である。豊かな国々は正義の義務としてグローバルな貧困や栄養不良に取り組むべきであるという主張には、それを支持する幾つかの異なりはするが相互に関連する根拠が存在している。「歴史的論証」は以下のことを指摘する。すなわち、著しい食料不安が存在する多くの場所で、豊かな国々は、その過去の活動を通じて、つまり植民地政策、資源の強制的徴収、奴隷貿易、国境の制定、武力衝突への関与、政府の設置などを通じて、このような〔食料不安の〕状況を作り出すことに貢献したというのである。この主張は、すべての食料不安が豊かな国々の過去の行為の結果として生み出されたという主張なのではない。あるいは、この主張は、過去の行為が原因である場合、それが主要な、あるいは唯一の原因であるという主張なのではない。この主張は、アフリカ、アジア、ラテンアメリカ、カリブ地方、中東の一部においては、外部からの軍事的、経済的、政治的な力の行使が、それらの場所で食料不安問題を引き起こした生態学的、社会的、経済的条件に対する重要な貢献的要因となっていたという主張である。

援助のための国際秩序論証は以下の事実に依拠する。すなわち、国際的な諸制度は主として強大で豊かな国々によって設立されたり支配されたりしており、大抵の場合、これらの国々は、自分の経済的、地政学的利益には役立つが低開発国には不利益となる政策を促進しているという事実である。このような告発は、世界銀行、国際通貨基金、世界貿易機関のような経済制度に関して頻繁に行われている。これらの制度の政策や取り決めは、発展途上国における貿易、経済発展、所有権、農業、負債に関して重大な影響を及ぼしている。この論証によると、もし国際組織、取り決め、協定（武器売却や知的所有権保護といった事柄に関する）が、暮らし向きの最も悪い国々を犠牲にしつつ、すでに暮らし向きの良い国々に利益をもたらしているのだとしたら、豊かな国々は低開発国に対して正義の負債を負っていることになる。

援助の責任を擁護する共有利益論証〔shared benefit argument〕は、次のような主張にもとづいている。すなわち、豊かな国々は多くのやり方で——たとえば安価な労働の調達手段を有することによって、低開発国の自然資源（木材からレアアース元素まで）を購入することによって、低開発国の土地を購入することによって、環境コスト（たとえば電子機器廃棄物）を外部化することによって、市場を開放したり農業を商品化したりするよう（たとえば融資や支援という条件を通じて）低開発国に強制することによって——低開発国の経済状況から利益を得ているという主張である。もし豊かな国々が低開発国の貧困から利益を得ているのだとすれば、その場合、豊かな国々は低開発国と利益を共有すべきだと、正義は要求する。富の直接的な移転によってであれ、テクノロジーの利用や経済発展を促進することによってであれ、貧困と栄養不良の緩和に貢献することは、低開発国と利益を共有することの重要な一側面である。このようにして、歴史的、構造的、共有利益的根拠が存在していると考えられており、これらの根拠をもとにして、正義は豊かな国々がグローバルな貧困と栄養不良に取り組むことを要求するという主張が擁護されるのである。

援助の責任を支持して提示される第四の倫理的考慮事項は、道徳的運〔moral luck〕である。道徳的運は、自身がそこに生まれ落ちる状況に値する者など誰もいないという考えにもとづく。このような考えが出てくる理由は、妊娠の以前に人々が存在することはないのであり、人々が存在しないのなら、人々は何かをなしたから何かに値するということがありえないから、というものだ。それだから、ある人々が豊かな状況に生まれ落ちる一方で、他の人々が極度の貧困状況に生まれ落ちるということは、まさに運の問題である（そして値すること(デザート)との問題ではない）。さらに、人々の経済的成果が自分の人生の行程全体を通じてどのようなものとなるかを示す最大の予測因子のなかには――国家内と国家間のいずれにおいても――、人々が生まれ落ちる社会‐経済的状況や、彼らが男性であるのか女性であるのか（人々がコントロールすることができないもう一つの事柄）が含まれる。一般的に受け入れられている、人々の平等な価値にもとづく規範的原則が幾つか存在するが、これらの原則からすると、このような状況は疑わしいものとなる。すなわち、以下のような原則である。ある人物は自分が値するものを受け取るべきであり、自分が受け取るものに値すべきである。また、すべての人々は社会的、経済的成功を目指す平等な機会をもつべきであり、不平等を認めるのに十分な理由が存在しないなら、すべての人々は社会的、経済的に平等であるべきである。これらの原則のいずれも、結果の平等が存在しなければならないということ――すなわち、人々は大まかに同じ社会的、経済的結果でもって終わるべきだということ――を含意するものではない。これらの原則は、不平等を擁護する何らかの十分な正当化理由が存在することを条件として不平等を許容するものである――たとえば、不平等がみずから招き寄せたものであるとか、不平等がより暮らし向きの悪い人々にとってさえ利益をもたらすとか、あるいは不平等が社会的福祉を全体として拡大するとかいったような正当化理由である。出生という「自然のくじ引き」に巻き込まれた不当な出発点はこれらの条件を満たさないから、そうした〔不当な人生の〕開始位置に対処する責任が〔豊かな国々には〕存在することになる。この責任には、少なくとも、思いもよらぬ運としての極度の貧困状況に生まれ落ちた者たちが、普通の成長と健康のために必要な栄養量に達するよう援助することが含まれるのである。

◈国家的援助を擁護する根拠に対する反対と応答

今しがた考察された考慮事項は、自分の資源の幾らかを用いて慢性的に栄養不良の人々を援助する倫理的義務が豊かな国々にはあるという見方を正当化するためのものである。そのような責任に反対して、幾つかの見解が提示されている。

豊かな国々が発展途上国に対して食料支援をすることに反対する論証のうちで最も知られているのは、おそらくギャレット・ハーディン〔Garrett Hardin〕の救命ボート倫理〔lifeboat ethics〕である。各国は救命ボート――それが有する限られた空間（あるいは運搬能力）は各国の資源ベースで決められる――であると、私たちは考えてみてはどうかと、ハーディンは提案したことがある。貧困や栄養不良の度合いが高い国々は、みずからが支えられる以上の人々を抱えている。それらの国々は収容能力を超えているのである。これは恐るべき状況である。そして、支援したい（あるいは移住を通じて人々を自国に受け入れたい）と思う国があるかもしれないことは理解できることである。しかし、ハーディンの見解では、そのようにすることは事態をより悪化させるだけだろう。一つには、もしそうすれば、さらなる人口増加が可能になってしまい、「収容能力を超えた」国々において人々の数が増え、そのことによって苦しむ人々の数が増えることになるだろう。そのようにすれば、また、他の国々が自国の市民を養ったり、人間以外の種のために資源を保護したりする能力が使い果たされてしまうことになるだろう。さらに、そうすれば、それは、諸国がみずからの資源問題や人口問題に取り組むために措置を講じる意欲を抑制するものとして機能することだろう。この考えでは、直接的な食料援助がもたらす最終結果は、人口増加が衰えず、資源や生物多様性が減るということであって、最終的には著しい生態学的崩壊と人口崩壊が存在することになる。それゆえ、支援しないことは無情に見えるかもしれないが、しかし支援しないことは、二つの悪いシナリオのうち、よりマシなほうのシナリオなのである。すなわち、支援してしまえば、人間と自然の両方にとって、長期的には事態が相当に悪化してしまうことになるだけなのである。

ハーディンの見解の幾つかの側面には価値がある。たとえば、ハーディンの見解は、国際的な制度や政策が人口や貧困や栄養不良と関係しており、それらがしばしば国内の政策に影響を与えているという事実に敏感に反応している。ハーディンの見解は、人間以外の種のために資源を保存する必要が私たちにあることを承認している。そして、もちろん、人口はグローバルな貧困や栄養不良の重要な要因である。そうであるにもかかわらず、批判者たちが主張するところでは、救命ボート倫理は国際情勢を誤って伝えているし、また、救命ボート倫理は、人口や貧困や栄養不良をいかにして効果的に減らすのかということに関して誤った想定を行っている。救命ボートというアナロジーそのものに関して言えば、諸国家は、それぞれの資源がその運般能力の範囲を定めるような独立した存在ではない。諸国家は、自然資源や労働や食料などに関して深く相互接続し相互依存しているからである。これはグローバル化の際立った特徴である。さらに、さきに考察されたように、実際には貧困はより高い出生率と結びついている。貧困を減らしたり、医療と家族計画へのアクセスを向上させたり、女性の教育機会と雇用機会を促進したりすることによって、低開発国では出生率は下がる。直接的な食料支援だけではこのことは達成されないだろうが、農業計画を含むもっと包括的な援助なら、それを達成することができる（FAO, 2012b）。それゆえ、救命ボート倫理は事実に関して間違っているように見える。正しい形態での援助は貧困と栄養不良を減らすからである。この論点は、食料を支援することが持続可能的でなく、また依存を促進することになるという論証にも同じく当てはまる。このこと〔持続可能的ではなく依存を促進してしまうということ〕は、直接的な食料支援だけを行うことに関しては正しいとしても、教育、医療、テクノロジー、経済発展に焦点を合わせた、もっと包括的なアプローチに対しては該当しないし、あるいは（おそらく）人々が最も必要とするものに人々が資源を費やすことを可能にする直接的な資金援助を含むアプローチにも該当しない。

国家による援助の責任に反対してしばしば提示される第二の論証によると、発展途上国の政府が機能不全に陥っているせいで国際支援は効果がないものとなる、あるいは、独裁的な指導者や体制に対して、その人民を支配する力（すなわち食料支給による）を提供することによって、そして独裁的な指導者や体制に民衆が敵対するのを妨げることによって、国際支援は独裁的な指導者や体制に力を与えることになる。これは、幾つかの事例では正しいかもしれない。権力の座にある体制がひどく機能不全に陥っていたり腐敗していたりして、あるいは状況がひどく不安定であるために、さきに述べたような種類の支援に効果がなかったり、あるいは問題さえあるような国々が幾つか存在するかもしれない。しかし、ほとんどの国々はこれとは異なるのであり、かつ、多くの支援計画は、国家政府によるものも国際組織によるものも、支援が適確であるために満たされなければならない統治や透明性や安定性に関する基準を有している。

国家による援助の責任に反対してしばしば提示される第三の論証は、貧窮化した国々がおかれている状況はこれらの国々自身が招いたものである、というものだ。それゆえ、これらの国々自身の問題に取り組むことは、これらの国々の責任なのである。この見解に対する主要な応答はすでに考察されている。正義の論証は、グローバルな貧困と栄養不良に関して豊かな国々にまったく責任がないという主張が誤っていることを示してくれる。道徳的運の論証は、貧しく栄養不良である個々の人々は、概して、自分がおかれている状況に元来責任を有すものではないことを示してくれる。同情の論証は、豊かな国々は、慢性的な栄養不良に苦しむ人々を、この状況がいかにして出来したのかに関係なく、みずからがそうする立場にあるのだから助けるべきであるということを示そうと目指している。

援助することに反対してしばしば提示される第四の論証は、援助するのにコストがかかりすぎるというものだ。しかし、グローバルな貧困ギャップ――グローバルな貧困ラインまで全員を引き上げるのに必要とされる総額――は一年当たり数千億ドルであるにすぎない（さきに言及されたとおりである）。これは、豊かな国々の国内総所得（ＧＤＩ）のほんの一部を占めるだけである。二〇一二年のグローバルな経済活動（すべての国々の国内総生産（ＧＤＰ）全体）はおよそ七二兆ドルであった（World Bank, 2014c）。ヨーロッパ連合のＧＤＰはおよそ一七兆ドルであり、合衆国のＧＤＰだけだとおよそ一六兆ドルであった。経済協力開発機構（ＯＥＣＤ）の構成国の政府開発援助（ＯＤＡ）は、二〇一二年では国民総所得（GNI）の〇・二九％にすぎず、ほぼ一二五〇億ドルであった。合衆国に関しては、それは〇・一九％であり、イギリスに関しては〇・五六％であった。〇・七％という国連の目標を達成したのは実際には五か国にすぎなかった――デンマーク、ルクセンブルク、ノルウェー、オランダ、スウェーデンである（OECD, 2013a）。対照的に、二〇一二年のグローバルな軍事支出はおよそ一兆六〇〇〇億ドルであり、その三九％（ほぼ六二五〇億ドル）は合衆国によるものであった。それゆえ、グローバルな食料不安と貧困に取り組むための資源は存在しているのであって、先進国にとってのコストは、あったとしても実際にはきわめて小さいものとなるだろう。

国際援助を増やすのを擁護する倫理的論証に反対する第五の論証は、豊かな国々は自国の市民を助けることを優先すべきであるという論証である。前記の情報は、この論証が誤っていることを示している。比較的控えめなコストで――たとえば軍事支出と比べて――両方を行うことが可能である。実際には、豊かな国々は自国の市民を優先している。合衆国でさえ、食料不安の状態にある人々の数が大変に多いので、国際食料支援（一二三億ドル）よりも国内の食料援助計画（七五〇億ドル）のほうに多く支出している。国際食料支援の有力な形態は、食料不安の国々がみずからの農業生産能力を発展させることができるよう役立てるために現金の支援を提供したり技術移転したりすること――より効率的で効果的な長期的戦略――ではなくて、むしろ合衆国で育てられた食料を合衆国の旗を掲げた船によって輸出することなのであるが、このことも注意されるべきである。

国家による援助の責任に反対してしばしばなされる第六の論証は、これ〔援助〕は市場に委ねられるべき問題であるというものだ。市場は資源の分配については政府よりも効率的であるからである。この論証については、わずかの真理が存在する。すなわち、経済活動の拡大は栄養不良の減少と関連しているという真理である。しかし、全員の栄養上のニーズが満たされることを保障するという点では、市場メカニズムは最大限に効果的であるというわけではない。私たちが見てきたのは、食料を購入する余裕がないがゆえに、食料が入手可能な場所で多くの人々が飢えているということであり、市場（あるいは価格）の不安定さが食料不安に対する重要な貢献因子となるということであり、市場（政策選択によって影響を受ける）は、農業資源が燃料作物や飼料作物に転換するのを助長することがあるということであり、とてつもない量の食品ロスと食品の浪費があるということである。自由で開かれた市場は、資源や食料が経済的に最も高価となる場所にそれらを届けることにかけては非常に効率的であるけれども、グローバルな食料安全保障を促進するような資源の利用や分配や調達を達成することに関して言えば、市場の力にはかなりの限界があるように見える。

最後に、援助に反対してしばしば提示される第七の論証は、もし豊かな国々がグローバルな貧困や栄養不良に取り組むなら、それは倫理的に善いことだろうが、豊かな国々にはそうする義務はないというものだ。これは、慈善に関して多くの人々が抱く考え方である。他者を助けたり、慈善団体に寄付したりするのを自発的に申し出ることは善いことである。ビデオゲームで遊ぶことに時間を費やしたり、デザイナーシューズにお金を費やしたりするよりも、これらのことをなすほうが倫理的にはより善いことである。しかし、そうするのを控えることは悪いことではない。結局、人々は自分の時間と資源を自分が好きなように用いる権利をもっている。おそらく、これが国際援助について私たちのとるべき考え方である。国々が資源の振り向け方を変えて、軍隊ではなく、たとえばグローバルな栄養不良や貧困に取り組むことに費やすことは倫理的に好ましいけれども、国々がそのようにしないとしても、それは悪いことであるというわけではない。

何かが倫理的に要求されるのかどうか、それとも単に倫理的に善いことなのかどうかということは、それを行うことに対する正当化理由、ならびに、それを行うことに付随するコストに左右される。その正当化理由が非常に強い場合――すなわち危険に晒されている非常に重要な事柄が存在する場合、そして／あるいは、その正当化理由が、倫理的に問題がある状況を生み出すことにおいて、ある人の果たしている役割に訴える場合――、その正当化理由は義務のほうに引き寄せられる。食料不安に関して言えば、八億四二〇〇万人の福祉が危険に晒されている。かつ、援助を擁護する論証の幾つかは、この状況を作り出し、この状況を永続化し、この状況から利益を得ることにおいて豊かな国々の果たしている役割に訴えている。それゆえ、国家による援助責任を擁護する論証に関連する諸種の考慮事項は、以下のことを示唆する。豊かな国々が食料不安の国々を支援するなら、それは善いことだろう。それだけでなく、食料不安の国々を援助するコストが相対的に低いように見えることを前提とすると特に、豊かな国々が支援しないなら、それは悪いことだろう。

4　個人の義務

食糧不安の問題に取り組む責任が豊かな国々にあるとしても、豊かな国々はこの責任を果たしているわけではない。この事態は次のような問いを招き寄せる。支援するよう努める責任が個人にはあるのだろうか。

◈個人の責任を擁護する中核的論証

苦境におかれた他者を助けることができる立場にあり、かつ助けるコストがそれほどかからないなら、そうする責任が人々にはあるという見解は、一般的に受け入れられている。あなたがある公園の横を歩いており、かつ〔その公園内の〕池に溺れている子どもがいるなら、その子どもを助けることは、たとえそのことであなた自身の資源を失うことになるとしても――たとえば彼を助けることはあなたの新しい服を台無しにすることになるとしても、あるいは、あなたは仕事に遅刻することになるにしても――あなたには、その子どもを助ける義務がある。溺れる子どもを助けると、自分の給料や服のコストが一五〇ドルになるという理由で、その子どもを助けないなら、それは悪いことだろう。ほとんどの人々は、これに同意するだろう。

グローバルな栄養不良に取り組む個人の義務を擁護する最も影響力のある倫理的論証によると、溺れる子どもというシナリオにおいて有効である考慮事項と同じ考慮事項が、飢饉の救援や国際援助組織にお金（あるいは時間や労力）を寄付することにも当てはまる。あなたは、ある子どもの苦しみや死を防ぐのに役立つことができるし、かつ、（豊かな国々に住む私たちのほとんどにとって）そうすることのコストはそんなに高くはない。四億人の子どもたちが極度の貧困状況のうちに生きており、世界の幾つかの地域では子どもの栄養不良率は三〇％を超える。グローバルには一億人以上の子どもたちが栄養不良であり、標準体重未満であり、子どもの四人に一人が発育阻害の兆候を示している。微量栄養素不足は深刻な病気や死を引き起こすことがあり、グローバルな貧困者たちが病原体や寄生虫に晒される割合が高まっている（UN, 2013b）。様々な概算があるが、しかし極度の貧困状況で生きているほとんどの子どもたちにとって、一五〇ドルは、ワクチンの予防接種を届け、基礎的医療を提供し、きわめて重要な年齢である二歳から五歳までの間の栄養格差を縮めるのに十分以上のものである――そして二〇一二年には六六〇万の子どもたちが五歳を迎える前に死んだのである（UNICEF, 2013b）。それゆえ、信頼できる支援組織に対して一五〇ドルを寄付することは、一人の子どもの命を救うのに役立つには十分である。

そうだとすると、個人による援助を擁護する中核的論証は次のようになる。

①あなた自身にはコストがほとんどかかることなく、非常に悪いことが起こることをあなたが防ぐことができるなら、あなたはそうすべきである。

②子どもの貧困と栄養不良は、苦しみのゆえに、そして、ときには関連する死のゆえに、非常に悪いことである。

③そこそこ豊かな人々であっても、信頼できる支援組織に比較的小額のお金（あるいは時間と労力）を寄付することによって、自身にはコストがほとんどかからずに、子どもの貧困と栄養不良をかなり防ぐことができる。

④それゆえに、そうする手段をもつ人々は、信頼できる支援組織に寄付すべきである。

この論証は、以前に考察された他の倫理的考慮事項、すなわち正義や人権や道徳的運によってしばしば強化される。

◆個人による援助を擁護する主張に対する反論と応答

栄養不良を減らす取り組みに貢献する個人の責任を擁

護する論証に対しては、幾つかの広く知られた反論が存在する。それぞれの反論は、池のシナリオと支援することとの間にある差異に焦点を合わせている。これらの反論に対する応答が主張するところでは、これらの差異は見かけ上のものにすぎない、あるいは倫理的に重要なものではない。ここに掲げるのは、最も頻繁に提示される差異と、それらに対する応答である。

1. 池の事例では、あなたは物理的、社会的に犠牲者の近くにいるが、一方、支援の場合は、あなたは近くにいない。二つの事例の間にある一つの差異は距離の差異であって、この差異は空間的な差異と社会的（あるいは文化的）な差異の両方のことである。しかし、あなたなら助けることができる人物があなたからどれくらい遠く離れているのかが、なぜ問題となるのだろうか。あなたが池のそばを通り過ぎるのではなく、そのかわりに、あなたが公園のまったく反対側にいて、そのとき、ある人物（泳ぐことができない）が慌てふためいてあなたのところに駆け寄り、池に落ちた子どもを救うのを手助けするようにあなたに依頼する（あなたは泳ぐことができるから）と想定してほしい。「もしその池がここにあれば私は手助けするだろうが、私がそこまでわざわざ行かなければならないのなら手助けはしない」と述べるとすれば、それは単純に、重要ではないこと――物理的距離――を重要なこととみなしているがゆえに、倫理的に問題があるように思われる。「その人は私が知っている誰かですか」とか「その人は私と同じ国籍ですか、あるいは同じ民族ですか」と述べることによって応じることも、まったく同じように悪い（あるいはいっそう悪い）ように思われる。というのも、そのように述べることは、文化的（ないし社会的）類似性は倫理的に重要でないにもかかわらず、それが倫理的に重要であるということを示唆するからである。

2. 池の事例では、あなたが救っているのは一人の子どもであるが、一方、グローバルな栄養不良に関しては、あなたが助けることができる以上の子どもたちが存在している（すなわちこの問題はまさにあまりに大きすぎる）。「当為は可能を含意する〔Ought implies can〕」は、倫理学において広く受け入れられている原則である。この原則が意味するのは、あなたが行うことのできないことを行うよう、あなたに義務づけることはできないということだ。あなたは、一人の溺れる子どもを救うことはできるが、グローバルな栄養不良を終わらせることはできない。それゆえに、この応答にしたがえば、あなたは池の事例では〔救うよう〕義務づけられうるが、支援の事例ではそうではない。しかし、個人による援助を擁護する中核的論証は、あなたが栄養不良を終わらせる責任をもつと主張しているわけではなく、一人の子ども（あるいは、あなたが合理的に救うことができる限りの多くの子どもたち）を救うのを手助けする義務があなたにはある、と主張しているだけである。さらに、あなたが全員は救うことができないという事実は、あなたが誰かを救うよう努めるべきではないということを含意しない。それを受け入れることは、完全主義の誤謬〔perfectionist fallacy〕を犯すことになるだろう。すなわち、もし何かを完璧に行うことが可能でないなら、それをなす価値はまったくないという誤謬である。一艘のボートが転覆し、幾人かの子どもたち――あなたの救うことができるよりも多い人数の子どもたち――が溺れている池のそばを、あなたが通り過ぎると想像してほしい。そのとき、あなたは述べる。「子ども一人だけであれば、私は間違いなくその子どもを救おうと努めるだろうが、私が救うことができるより多くの子どもたちがいるので、私は誰も救おうと努めないだろう」。この応答は、それがまさに完全主義の誤謬を犯しているので問題があるのだ。とはいえ、この応答は、支援することに対する「あまりに大きな問題だ」という応答と本質的に同じである。

3．池の事例は一度限りの事例であるが、一方、食料援助を必要とする人々は常に存在する。国際支援組織に寄付をすることに関して一つ確実なことは、あなたが一度寄付すれば依頼が寄せられつづけるだろうということだ。しかし、以下のように想像してほしい。あなたは、一人の子どもが溺れている池のそばを通り過ぎようとしているが、「私なら間違いなくその子どもを救うよう努めるだろうが、私は先月一人を救ったばかりであり、それだから今度は通り過ぎるつもりだ」と、あなたは述べるのである。子どもたちの命を繰り返し救うことは、合計すると、コストに関して、あなた自身の福祉に著しく影響を及ぼす程度にまで達するということもありうるだろう。しかし、そうでない限り、そして、コストが相対的に小さいままでありつづける限り、先月子どもを救ったことを正当化したすべての考慮事項が、今月も〔子どもを救うことを〕ふたたび正当化することになる。同じことが国際援助に当てはまるように思われる。あなたが将来ふたたび支援を求められるかもしれないという事実は、合計すると著しい負担にまで達するのでない限り、あなたが助けるべきかどうかということに対して関係のないことであると思われる。

4．池の事例においては、あなたは周りにいる唯一の人物であるが、一方、食料支援を手助けすることができる他の多くの人々（政府を含む）がいる。池の事例において、あなたは一人で歩いているのではなく友人たちと一緒にいて、その一人は街のために働く救命士であると想像してほしい。あなたが溺れている子どもに出くわすとき、あなたの仲間の全員――窮地にある人々を助けることが仕事であるこの救命士も含まれる――がその子どもを救うのを拒否する。こんなことをする彼らはひどい。しかし、彼らが倫理的に問題のある仕方で行為するという事実は、あなたが同じように行為することを許すのだろうか。私たちの倫理的責任は、他の人々が善く行為するのを怠っているという理由だけで消滅してしまうわけではない。同じように――とこの応答は進む――政府を含む他者たちが栄養不良で苦しむ者たちを支援することができるとしても、その事実は、栄養不良で苦しむ者たちを支援する責任が私たちにはないということを意味しないのである。

5．池の事例においては、あなたは自分の資源が子どもを救おうとする方向に向かっていることを知っているが、一方で、支援の事例においては、それに比べてかなり大きな不確実性が存在する。池の事例では、子どもを救う努力をするまさにその人物があなたである。支援の事例では、あなたは（あなたがもっと直接的な援助に参加するという仕方でボランティアをするのでないなら）他者たちが利用するために自分の資源を送る。このことが、いくらかの不確実性を付け加える。しかし、定評があり信頼できる支援組織が存在するし、それだけでなく、そうした組織の有効性を評価したり、それらの支出を監視したりする独立組織も存在する。資源が正しい場所に送られるなら、それらの資源が意図された目的のために用いられる高い確実性が存在しうる。さらに、池の事例においてさえ、いくらかの不確実性が存在する。もしかしたら、あなたは間に合ってそこにたどりつくことができないかもしれない。その場合、あなたの資源は「浪費」されることになるだろう。それにもかかわらず、あなたは依然としてその子どもを救うよう努力すべきであると、ほとんどの人が考えるだろう。さらに、あなたは子どもを池から引き上げる人物であるが、それにもかかわらず、池から引き上げることで救助が終わるわけではない。その後で、その子どもは診断されて医療支援を与えられるかもしれないし、両親の元に返されるか、役所の社会福祉課に連れて行かれるかもしれない。それゆえ、池の事例においてさえ、あなたは救助を一人で完成させるわけではないし、また、事柄が最終的にどのような結果になるのかを見届けるほど近くにあなたはいないかもしれない。それでも、あなたは、その子どもを助けるために自分の役割を果たすよう努めなければならない。そうであるなら、何らかの不確実性が存在するという事実、ならびに、栄養不良の例においてあなたが支援を直接に届ける人物ではないという事実によって、栄養不良の事例と池の事例が非常に異ったものになるわけではない。そして、ともかく、その事実は（不確実性が十分に低い限り）倫理的に重要ではないように見える。

6. 池の事例における援助のコストは、幾つか衣類がダメになるとか、仕事を失うとかいった程度にすぎないけれど、支援の事例においては、そのコストは、多くの人々にとって、豊かな国々に住んでいる者たちにとってさえ、著しい金額になる。確かに、豊かな国に住む一部の人々にとっては、特に貧困状況あるいは貧困に近い状況にある者たちにとっては、一五〇ドルはかなりの額だということは正しい。しかし、この論証の支持者たちの強調するところでは、この倫理的責任は、責任の遂行が苦難とはならないことを条件としている。それゆえ、そのような〔貧困の〕状況にある人々には、この責任は当てはまらない。さらに、豊かな国々に住むほとんどの人々にとって、一五〇ドルはそれほど大きな金額ではない。私たちは、携帯電話のゲームアプリに毎年数百億ドルも費やしているし、私たちが必要としていない靴や衣服にそれを遥かに超える額を費やしている。私たちは高価な食事を外で食べ、オプション品のせいで高額になる自動車を購入し、休暇中は高価な旅行をしている等々。

これらは、個人による援助を擁護する中核的論証に対する反論であるわけだが、それぞれの反論（最後のものは除く）が示そうと狙っているのは、支援の事例に関しては、直接的な援助の事例（池の事例）とは異なっており、かつ倫理的に重要であるような何か〔倫理的に重要な差異〕が存在するということだ。それに対する応答が主張するところでは、それらの差異は実際には倫理的に重要なものではない、あるいは差異はまったく存在しない。さきに考察された諸要因は、以下のことに対する心理的説明の一部であるかもしれない。すなわち、人々は、グローバルな栄養不良に対処するのを助けるために援助を送るのに比べて、直接的な緊急事態の状況で救助する可能性が高いのであるが、それはなぜなのかということに対する心理的説明の一部であるかもしれない。しかし、人々の振る舞いが今そうであるのはなぜかということに関する心理的説明と、人々が何をなすべきなのかということに関する倫理学的正当化との間には、区別が存在する。倫理学は人々が何をなすべきかということに関するものであるが、人々が何をなすべきかということは、人々が実際に何をしているかということとはしばしば異なっている。なぜ人々は利益を手にするために嘘をつくのか、なぜ人々は自滅的に行為するのか、なぜ人々は他の人々を不当に扱うのかということに関して、私たちは社会的、心理的説明を提示することができる。しかし、私たちがこれらの事柄の説明を与えることができるとしても、その事実は、これらの事柄を倫理的に許容可能なものにするわけではない。そのようなわけで、距離、反復性、規模、不可視性といったような要因は、グローバルな栄養不良に対処するのを手助けすることに人々が躊躇するのはなぜなのかということを説明するかもしれないが、そのことは、これらの要因がこの躊躇（ちゅうちょ）を倫理的に許容可能なものとして正当化することとは異なっているのである。

◆どのくらい与えるのか

グローバルな貧困と栄養不良への取り組みを手助けする個人の責任が存在すると想定しよう。次に問題となることは、どのようにして手助けするのか、人は自分の資源をどのくらいこの責任に差し向けるべきなのかということだ。（前記の、そして以下の考察の焦点は資産の移転あるいはお金の寄付であるが、考察される考慮事項は、時間や労力――たとえばボランティア、職業選択、組織を作ること、政策の変更を提唱することなど――にも同じように当てはまる。）一つの重要な考慮事項は有効性である――すなわち、現在そして将来この問題に効果的に取り組むような仕方で資源を用いるということである。さきに栄養不良の原因について考察し、またどのように栄養不良に取り組むことができるかということについて考察したが、これらの考察がこのことの証拠となる。幾つかの倫理的に魅力のある可能な選択肢が存在しており、そのうちの多くは、医療へのアクセスや女性向けの教育を拡大することによって出生率を下げ、かつ経済発展を促進するといったようなウィン・ウィン関係の好例をなすものである。正確に、ある人の資源をどこに向けるべきなのか、どのような種類の活動と組織をどの地域で支援すべきなのかということは、ここでの考察の範囲を超えている。重要なことは、それらの可能な選択肢が、この問題を生み出す諸要因に取り組むものだということであり、かつ、効果的に、効率的に、持続可能に、そして倫理的に問題のない仕方で取り組むものだということである。これらの条件を満たす多くの農業、金融、教育、医療そして他の種類の組織とプログラムが存在する。

どのくらい与えるのか。これは、もう少し厄介な事柄である。さきに示唆された原則は、与えることが自身の福祉に著しく影響を与えない限り、人は与えるべきであるというものだった。このことは、取るに足らないことや単なる選好や贅沢を控えることを意味するけれども、医療や教育といったような、ある人の生活の質にとって重要である事柄から資源を転用することを要求するものではない。溺れる子どもと国際支援という思考実験をもともと定式化したのはピーター・シンガーであるが、そのシンガーは、あなたの援助が他者に対してもたらす利益があなたのコストに勝っている限り、あなたは与えるべきであるという、かなり強い基準が正当化されるかもしれないと、折に触れて提案してきた。これは、人は自分が経済的に不安定になるまさにその程度まで与えるべきことを意味することになるだろうが、それは多くの者たちにとってあまりに厳しい要求であるように感じられる。さらに、この基準は、私たちは自分の福祉（あるいは自分の家族や友人の福祉）よりも見知らぬ人の福祉に重きをおくべきであるという信じがたい考えに依拠している。援助の義務の程度を説明するために提案されてきたもう一つの原則は、十分以上の資源をもつ人々には、グローバルな貧困と栄養不良に取り組むために自分の公正な割り当てを果たす義務があるというものだ。公正な割り当ては、ときに次のような方法で定義されることがある。その方法は、平等な割り当てとしての公正な割り当てであるか、あるいは、十分な手段をもつ人物全員が同じ量を与えたならグローバルな食料安全保障が達成されることになるように（あるいはグローバルな貧困が除去されることになるように）、これらの人物の各々が与えなければならない量としての公正な割り当てである。この〔後者の〕定義では、そしてグローバルな所得者たちの上位一%を十分な手段をもつ者たちとみなすなら――すなわち世帯内一人当たりの税引き後所得がほぼ三万四〇〇〇ドルを超える所得をもつ者たち、あるいは、四人家族当たり一三万六〇〇〇ドル以上の所得をもつ者たち（Milanovic, 2012）――、この割り当ては一人一年当たりほぼ五五〇〇ドルに等しくなる（四〇〇〇億ドルが必要とされると想定する。これは推定の上限値である）。公正な割り当ては、ある人物の所得全体ないし資産全体に比例して定義されることもしばしばある。「所得相対的な」割り当てでは、世界の豊かな人々のほとんどに対する要求は著しく減少する。というのも、超富裕者たちの所得や資産はきわめて大きいからである。世界の最も豊かな人々一〇〇人の二〇一二年の所得は二四〇〇億ドルであり、世界の一六四五人の億万長者がもつ総純資産価値は六兆四〇〇〇億ドルであると推定される（Kroll, 2014）。

現在のところ、豊かな諸個人から国際支援組織になされる寄付は、グローバルな栄養不良に対処したり、グローバルな貧困ギャップを埋めたりするために必要とされる額には遠く及ばない。たとえば、合衆国で二〇一二年に個人の寄付者が国際支援組織に与えたのは、およそ一九〇億ドルにすぎず、携帯電話アプリや美容手術に支出された額よりも少ない。（全体として、合衆国の市民と財団は二〇一二年に慈善事業に対して三〇〇〇億ドル以上の寄付を行ったが、そのうちほぼ一〇〇〇億ドルが宗教組織に渡り、ほぼ八〇〇億ドルが国内の健康サービス組織や福祉サービス組織に渡った）。「国際支援」に群を抜いてもっとも貢献しているのは、発展途上国の出稼ぎ労働者たちが毎年本国に送っている送金で、それは四〇〇〇億ドルを超え、政府開発援助の総額の三倍以上である（World Bank, 2013; FAO, 2013c）。

5 結論

栄養不良は、私たちが直面するグローバルな最大の課題のなかに含まれる。関連する途方もない数字はしばしば失望を招き寄せる。つまり、七二億人を超える人々に対して栄養的に十分で文化的に適切な食料を、私たちの有限な惑星資源を用いて持続可能な仕方でなんとかして提供することが、どのようにすれば私たちにできるのだろうか。とりわけ、慢性的に栄養不足の人々がすでに八億人以上存在するというのに、そうすることができるのだろうか。しかし、実際には、栄養不良で苦しむ人々の数が近年は減ってきたのである。さらに、この章の前半部分において私たちが見たところでは、人々の生活を改善することによって出生率を効果的に下げる方法が存在し、農業を拡大することなく食料供給量を増やす方法が存在し、生態学的な悪影響を減らしながら収穫量を改善する方法が存在し、極度の貧困を減らしてケイパビリティを拡大することによって食料調達を拡大する方法が存在するのである。この章の後半部分においては、深刻な困窮状況にある者たちを援助する方向に自分の資源の幾らかを差し向ける倫理的責任を、豊かである私たちは国家として、そして個人として有しているのかどうかということに焦点が絞られた。私が考察したのは、援助を擁護する中核的論証、その論証に対する最も有名な反論、およびこれらの反論に対する応答である。もし支援する責任が存在するなら、私たちはどの程度貢献すべきなのか、ならびに、支援することは倫理的に義務であるのかどうか、それとも倫理的に善いことにすぎないのかどうか、こういったことが決定される必要がある。

◇読書案内

第1章の読書案内でリストに記載されたフードシステム、フード・エシックス、食料正義に関する本の多くが、栄養不良と食料不安について、これらに取り組むための潜在的な戦略や責任を含めて考察している。以下の幾つかの本はこれらの問題に特に焦点を絞っている。

Peter Singer, *The Life You Can Save: Acting Now to End World Poverty* (Random House)〔ピーター・シンガー『あなたが救える命——世界の貧困を終わらせるために今すぐできること』児玉聡・石川涼子訳、勁草書房、二〇一四年〕

Thomas Pogge, *World Poverty and Human Rights* (Polity)〔トーマス・ポッゲ『なぜ遠くの貧しい人への義務があるのか——世界的貧困と人権』立岩真也監訳、生活書院、二〇一〇年〕

Amartya Sen, *Poverty and Famines: An Essay on Entitlement and Deprivation* (Oxford University Press)〔アマルティア・セン『貧困と飢餓』黒崎卓・山崎幸治訳、岩波書店、二〇〇〇年〕

Amartya Sen, *Development as Freedom* (Anchor)〔アマルティア・セン『自由と経済開発』石塚雅彦訳、日本経済新聞社、二〇〇〇年〕

Martha Nussbaum, *Creating Capabilities: The Human Development Approach* (Belknap)

Peter Unger, *Living High and Letting Die: Our Illusion of Innocence* (Oxford University Press)

Philip Cafaro and Eileen Crist, eds., *Life on the Brink: Environmentalists Confront Overpopulation* (University of Georgia Press)

第3章
私たちは動物を食べるべきか

人間は、毎年およそ一四六〇億の人間以外の動物（以下ではただ動物と表記する）を食べている。ほぼ五六〇億が陸生動物で、九〇〇億が水生動物である。フード・エシックスにおける最も有名なトピックの一つは、動物を食べることは倫理的に許容可能かどうかというものだ。この話題に関しては多くの見解が存在している。たとえば、倫理的菜食主義〔ethical vegetarianism〕は、私たちは動物を食べるのを控えるべきであるという見解である。倫理的完全菜食主義〔ethical veganism〕は、私たちは動物を食べるのを控えるだけでなく、牛乳やチーズや皮革のような畜産物を食べる（そして利用する）のを控えるべきであるという見解である。倫理的魚菜食主義〔ethical pescetarianism〕は、魚を食べることは倫理的に許されるが陸生動物はそうではないという見解である。義務的肉食主義〔obligatory carnivorism〕は、動物を食べることは許されるだけでなく、人間がそうすることは義務であるという見解である。倫理的雑食主義〔ethical omnivorism〕（あるいは同情的肉食主義〔compassionate carnivorism〕）は、動物が人道的に扱われる限りで動物を食べることは許されるという見解である。

この章の前半で、私は、農業的に生産された肉を食べることに反対する二つの主要な倫理的論証――動物福祉にもとづく論証と生態学的影響にもとづく論証――、ならびに、動物消費の倫理学に関連する幾つかの他の考慮事項を考察する。この章の残りの部分で、私は、狩猟や漁業（フィッシング）による天然猟（ワイルド・キャプチャー）／漁の倫理学に焦点を合わせる。

1　動物福祉にもとづく論証

肉を食べることは、動物が苦しみ死ぬことを必要とする。このことを根拠にして、多くの人々が肉を食べることに対して倫理的に反対している。以下は、肉を食べることに反対する、動物福祉（アニマル・ウエルフェア）にもとづく中核的論証である。

①飼育農業はかなりの量の苦しみを引き起こす。
②適切な理由がないのに、私たちは他者に苦しみを与えるべきではない。

③飼育農業には適切な理由がない。
④ゆえに、私たちは肉を含まない食事を採用すべきである。

前提①——飼育農業はかなりの量の苦しみを引き起こす——は経験的な主張である。前提①には二つの構成要素がある。第一の構成要素は、人間以外の動物が苦しむ能力、あるいは苦痛を感じる能力をもつ——すなわち人間以外の動物には感覚能力がある〔sentient〕というものだ。第二の構成要素は、飼育農業で用いられている実践は当該の動物に対して苦痛を伴うものであるというものだ。

動物は感覚能力をもつという主張は、他人が苦痛を感じるという見解を正当化するのと同じ種類の心理的、行動的証拠にもとづいている。私たちは他人の苦痛を直接に経験することができない。それにもかかわらず、他人が感覚能力をもつという信念は、彼らが、私たちがもつのと同じ基本的な生理機能——たとえば神経系——をもち、私たちに苦痛を生み出す状況で私たちが示すのと同じ行動を示す——たとえば彼らは顔をしかめ痛みを報告する——という事実によって正当化されている。これらの同じ考慮事項が、動物に対して有効である。たとえば、イヌは、叩かれたり火をつけられたりすると後ずさりするし、私たち自身の神経系と非常によく似た神経系をもっている。さらには、イヌは言葉を話さないけれども、私たち人間のうちに苦痛を生み出すのと同じ刺激に晒されるときには、イヌは、鳴き声をあげたり吠えたりといったように、苦痛を表現するコミュニケーション行為を行う。かつては、動物には感覚能力がないと一般に考えられていた。しかし、その見解が正しくないことは、生理学的、行動的証拠によって、ならびに進化生物学によって示されてきた。進化生物学は、人間の神経系と動物の神経系の共通の起源を説明し、苦痛の感覚に関して進化論的説明を与えている。

飼育農業が動物に著しい苦痛を引き起こしているという主張は、大規模な農業施設において、とりわけ集中家畜飼養施設において動物たちが標準的にどのように扱われているかということを根拠にしている。家畜飼養施設が関係しているのは、動物たちが食料を求めて歩き回ったり食べ歩いたりするのではなく、飼料が動物に与えられるような飼育農業である。集中家畜飼養施設〔concentrated animal feed operation〕（ＣＡＦＯ）とは、一か所に非常に密集して多数の動物たちが存在するような飼養施設のことである。ＣＡＦＯは、二〇世紀の後半から次第に目立つようになってきた。現在、ＣＡＦＯは、合衆国で消費される肉の大部分を生産しており、世界の他の場所でも拡大しつつある。合衆国環境保護庁（ＥＰＡ）が定義するところでは、大規模なＣＡＦＯは、最低でも一二万五〇〇〇羽のニワトリ、八万二〇〇〇羽の産卵用の雌のニワトリ、一万頭のブタ、一〇〇〇頭の消費用のウシ、あるいは七〇〇頭の乳牛がいるような施設である。しかし、ＣＡＦＯは大抵の場合、これよりもかなり大きい（EPA, 2014a）。

ＣＡＦＯは、飼育農業に適用されている産業化の特徴（第1章で考察された）――たとえば規模、効率性、テクノロジー化、標準化、統合化、専門化、投入コストの最小化、コストの外部化――から帰結するものである。この理由から、ＣＡＦＯは、特にその批判者たちによって工場型農場〔factory farm〕としばしば呼ばれることがある。ＣＡＦＯにおいては、動物たちは、できる限り低いコストで、できる限り多くの肉（あるいは卵や牛乳）を生産するための産業型のプロセスの一部とみなされ取り扱われている。このことは、動物の高度の密集と結びついて、苦しみの原因となる実践を生み出している。たとえば、産卵用の雌ニワトリたちは通常、横に並んで積み重ねられた小さな「バタリーケージ」のなかに囲われるが、これは大抵の場合、雌のニワトリが立ったり歩き回ったりするのを許さないようなものである。バタリーケージで育てられるトリのかなりの割合が、屠殺される前に骨折している。ニワトリ（ならびにシチメンチョウのような他の家禽類）は、お互いに傷つけ合わないように、そしてより簡単に扱えるように（麻酔されずに）除爪や断嘴（だんし）が施される。ブタは個別の妊娠期間用檻に収容されるが、この檻はとても小さいので、ブタは向きを変えることができない。繁殖中の雌ブタは、養育をより効率的にするために、大抵の場合、横倒しになって閉じ込められる。（妊娠期間用檻に関する動物福祉上の懸念から、マクドナルドや他の幾つかの豚肉の大規模購入者たちは、サプライヤーに以下のことを要求するようになった。すなわち、二〇二〇年までに妊娠期間用檻を段階的に削減することである。また、バタリーケージに関する動物福祉上の懸念は、ヨーロッパ連合での使用に制限をかけさせるまでにいたった。）一般にブタの尾は切り取られるし、雄ブタは豚肉の味を改善するために去勢される。乳牛は標準的にはウシ成長ホルモン（ＢＧＨ）が与えられ、牛乳の生産量を増やすために飼料が過剰に与えられる。生殖が可能になるやいなや、人工授精という方法によって生殖が最大化される。肉牛と乳牛は、大抵の場合、トウモロコシが基本となる飼料を与えられるが、肉牛と乳牛はこの飼料によく適しているわけではない。すべての動物を監禁することは、動物たちが種に典型的な身体的、社会的行動を行うことを妨げるし、病気の拡大を防ぐために大量の抗生物質を用いることを必要とする。それら一切がＣＡＦＯにおける標準的な実践である。それらは、すべての事例において実践されているわけではないが、業界標準とみなされている。そして、それらは、動物の苦しみを生み出す扱いの一つの見本にすぎない。これらの扱いの問題に加えて、屠殺のプロセスでのストレスと不適切な実行――これは生きた動物が茹でられるとか捌かれるとかいった結果となる――に関する、深刻で広く行き渡った懸念も存在している。それゆえに、飼育農業の産業化は大量の苦しみをもたらす。

前提②――適切な理由がないのに、私たちは他者に苦しみを与えるべきではない――は、苦しみはそれを被る者にとって悪いことであるという考えにもとづいている。苦しみはそれを経験する者にとって悪いことであるという見解は、論争的なものではない。一般に人々は苦しみを回避しようと努め、苦しみを経験するときには、それを緩和しようと努めるという事実によって、この見解は立証される。さらに、第２章で考察されたように、苦しみは悪いことである、あるいは望ましくないことであるということは、苦しみの概念のなかに組み込まれている。私たちが苦しみとみなす非常に広範な種類の感覚が存在する――ある人がそのパートナーに捨てられたという経験を感じることは、ある人がその足の骨を折ったという経験を感じることとは非常に異なっている。感覚がそれによって「苦しみ」に分類されることになるもの、それらの感覚が共通にもっているもの、それは何だろうか。それは、まさにそれらの望ましくなさ、あるいは不快さである。苦しみは悪いことであるという事実は、苦しみを他者のうちに引き起こすことが常に正しくないということを意味するわけではない。歯医者に行くことは、大抵の場合きわめて多くの苦痛と苦しみを伴うことになるが、私たちはそれでも自分の子どもをそこに連れていくべきである。というのも、そうすることは長期的には子どもにとって利益をもたらすからである。苦しみは悪いことであると述べることは、総合的に考えて、苦しみを生み出すことは常に間違っていると主張することではない。十分に善い理由があるなら、その場合、苦しみを引き起こすことは許されることがありうる（あるいは義務ですらありうる）。だが、苦しみに備わる悪さは、以下のことを含意する。すなわち、取るに足らない理由で、あるいは不必要に、とりわけ苦しみを受ける人の同意が存在しない場合に、苦しみは引き起こされるべきではないということを含意する。本人の許可がないのに（あるいは保護者の許可がないのに）、楽しみのために、あるいは必要とされる以上に多くの苦痛を引き起こすような仕方で、痛みを伴う歯の治療を他者に対して行うことは許されないのである。

前提③——飼育農業には適切な理由がない——は、肉を食べなくともほとんどの人々が健康的な食事をすることが可能であるという事実にもとづいている。このことの証拠が存在している。すなわち、長命で健康的な生活を送る何億人もの菜食主義者たちである。いくらかの少数の人々は、特に肉に由来するタンパク質をとる健康上の必要があるかもしれないし、食料源として肉に依存する状況で生きている人々も存在するかもしれない（たとえば自給自足のハンターや牧夫）。しかし、十分に代わりとなるものを調達する手段がある者たちは、肉を食べる必要がない。肉を食べることは、人々がしたいと思うことである——私たちは肉を食べることへの選好をもつ——が、肉を食べることは、基礎的な、あるいは重要なニーズを充足するために必要であるわけではない。ある人物が何ものかへの選好を有するということは、他者を苦しませることを支持する十分な正当化理由であると一般的にみなされていないし、特に、他者の苦しみがその選好の充足にとって決定的なものであり、かつ他者が苦しみに同意していない場合はそうである。たとえば、あなたがあるゲームに勝ちたいからといって、ゲームの最中に誰かを意図的に傷つけることは許されない。それゆえに、この論証にしたがうと、自身の健康や生き残りのために肉を食べる必要がない私たちにとって、肉を食べることによって私たちが動物の苦しみを生み出すことを擁護する十分な正当化理由は存在しないのである。

2　動物福祉にもとづく論証に対する反論

肉を食べることに反対する動物福祉論証は、大量の議論を引き起こしてきた。以下で、私は、この論証に対する幾つかの反論と、これらの反論に対する幾つかの応答を検討する。

◈限定された範囲

動物福祉論証は、ある種類の農業的実践は倫理的に問題があるということを示しているにすぎない。すなわち、大規模な産業型農業に関連する実践は倫理的に問題があるということを示しているにすぎない。この論証は、伝統的な牧畜、放牧、あるいは放し飼いの飼育農業には当てはまらない。飼育農業のこれらの形態は、動物福祉に対して十分に注意深い仕方で行うことができるものだからである。さらに、この論証は、狩猟（動物の苦痛を最小化するようなやり方でなされる場合）や、たとえば道路上で偶然に殺された動物には当てはまらない。加えて、この論証それ自体において承認されているように、この論証は、栄養的に十分な非肉食の食事の調達手段が用意されていない人々には当てはまらない。それゆえに、〔動物〕福祉にもとづく論証は、人々が肉を食べるべきではないという結論を正当化しない。この論証が正当化するのは、せいぜいのところ、十分な代替手段をもっている人々はCAFOによって生産された肉を食べるべきではないという結論である。

限定された範囲への応答

動物福祉にもとづく論証は、飼育農業によって引き起こされる苦しみを利用しているのだから、もし不必要な苦しみを引き起こさない飼育農業の諸形態が存在するなら、その場合は、それらの形態はこの論証に支配されない（反論が言及するとおりである）。しかし、動物福祉論証の支持者たちのなかには、〔さきの〕応答において引用された代替手段〔牧畜、放牧、放し飼いなど〕は、見かけほど無害なものでは必ずしもないと指摘した者もいる。たとえば、代替の飼育農業においてはしばしば監禁、虐待、野ざらし（エクスポージャー）、屠殺の問題（とりわけ専門家ではない人々によって行われる場合）が存在する。さらに、限定された範囲という反論に対する一つのよくある応答があって、それは、〔動物福祉論証の〕結論が当てはまるのが、苦しみを生み出す仕方での肉生産物と、十分な代替手段をもつ人々だけであることを承認してしまうものである。だが同時に、豊かな国々の多くの場所にある肉のほとんどに、そして豊かな国々に住む人々のほとんどに、このことが当てはまることを強調しながら承認してしまうのである。

限定された範囲という反論に対してしばしばなされるもう一つの応答は、動物の苦しみという論証から、動物の殺害と動物の利用にもとづく論証へと、論証を変更することである。動物たちは、苦しまないことと殺されないことの両方についての利益をまず間違いなくもつが、これはすべての飼育農業の本質的な部分である。苦しみだけが問題なのではなく、私たちの目的のために特に必要でないときに動物を殺したり利用したりすることも問題であるとすれば、この論証は、飼育農業のより人道的な諸形態にも当てはまることになるだろう。このような〔苦しみから殺害・利用への強調点の〕変更は、動物福祉〔animal welfare〕という見解に対立するものとして、動物の道徳的地位に関する動物の権利〔animal right〕という見解としばしば結びついている。動物の権利という見解では、動物たちは目的そのものとして、それ自身において重要なものとして扱われるべきであり、私たちの利益のための道具あるいは手段としてのみ扱われるべきではない。それゆえ、苦しみを減らすことによって飼育農業を「浄化」することは、もっと深いところにある問題に取り組んでいないことになる。その問題とは、私たちによって用いられる単なる物あるいは手段として、私たちが動物をみなしたり扱ったりしているということである。すなわち、飼育農業に関する問題は何かといえば、それは、飼育農業がどのように行われているかということなのではない。そうではなく、飼育農業が行われていることが問題なのである。

◆肉食は単なる選好ではない

動物福祉論証が想定するところでは、肉を食べることを擁護する唯一の十分な正当化理由は、肉を食べることが生き残りと健康にとって必要であるということであり、また、他のすべての理由は単なる欲望（ウォント）にすぎない。しかし、多くの人々は、肉を食べることについて単なる瑣（さ）末（まつ）な関心以上のものをもっている。肉を食べることは、特別な文化的重要性をもちうる。とりわけ、肉を食べることが民族的、国民的、宗教的な実践や祝祭に結びつくときには、そうである。さらには、多くの人々が、単なる束の間の関心ではないような仕方で、肉に関連する料理の実践に注力している。肉を食べることは、多くの人々の仕事の一部でありうる（たとえば料理人、屠殺場の労働者、飼育場の所有者）、あるいは、彼らが非常に注力する研究課題でありうる（たとえば食べ物の美学と鑑賞）。それゆえに、この論証は、必須ではない肉の生産や肉食すべてを「単なる選好」に分類しているが、これはあまりに性急なことである。

肉食は単なる選好ではない、に対する応答

動物福祉論証の支持者たちは、肉食は単なる選好でないことがしばしばあるという主張に対して、幾つかの応答を提示している。第一に、肉（あるいはＣＡＦＯに由来する肉）を食べたり調理したりしなくとも、食べ物に注力すること――料理人あるいは食通（フーディー）であること――は可能である。動物に依拠しない食べ物に関して、鑑賞すべきことがたくさん存在する。動物に依拠しない食べ物は素晴らしい味がするし、多くの料理人たちが、動物性食品を使用しないで、あるいは人道的に生産された動物性食品を用いることによって、食品産業でキャリアを積んでいる。第二に、肉食のなかには文化的に重要なものがあるかもしれないが、一方で大部分はそうではない。ほとんどの肉は、日常的な、あるいはありきたりの文脈において食べられているのだし、祝日の一部として、あるいは特別な調理の一部として食べられているわけではない。さらに、一般に、文化的な料理や伝統を維持するための、肉に依拠しない方法が存在する。加えて、文化的伝統（あるいはある人の仕事や趣味）に訴えることは、他の点では倫理的に問題がある事柄を行うことを正当化

する十分な理由とはならない。私たちは以下のようには考えないのである。すなわち、他人に苦しみを引き起こすという長い伝統のうちに私たちの起源があり、そうすることが私たちの生活を豊かにしている、あるいは私たちがそうすることで生活しているのであれば、他人に苦しみを引き起こすことは許される、というふうには考えないのである。（文化的実践と伝統への訴えに対して、どの程度規範的な重要性が与えられるべきかという問題は、第6章でもっと詳しく考察される。）

◆農業用動物は他の仕方では存在しないだろう

農業用の動物は、特別に人間によって利用され消費されるために飼育されたものである。それらの動物は、私たちの目的に役立たないなら存在しないだろうから、それらを作り出した目的のために、それらを利用することは許される。これには、それらを食べることが含まれる。

農業用動物は他の仕方では存在しないだろう、に対する応答

農業用動物は人間に役立たないなら存在しなくなるだろう。このことは正しい。しかし、このことから、それゆえに、私たちが適切だと思うように農業用動物に対して振る舞うことが許されるという結論を推論するなら、それは、何かがなぜ存在するのかということの説明と、何かが存在するときにそれがもつ道徳的地位とを混ぜ合わせてしまうことである。このことは、人間の事例においてたやすく理解することができる。ある人には子どもがいるが、子どもがいるのは儲けるために売るという目的からであるとしよう。そうであるとすれば、子どもたちがこの目的のために作られなかったなら、子どもたちは存在しなかっただろうが、たとえそうであったとしても、子どもたちを売ることが許されるということにはならない。このことが動物たちにも同じように当てはまるのである。たとえば、闘犬のために育てられたイヌたちは、そうでなければ存在しないだろうが、そのことは、イヌたちを互いに闘わせることが許されるということを含意しないのである。

◆動物の苦しみは道徳的に重要ではない

動物福祉にもとづく論証（そして前記の応答の幾つ

か）は、人間の苦しみであれ動物の苦しみであれ、すべての苦しみは悪いものであると想定している。動物の苦しみが道徳的に重要でないとしたら――動物の苦しみが私たちの配慮する必要のあるものではないとしたら――、動物が苦しむという事実から、私たちが動物に苦しみを与えることは間違っているということは導かれない。その場合、動物福祉にもとづく論証は、せいぜいのところ不完全な論証であることになる。というのも、その論証は、動物の苦しみが道徳的に重要であるという主張を正当化していないからである。さらに、動物の苦しみを私たちの苦しみと同じものとみなさないための根拠となるかもしれない重要な差異が、人間と動物の間には存在する。たとえば、動物は私たちの種ではない、動物は私たちが理性的であるような仕方で理性的であるわけではない、動物には自己意識がない、動物は私たちとの相互的義務ないし協力の取り決めに参加しない。おそらく非常に重要なことであるが、動物は道徳的な行為主体（エイジェント）ではない。動物は、他者に苦しみを引き起こすことの倫理について配慮しないし配慮することができないだろう。また、みずからの行為に対して道徳的に責任がある存在であると動物をみなすことはできない。あなたが農場から人間を差し引くと、道徳的に善いことや悪いこと、正しいことや不正なことはもはや存在しないのだ。それゆえに、農業用動物は、道徳的関心の範囲の外側に存在している――倫理学は農業用動物には適用されないのである。

動物の苦しみは道徳的に重要ではない、に対する応答

かの反論が主張するところでは、動物の苦しみが倫理的に重要であると考える理由を私たちは必要としているのに、動物福祉論証はその理由を与えていない。しかし、動物の苦しみの倫理的重要性を擁護する正当化理由が与えられてきた――すなわち苦しみが悪であることを擁護する論証である。苦しみが悪であることが前提されるなら、なぜ私たちは動物の苦しみを考慮すべきであるのかということを説明する責任は、動物福祉にもとづく論証の支持者たちの側にはないことになる。〔むしろ〕なぜ私たちは動物の苦しみを考慮すべきでないのかということを説明する責任が、その論証の反対者たちの側に課せられることになる。

かの反論は、動物の苦しみを考慮しないための根拠と

なりうるところの、人間と動物の間の幾つかの可能な差異を提案している。すなわち、動物は私たちの種ではない、動物は理性的でない、動物は自己意識をもたない、そして、動物は道徳的行為主体ではないという差異である。しかし、これらの提案のそれぞれが二つの問題の一つに悩まされることになる。すなわち、これらの差異は倫理的に重要な差異ではないという問題、あるいは、それらの差異はすべての人間をすべての動物から区別するものではないという問題のいずれか（あるいは両方）である。〔後者の問題から見てみる。〕たとえば、人間の乳児や重度の知的障害者は理性的でないし、自己意識がない（自分自身を個別の個人として考えるという意味で）、あるいは健康な成人の人間と同じような仕方では道徳的行為主体ではない。（そして重度の知的障害者の場合、彼らは潜在的に道徳的行為主体でさえない。）それゆえに、これらが道徳的に考慮されるための――ある人の利害（その人の苦しみを含む）を重要なものとするための――基準であるとするなら、その場合、人間の乳児や重度の知的障害者は道徳的に考慮されるものではないことになる。しかし、私たちは、彼らに対して好きなことを何でもしてよいわけではない。このことは明らかである。そして、そのことは以下のことを含意する。すなわち、どの個人〔個体〕が道徳的に考慮されるべきであり、どの個人〔個体〕がそうでないかを区別することに関して、これらの基準は相応しいものではないということを含意するのである。

さらに〔前者の問題を見てみると〕、動物が私たちとは異なる種に属すということは、それ自体では、私たちが動物を好きなように扱うことができるということを含意しない。事実的な差異〔factual difference〕を道徳的に重要な差異〔morally relevant difference〕から区別することが肝要である。人間たちの間には事実的な差異が数多く存在する。人々の身長は様々であり、出身地は様々であり、肌の色は様々である。人間たちの間の事実的な差異の幾つは深い生物学的な差異でさえある――たとえばある人々はXX染色体をもつが、他の人々はXY染色体をもつ。しかし、身長、出身地、人種、性別は道徳的に重要な差異ではないのだということを、私たちは時が経つにつれ学んできた。それらの差異は実在する事実的な差異であるが、それらの差異は人々の利益を違ったふうに考慮することを正当化するものではない――すなわち、それらの差異は道徳的な考慮可能性とは関係がないのである。それらの差異を倫理的に重要であるとみなすことは、それゆえに非常に問題がある。そうすることは、たとえば人種差別的あるいは性差別的である。それだから、動物が事実的には人間と異なるということ、そして、これらの差異が生物学的であるということは正しいが、このことだけでは動物の利益を考慮に入れないことを正当化するのに十分ではない。そうすることは、一種の種差別〔speciesism〕を犯すことになるだろう。[*1] このことを理解するために、私たちがホモ・サピエンスであると考えるものが実際には二つの異なった種であり、それぞれが独自に進化し、同じ生理的、心理的、認知的能力をもつようになったと想像してほしい。この発見にもとづいて、それぞれの種に属する個人がこれら〔二つの別の種であることと、二つの種が独自に進化したということ〕を根拠として他の種の利益を考慮しないことが正当化されるだろうと考えるなら、それは馬鹿げたことだろう。人々の能力と、この能力が根拠となる利益とが〔二つの種の間で〕同一のものであるという事実が倫理的に重要なのであって、人々が種の一員であるということが倫理的に重要なわけではない。このことが正しいとすれば――すなわち道徳的な考慮可能性にとって重要であるのは能力と利益であるとすれば――、そして動物が感覚能力をもち、苦しまないことに関して利益をもつとすれば、その場合、動物の苦しみは考慮されるべきなのである。広く知られているように、ジェレミー・ベンサム〔Jeremy Bentham〕が述べるとおりである。

> 足の数〔が違う〕とか皮膚が軟毛で覆われているとか、あるいは仙骨の末端〔尻尾〕があるとかいったことは、感覚能力を備えた存在を、同じ運命〔気まぐれに苦しませられること〕に委ねる理由としては、同じように不十分である。このことが、いつか承認されるようになるかもしれない。越え難い一線を引くはずのものが、ほかに何かあるだろうか。それは理性の能力だろうか、あるいは、もしかしたら会話の能力だろうか。だが、成熟したウマやイヌは、生後一日や一週間、あるいは一か月の乳児と比べてさえ、比較にならないほどに、より理性的な動物であり、同じく、より会話のできる

動物である。だが、ウマやイヌがそうでないと仮定してみよ。それが何の役に立つだろうか。問題は、ウマやイヌが推論することができるかどうか、ウマやイヌは話すことができるかどうかということではなく、ウマやイヌは苦しむことができるかどうかなのである。
(1823, ch. 17, n. 122)

動物の苦しみが倫理的に重要なものであると完全にみなされるといっても、それは、私たちが人間を扱うのと同じ仕方で動物を扱わなければならないということを含意するわけではない。ブタに選挙権を与えたり、ニワトリを学校に行かせたりする必要は私たちにはない。乳児と成人との間にある事実的な差異にもとづいて乳児を成人とは違ったふうに扱うべきであるのとまったく同じように、私たちは人間と動物を違ったふうに扱うべきである。このことは動物の様々な種類にも同じく当てはまる。私たちは雌ウシとイルカの両方の利益を考慮する必要があるけれども、雌ウシを広々とした水域に解き放ったり、広々とした牧草地でイルカに牧草を食べさせたりすることは間違ったことだろう。考慮（コンシダレーション）することを扱う（トリートメント）ことから区別することが重要である。動物は道徳的に考慮されるべきであると主張することは、動物の利益が考慮される必要があると主張することである。それは、動物が人間と同じ利益をもつと主張することではないし、動物の利益が人間の利益と同じやり方で促進されうると主張することではない。十分な正当化理由がないのに人間と雌ウシの両方に苦しみを引き起こすことは間違っているとしても、ウシの善き生は人間の善き生とは異なっているのであり、人間は（私たちのより強力な心理的、認知的能力のゆえに）雌ウシがもつ以上に広範囲の利益をもっているのである。

◈瑣末性への訴え

一人が肉を食べるのを諦めても、それによっては動物の苦しみは少しも減りはしないだろう。あたかも、個々の人々に割り当てられた個々の動物が存在し、その結果、ある人物が肉を食べるのを諦めれば、個々の人々の〔割り当てられた〕動物が難を逃れるかのごときことが起こるわけではない。このことを前提とすると、ある人物が肉を食べたいと思い、そうするのを享受することは、その人物がそうすることの十分な理由であるように思われる。肉を食べるのを控えることは、その人物の快楽を減らすだろうし、動物たちの利益にもならないだろう。大量の動物の苦しみが存在しなくなるのであれば、肉を食べるのを控えることは倫理的により善いことかもしれないし、動物の苦しみを防いだり減らしたりするための法律は倫理的に善いものだろう。だが、システム上の変化が不在であって、一個人の犠牲が違いを生み出さないのなら、なぜ一個人が犠牲になるべきなのだろうか。個人が肉を食べることは瑣末な事柄である。

瑣末性への訴えに対する応答

瑣末性〔inconsequentialism〕という論点は、大規模な集合的行為にまつわる諸問題に関して共通に生じるものである。ある問題が多数の人々の行為がもたらす累積的結果としてもたらされるとき——たとえばグローバルな気候変動——、誰か一個人の貢献は、その問題への取り組みにとって大抵の場合は取るに足らないものである。その場合、以下のような問いが提起される。ある問題が解決されるかどうかということに関して、ある人物の努力や行動の変化が違いを生み出さないなら、なぜ、その人物は努力をしたり、自分の行動を変えるコストを引き受けたりすべきなのだろうか。

瑣末性の問題に関して、幾つかの応答が提案されてきた。一つの応答は、瑣末だという論拠は自滅的である、というものだ。全員がこの論拠を利用したとすれば、そのとき様々な問題は解決されることが決してないだろう（そして、それらの問題に取り組む試みがなされることさえないだろう）。というのも、瑣末性の問題は政治的行為の文脈でも同じく生じるからである。たとえば、瑣末だという論拠が国政選挙に適用されると、その結果、一票を投じるべきではないという結論に各人は導かれるだろう。少なくとも——とこの応答はつづける——集合的行為がもたらす問題に取り組むためには、全員が自分の分を尽くさなければならない、というのも、集合的行為がもたらす問題を解決する唯一の方法は、全員の取るに足らない貢献の生み出す累積的効果にもとづくものだからである。

もう一つの応答は、加担性（コンプリシティ）や誠実さ（インテグリティ）に訴えるものである。あなた一人では農業における動物の苦しみを終わらせることができないとしても、あるいは、何頭かの動物の苦しみさえ終わらせることができないとしても、あなたは、動物の苦しみから利益を得たり、そうすることによって動物の苦しみに加担したりすることを避けることができる。これは誠実さの問題である。とりわけ、その実践が倫理的に問題があることをあなたが承認するなら、そうである。児童労働は倫理的に問題があると、あなたは信じているが、しかしそれにもかかわらず、児童労働によって作られた安価な靴を、それが好きだからという理由で、そうと知りながら、あなたが購入するなら、そのとき、あなたは人格の欠如に苦しんでいるのであり、また搾取から利益を得ていることになる。同じことが、倫理的に問題がある仕方で生産された肉を食べることにも当てはまる。

最後に、瑣末性という反論の前提——すなわち各人物の行為は動物の苦しみを減少させることにとって取るに足らないものである——は、しばしば否定されている。これ〔瑣末性の否定〕を行う一つのよくあるやり方は、カスケード効果[*2]に訴えることである。肉を使わない食事を採用することによって、あなたはそれが実行可能で有益であることを証明することができるし、そうすることによって、他者たちが同じことをするように促すことができる。この他者たちは、今度は別の他者たちが倣う手本となることができる等々。

3　動物福祉にもとづく論証はどこまで拡大するか

前節での考察は、動物福祉にもとづく論証が健全であるかどうかということに焦点を合わせたものである。それが健全であるとすると、それがどこまで拡大するのかを決定することが、もう一つの重要な論点となる。この点に関して考察すべきである、この論証の幾つかの「次元」は以下のとおりである。

・この論証はCAFOにのみ当てはまるのか、それとも、この論証は飼育農業のより小規模で代替的な形態にも拡大するだろうか。さきに考察されたように、これらの次元に沿ってこの論証が拡大するかどうかは、主として、CAFO的ではない飼育農業がどの程度まで動物を苦しませているのか、ならびに飼育農業に含まれる〔動物の〕利用や殺害は、苦しみが最小化される場合でさえ倫理的に問題があるのかどうかといったことに依存する。

・この論証は、乳製品や卵のような飼育農業から生み出されるすべての生産物に拡大するだろうか。この論証がこのような仕方で拡大されるべきであるかどうかは、肉以外の動物性食品が不当な苦しみを引き起こすことを含むかどうか（これは飼育農業の諸形態の間で異なるかもしれない）、ならびに、私たちの目的のために動物を利用することがそれ自体で倫理的に問題があるかどうかといったことに依存する。

・この論証は、〔工場内だけでなく〕天然猟／漁や水産養殖にも拡大するだろうか。この論証が水生動物に拡大されるべきかどうかは、水生動物が苦しむ能力をもっているかどうか、ならびに、関連する実践が水生動物（あるいは他の動物）を苦しませるかどうかに依存する。さきに考察されたように、痛みを感じることは、刺激に反応する（植物も行う）とか、最も基本的な感覚をもつとかいった問題にすぎないのではなく、物事を不快であるとか望ましくないとかいったように経験することを必要とする。これはおそらく水生動物の間で異なるだろう。頭足類（たとえばタコ）や魚は苦しむが、ハマグリやカキは苦しまないということがあるかもしれない。この拡大も、私たちの目的のために動物を利用したり殺害したりすることが、それ自体で倫理的に問題があるかどうかに依存する。（商業型漁業の倫理学は、この章で後により詳しく考察される。）

・痛みを感じにくい、あるいは感覚のない――たとえば必要な脳の構造を欠くように遺伝子操作された――、あるいは神経の感受性を減少させたような農業用動物を作り出すことが可能となる場合、この論証は当てはまるだろうか。この線に沿った幾つかの研究プロジェクトが存在してきたが、その成功は非常に限定的なものであった。この論証が感覚能力のない（あるいは感受性が非常に少ない）動物に当てはまるかどうかは、神経の感受性が減少させられていない動物と同様の考慮がそれらの動物に払われるべきかどうか（あるいは、それらの道徳的地位が植物の道徳的地位に似たもの以上のものであるかどうか）に依存するし、また、動物の利益には（苦しまないことに加えて）殺されないことが含まれるかどうかに依存するし、また、動物の道徳的考慮可能性に関する動物の権利という考えが動物福祉という考えよりも正当化されるかどうかに依存する。関連する動物福祉的な論点は、神経の感受性を減少させた動物を作り出そうと試みることは、この開発プロセスに伴いそうな苦しみや死のゆえに問題があるかどうか、ということである。

・動物を苦しませるようなやり方で生産された肉を食べるのに十分にもっともな理由となるのはどのようなものか。この次元は、この論証が及ぶ〔肉の〕消費環境がどのようなものであるかに関係する。この論証を擁護する主張によると、生命や健康のような基本的で重要な利益は十分に正当化する根拠となるが、他方で、味に対する単なる選好はそうでない。だが、伝統、文化、コミュニティ、宗教に結びついた場面や実践のような中間領域についてはどうだろうか。（文化的実践の倫理的意義は第6章で詳しく考察される。）

4　生態学的影響にもとづく論証

多くの人々が生態学的な理由から飼育農業に反対しており、肉を使わない食事をとっている。以下に、肉を食べることに反対する中核的な生態学的論証を掲げる。

①私たちは、自分の食事がもたらす生態学的影響を減らすような仕方で行為すべきである。
②肉を使わない食事を採用すれば、私たちの食事の生態学的影響は著しく減るだろう。
③ゆえに、私たちは、肉を使わない食事を採用すべきである。

前提①――私たちは、自分の食事の生態学的影響を減らすような仕方で行為すべきである――は、集約型農業のもたらす環境への巨大な影響によって正当化されると考えられている。土地利用に関しては、地球の陸上表面のほぼ三八％が農業のために使用されており、とりわけ熱帯地方で行われている農業用の森林伐採が、二〇〇〇年から二〇一〇年までに一年当たり一三〇〇万ヘクタール（ほぼコスタリカの大きさと同じ範囲）の割合で発生した（FAO, 2010）。大抵の場合、農業は、自然資源が補充されるよりも急速に自然資源を枯渇させる。合衆国では真水利用の八〇％が農業用であり、世界規模では真水利用の七〇％が農業用である。従来型農業は、大量の化学物質を環境に注入することを必要とする。合衆国だけで毎年ほぼ九億ポンド〔約四〇・八万トン〕の殺虫剤と除草剤が農業で用いられており、それに加えて一二〇〇万トン以上の窒素肥料が用いられている（USDA, 2013a）。農業、林業、その他の土地利用（ＡＦＯＬＵ）[*3]が、温室効果ガス排出量のおよそ二四％の原因となっている（IPCC, 2014; FAO, 2014a）。これらの排出量のおよそ半分が直接に農業に由来するものであり、農業からの排出量のおよそ三分の二は家畜に関連するものである。ＡＦＯＬＵ部門からの排出量の残りの大部分は森林伐採によるものであり、この森林伐採は主に農業目的で行われている（FAO, 2014a; FAOSTAT, 2014b）。飼育農業は大量の排泄物も生み出す。たとえば、乳牛は一日当たり人間の成人の二〇倍から四〇倍の排泄物を作り出す。合衆国では、毎年生み出される農業上の排泄物は二〇〇万トン以上のリンと六〇〇万トン以上の窒素を含んでいる。とりわけ家畜たちが高度に〔一か所に〕集中するせいで、浸食や土壌圧縮や植生破壊が引き起こされることもある（EPA, 2014b; MacDonald and McBride, 2009）。

集約型農業の及ぼす生態学的影響は、人間や動物や生態系にとって、そして農業システムにとってさえ有害である。生息地の破壊は生物多様性喪失の主要な原因でありつづけている。農業用の化学物質と動物の排泄物は、人間やコミュニティや人間以外の種が依存している大気と水を汚染する。グローバルな気候変動は、降雨パターンの変化、地表気温の変化、海水位の変化、異常気象事象を伴うが、これらは農業の生産性にとって有害であり、環境難民を生み出し、絶滅率を高める（IPCC, 2014）。人間が原因の気候変動の影響は、来たる数十年において著しく増えると予想されている。温室効果ガス排出に関する幾つかの中位水準と上位水準のシナリオでは、植物種と動物種の三分の一以上が今世紀の中頃までには絶滅が避けられない可能性があり（Thomas et al., 2004; IPPC, 2007）、何億人もの環境難民が存在する可能性があり、その結果、大量の移住や暴力的紛争をもたらすことになる（DSB, 2001）。動物福祉にもとづく論証が動物の道徳的考慮可能性に依拠するのに対して、生態学的論証は、人間、動物、そして／あるいは生態系の道徳的考慮可能性に訴えることができる。というのも、農業の生態学的影響はこれらのそれぞれの健康や良好状態にとって有害だからである。

前提②――肉を使わない食事を採用すれば、私たちの食事の生態学的影響は著しく減るだろう――は、二つの考慮事項にもとづいている。第一の考慮事項は、農業の有害な影響の多くは動物そのもの――たとえば動物の排泄物や排出物――と関係があるというものだ。第二の考慮事項は、動物からカロリーを取り出すのはひどく効率が悪いというものだ。これは前章で詳しく考察された。ウシに与えられた一〇カロリーは人間によって消費される一カロリーにしかならないから、作物が〔人間によって〕直接に消費される場合と比べると、牛肉から同じ量のカロリーを得るには一〇倍の栽培農業が必要とされることになる。これは、関連する栽培農業についてだけでも一〇倍の生態学的影響――一〇倍の土地、一〇倍の水、一〇倍の燃料、一〇倍の化学物質の使用、一〇倍の土壌の枯渇――を意味する。そのうえ、飼育農業自体において、追加の水や燃料や化学物質が用いられる。ニワトリやブタに関しては非効率性はそれほど大きくはないが、しかしそれにもかかわらず、ニワトリやブタは生態学的にかなり大きな影響を与えるのである。（前章において言及されたように、昆虫の飼育の方が家畜を育てるよりもずっと効率がよい。）

人間の健康や福祉、動物の健康や福祉、生態系の健康や福祉にもとづくと、私たちの食事の生態学的影響を減らすための強い倫理的な理由を私たちがもつことになるとすれば（前提①）、そして、肉を食べることを控えることが私たちの食事の影響を著しく減らすことになるとすれば（前提②）、その場合、肉を使わない食事を採用する強い倫理的理由を私たちはもつことになる。

5　生態学的影響にもとづく論証に対する反論

　生態学的影響にもとづく論証に対する反論は、動物福祉にもとづく論証に対する反論の多くを踏襲する。たとえば、飼育農業の諸形態がもたらす生態学的影響はすべて同じであるわけではないと、しばしば指摘される。生態学的影響にもとづく論証は、集約型の飼育農業あるいはＣＡＦＯと結びついた意図せぬ影響、非効率な資源利用、生態学的コストの外部化に焦点を合わせている。しかし、飼育農業にはもっと持続可能で効率的な形態が存在しているのであって、それらの形態の農業においては、動物たちは、たとえば放牧され、雑草植物を食べたり土を肥沃にしたりするために幾つかの農地を転々とさせられる。また、――たとえば狩猟や道路で殺された動物のような――肉資源も存在するのであって、これらの肉資源は農業的なものではないし、多くの場合は、動物と結びついた有害な生態学的影響をもたないものである。それゆえに、その論証は、肉を食べること全体に当てはめるべきではなく、生態学的に有害な実践によって生産された肉を食べることだけに当てはめるべきである。また、この論証は状況の影響を受けやすいものであらざるをえないと、しばしば主張されることもある。〔肉以外の〕代替物の十分な調達手段をもたないがゆえに健康上の理由から人々が動物を食べる必要があるなら、あるいは文化的実践の重要な構成要素として人々が動物を食べる必要があるなら、その場合、例外が存在すべきである。瑣末性の異議申し立てが同じく当てはまる。というのも、一方的に肉を控えても、それは飼育農業の生態学的影響を著しく減らすことにはならないだろうからである。

　これらの反論に対する応答は、動物福祉にもとづく論証に関して提示された応答と同じものである。これらの応答はさきに示されているので、ここで繰り返す必要はない。（「限定された範囲」「肉を食べることは単なる選好ではない」「瑣末性への訴え」を見よ。）

　しかし、生態学的影響にもとづく論証に対する一つの有名な反論が存在しており、それに類似する反論は、動物福祉にもとづく論証をめぐる言説のうちにはない。生態学的影響にもとづく論証が想定するところでは、人々が自分の消費する肉の量を著しく減らせば、動物の飼料のために私たちが生産する穀物の量がかなり少なくなるだろうから、栽培農業は減少することになる。しかし、これは正しくないかもしれない。穀物生産の水準は維持され、しかし、そのより多くの割合がバイオ燃料のような食料以外の目的に向かうかもしれないし、そして／あるいは、より多くの食料供給量が肉の生産に転用されなくなることが、食料価格が低下することや、現在は食料不安状態にある者たちのための食料調達と食料消費とがもっと多くなることを意味することになる可能性がある。

これに応答して、この論証の支持者たちは、肉の消費の減少と栽培農業の減少との間に完全な関連は存在しないだろうということを承認する。しかし、穀類作物の大部分が動物の飼料のために用いられている場所（たとえば合衆国）では、飼育農業からの変更によって作り出された余剰分をバイオ燃料が引き受けるということは、ありそうもない。次世代のセルロースベースのバイオ燃料や藻類ベースのバイオ燃料が発展するときには、特にそうである。これらのバイオ燃料は食料用穀物を投入物として必要としないからである。さらに、穀物生産量が大量のままであるとしても、動物そのものと結びついた生態学的影響――たとえばメタン排出や排泄物――は取り除かれるだろう。さらに、CAFO肉消費が減ることによってもたらされる成果が、グローバルな貧困者にとって食料調達が改善することであるとすれば、これは、肉の消費を減少させることを擁護する強力な根拠となる。実際、それは以下で考察される分配的正義にもとづく論証では主要な前提となっている。

動物福祉にもとづく論証と同じく、生態学的影響にもとづく論証は、CAFOからもたらされた肉を日常的に食べることに焦点を絞ったとき最強のものとなる。そして、この論証についての中心的な問いの一つは、この論証がCAFOからもたらされた肉を日常的に食べることを超えて、どの範囲にまで及ぶのかという問いである。たとえば、この論証は飼育農業の他の形態にも適用可能なものだろうか（たとえば牧場経営の生態学的影響――土壌の圧縮、水源付近の浸食、捕食動物の除去、植生パターンの変更といったような――は、この論証が適用されるのに十分だろうか）。この論証は、私たちが動物性食品をすべて控えるべきだということを含意するのだろうか。文化的、宗教的な考慮事項は、肉の消費を正当化するのに十分に重要なものだろうか。この論証は、水産養殖や天然漁にまで及ぶのだろうか、そうであるなら、どのような形態と種類にまでだろうか。（たとえば、第1章で考察されたように、小エビの水産養殖が及ぼす生態学的影響は大規模なものであるし、サケの水産養殖はＣＡＦＯ的な生産と同じくひどく非効率であるが、一方、ティラピアの水産養殖はそれほどでもない（Costa-Pierce et al., 2011）。）動物福祉にもとづく論証と生態学的影響にもとづく論証という二つの論証の間には、価値と原則の水準で主要な差異がある。動物福祉にもとづく論証は、動物の道徳的考慮可能性に依拠するが、一方、生態学的影響にもとづく論証のほうは、人間と動物の価値、そして／あるいは生態系と生物多様性の価値に訴えることができるからである。

6 分配的正義にもとづく論証

肉――とりわけＣＡＦＯに由来する肉――を食べるのを控えることを擁護するもう一つの有名な論証は、分配的正義にもとづく論証である。生態学的な論証と同様に、この論証は、肉の生産が非効率であるという弱点に付け込むものである。さきに考察されたように、肉の生産は、投資に対する栄養上の負の運用益をもたらす――あなたは動物から手に入れるよりも多くのカロリーと栄養を動物に投入しなければならない。それゆえ、人々がその食事に含まれる肉の量を著しく減らすことができるなら、フードシステムが供給可能なカロリーはもっと多く存在することになるだろう。食料供給量が増える結果、食料価格は下がり、栄養不良の八億四二〇〇万人の多くにとって、食料調達の機会が増えることになるはずである。

この論証において鍵となる倫理原則は、希少資源の分配ないし割り当てに関わるものだ。すなわち、あなたが自分の必要とする以上の資源を用いており、かつ、他者たちがそうした資源の欠如に苦しんでいるなら、その場合、より多くの資源が他者たちに利用可能となるように、あなたは自分の資源のいくらかを用いるのを控えるべきである。この原則を支持して通常提示される考慮事項は、援助の責任を正当化するために訴えた考慮事項である。すなわち、同情、歴史的・構造的不正義、道徳的運、人々の平等な価値という考慮事項である。実のところ、この原則は、実際には前章において考察された援助原則、すなわち、ある人物は与えることが自身の福祉に著しく影響を与えない限り与えるべきであるという援助原則の代替となる、より形式的な定式なのである。グローバルな食料不安を減らすために自分の資源のいくらかを用いる責任が私たちに——個人ないし国家として——あるのなら、その場合、私たちの非効率な肉の消費を著しく減らすことは、この責任を果たすための一つの方法であることになる。さらには、CAFO肉の生産が減ることは生態学的影響や動物福祉という点で積極的なことだろうから、食料調達を増やすためのこのようなアプローチは、重要な付随的利益をもたらすものである。

この論証が健全であるかどうかは、それが訴える分配的正義の原則が正当化されるかどうかに依存する。この原則とそれが依拠する倫理的考慮事項は第2章で詳しく考察されており、ここで繰り返す必要はない。（「国家の義務」と「個人の義務」というタイトルの節を見よ。）この論証が健全であるかどうかは、また、肉の消費を減らすことが実際に栄養不良を減らすことになるかどうかに依存する。前節で考察されたように、これは、肉の消費の減少が農業生産と食料分配に対してもたらす影響がどのようなものとなるかに依存する。分配的正義論証と、CAFOで生産された肉の消費を減らすことを擁護する生態学的論証との間には、ちょっとした対立が存在している。生態学的論証は栽培農業（と飼育農業）の減少に依拠するものである一方、分配的正義論証は、作物カロリーが今後も生産され、困窮した者たちの手元に届くことに依拠するものである。しかし、どちらにしても、肉の消費の減少を擁護する論証が一つ存在するのである。

7　健康にもとづく論証

動物を食べないことを支持してしばしばなされる論証は健康にもとづく論証であり、それは、肉を基礎にした食事よりも肉を使わない食事のほうが健康的であると仮定する。この見方では、肉の消費を減らすことや、あなたの子どもに大量の肉を与えない責任をもつことに有利となる、思慮深い(プルーデンシャル)理由が存在する。応用倫理学におけるほとんどの論証（この章ですでに考察された論証も含む）と同様に、考察される必要がある二つの側面、すなわち規範的原則と経験的主張とが、この論証には存在する。肉を使わない食事が肉を基礎とした食事よりも健康的であるということは正しいだろうか〔経験的主張の側面〕。もしそれがより健康的であるとすれば、このことは肉を食べない責任に根拠を与えるだろうか〔規範的原則の側面〕。

肉を食べずに健康な食事をとることは、確かに可能である。このことの例は何億も存在する。肉を含む健康な食事をとることもまた、明らかに可能である。このことの例は何億も存在する。第5章において考察されるように、さらに、肉、新鮮な野菜、魚介、乳製品、そして事実上他のすべての種類の食品に関して、食品の安全性という問題が存在する。豊富な食料がある国々のほとんどの人々にとって、「健康に良いもの(イートヘルシー)を食べよ」という命令は、いくらかの肉を含む食事でも、肉を含まない食事でも、容易に果たすことができる。健康についての考慮事項は、合衆国のような幾つかの場所で通常行われているよりも少ない肉を食べることを正当化するかもしれないし、あるいは、ある種のやり方で調理された肉やあるタイプの産地に由来する肉を避けることを正当化するかもしれない。しかし、十分な健康や思慮は、肉を完全に諦めることを要求するようには思われない。

さらに、肉を含む食事が肉を使わない食事ほど健康的でないとしても、このことが、肉を含む食事を諦める道徳的ないし倫理的責任に根拠を与えるということは、ありそうもない。結局、人々が行う多くの事柄は、それと結びつく危険を有しているのである――たとえば滑降スキーやアルコールを飲むことなどである。これらは必要なものではないし、瑣末な利益しかもたらさないが、そうだとしても、これらが倫理に反するわけではない。ヘルメットを被らずにスキーをすることは思慮に欠けることであるし、あなたの子どもにそうさせることは無責任である。同様に、生焼けの肉を食べることは思慮に欠けるし、あなたの子どもにそうさせることは無責任なことである。しかし、肉を食べることそのものは、肉を使わない食事に比べると長期的には統計的に健康的なものではないとしても、それが適切になされる場合には、きわめて危険であったり有害であったりするわけではないから、肉を食べることを避ける倫理的あるいは道徳的責任が存在するわけではないことになる。

8　肉の性的政治にもとづく論証

肉の性的政治にもとづく論証〔argument from the sexual politics of meat〕はキャロル・アダムズ〔Carol Adams〕によって展開され、非常に有名になったものであるが、この論証は、多くの社会でジェンダーと権力と肉との間に成り立つ連関に依拠するものである。この論証は、二つの主要な構成要素をもっている。第一の要素は、西洋の（そして多くの非西洋の）文化においては、男性たちと女性たちの間に問題のある権力関係が存在しており、この関係のなかでは、女性たちを支配する権限が男性たちに与えられている、というものだ。第二の要素は、男らしさについての考え方と肉を食べることとの間には文化的な関連があり、この関連が、問題のある権力関係とそれに結びついた文化的実践を表現し体現しており、それらを永続化するのに役立っている、というものだ。

西洋の宗教思想と哲学思想の両者の歴史は、世界が二つのカテゴリーに分割され、一方が他方に対して優れたものとして措定されるような二項対立的思考で満たされている。すなわち、人間対自然、理性対感情、男性対女性といった二項対立的思考である。人間／理性／男性を自然／感情／女性の上に置く価値志向が存在するだけではなく、前者が後者を支配することが歴史的に要求されてきた。理性の機能の一つは、私たちの情念と衝動を和らげることである。自然と動物は必要物として人間によって征服され利用されるべき資源である。男性たちは家族の長であり、女性たちは男性に従属すべきである。男性たちだけが宗教的ないし政治的指導者の役を務めることができ、土地を所有すること、あるいは投票権をもつことが許される。女性たちは、その権利を贈与したり売ったり交換したりすることができる財産として（動物たちのように）扱われる。

　家父長制的文化はこのように問題があるけれども、それは過去の代物である、と考える傾向が私たちにはあるかもしれないが、一方で、現代の文化的実践を率直に眺めるなら、そのように考えることは正しくないことが明らかになる。なにしろ、さきに挙げられた歴史的な事例の多くがまだ存続しているのである。多くの宗教において、女性たちは、今日でもなお高位の指導者の地位から排除されている。世界の多くの場所で女性たちは財産を保持することができないし、依然として女性たちを贈与したり購入したりすることができる（あるいは、もっと正確には、女性たちの身体の性的使用の権利を贈与したり購入したりすることができる）。多くの場所で、女性たちは統治や市民生活に参加することも許されておらず、特殊な服を着ることが求められている（あるいはそれを着ることが禁じられている）し、自動車の運転が許されておらず、肌（ないし髪）を見せることができず、付き添いがいなければ公共空間に入ることができないし、ある種の教育や職業から排除されている。これらが、女性たちを無力化する方法のすべてである。要するに、女性たちは、自分の自律を制限し、自分に対する男性の管理と支配を維持するような仕方で扱われているのである。

　法的な排除や制限がもはや存在しない国々においてさえ、問題のある権力関係がいまだに存続している。男性たちは、世帯主という意思決定者の立場にあるとまだ広くみなされているし、一方、女性たちは、より感情的で子育てをする者であるとみなされており、家を維持したり子どもを育てたりすることの責任を不釣合いに負っている（女性たちが勤めに出ているときでさえ）。女性たちは、統治の指導的地位において、ビジネスにおいて、地位が高く高収入の職業において少数であり、ソーシャルワークや保育のような、低収入で地位の低いケア提供的な職業において著しく多数である。たとえば、女性たちは合衆国議会において議席の一八・五％しか保持していないし、一方、英国では、女性たちは議会の二三％を構成するにすぎない。トルコではその数字は一四％である（World Bank, 2014b）。フォーチュン五〇〇社[*4]とフォーチュン一〇〇〇社のうち四・六％しか女性をCEOとして雇っていない（Catalyst, 2014）。合衆国では、女性たちはIT労働人口の二五％を構成するだけであるが、一方、女性たちは有給の保育労働人口の九〇％以上を構成している（Department of Labor, 2014）。性的偏見（セクシズム）とセクシャルハラスメントも職場ではありふれたことである。英国での最近の研究によると、三分の一の女性たちが、その職歴において昇進に対するジェンダー関連の障壁を経験したと報告した（Robert Half, 2014）。合衆国では、二〇一三年には二万七〇〇〇を超える性差にもとづく差別が告発され、七〇〇〇を超えるセクシャルハラスメントが告発された（八二・四％が女性による）（EEOC, 2014a; EEOC, 2014b）。少女たちは少年たちに比べて数学やコンピュータや科学のような「理性的（ラショナル）」科目の能力がないという、なかなか消えない認識が存在している。「女の子らしい（ガーリー）」と呼ばれることは、少年にとって侮辱である。なぜなら、それは、強さや自信や力といったものが欠如していることに対する非難を意味するからである。さらに、女性たちは日常的に物として見られている（オブジェクティファイド）。この事態は、美人コンテストから音楽ビデオ、広告、ポルノグラフィーにいたる一切を通じて生じている。西洋の大衆文化が少女たちに示すメッセージによると、最も大切なことは、彼女たちがどのように見えるかということであり、彼女たちが魅力的であることであって、彼女たちが学問や運動競技あるいは創造性に優れているかどうかではない。女性嫌悪がはびこっているし、それはスポーツ、ビデオゲーム、広告、音楽、ファッション、リアリティー番組を含む大衆文化において何気なく受け入れられ、助長されている。家父長制、性的偏見、ジェンダー差別、問題のあるジェンダー役割やジェンダー理想、そして女性嫌悪がいまだに存続し、あれやこれやの仕方で永続化されていることが、肉の性的政治にもとづく論証の第一の構成要素である。

　その論証の第二の構成要素は、食べ物、特に肉がこの文化的文脈において果たす役割である。性的偏見、性差別、セクシャルハラスメント、性的暴行が（それらがどこでもそうであるように）食品産業のいたるところで、すなわち圃場（ほじょう）、ファストフードチェーン店、農業食品企業、食品出版物、高価格帯の料理店において発生している。家庭での食品の調理は、女性たちが不釣合いにその責任を負っている。食べ物の消費は、文化的に理想化された女性の身体と、とりわけ、か細さと結びつけられる。こうした理想が結びつけられているのは良好な健康状態ではなく、むしろ美とセクシュアリティについての幾つかの考え方である。こうした理想が、高い水準での食べ物の監視、食事制限、過食や拒食のような摂食障害を促すのに対して、一方、男性たちは、存分に食べることや強さを築き上げることを促される。女性たちは日常的に物として見られ、不当に扱われ、食品や飲料の広告においては食べ物を用意する者として配役される。食べ物それ自体がジェンダー化されている。誰がヨーグルトとサラダを食べるのか、誰が肉とジャガイモを食べるのか、誰がワインスプリッツァーを飲むのか、誰がビールを飲むのか、そういったことを誰でもが知っている。肉の消費は男らしさや強さや力に結びつけられているし、肉の消費は、問題含みでジェンダー化された理想、役割、期待、ステレオタイプ、間柄を表現しているのである。現実の男性たちが〔動物を〕殺し、肉を食べる。現実の女性たちが男性たちのために肉を用意し、男性たちが肉を食べるのを見守る。肉の性的政治にもとづく論証は以下のように結論する。家父長制文化——そこにおいては、男性たちと男らしさの価値が維持され、女性たちや女らしさの上に置かれ、女性たちが（動物や自然がそうであるように）物として見られたり、利用され消費されるただの物として扱われたり、男性たちによって消費されたり、戦利品や征服地として「ハント」されたりする——を拒否することの一部として、私たちは肉を食べるのを拒否すべきである。女性たちは、物として見られ品位を落とされるときに特に、しばしば動物に関わる言葉——「女狐〔意地の悪い女〕」「鳥〔女の子〕」「ひよこ〔かわい子ちゃん〕」「雌犬〔ふしだらな女〕」——で言及される。女性たちは脱-人間化される。同様に、動物たちは、人間が利用するために存在するときには、脱個性化され脱動物化さえされる（そして、そのようにして不可視化される）——「ブロイラー〔焼肉用若鶏〕」「レイヤー〔卵を産む雌ニワトリ〕」「ライヴストック〔家畜＝生きた在庫〕」「ゲーム〔狩猟の獲物〕」。こうした文脈において肉を消費するとは、肉を取り囲み、肉に浸透している文化的問題や文化的関連のなかに巻き込まれることなのである。

肉の性的政治にもとづく論証に対する応答は、ほとんどではないとしても数多くの文化がさきに考察されたような仕方で問題含みのまま家父長制的な状態にとどまっているという主張に対して、通常は異議を唱えない。これらの応答はまた、女性たちが日常的に物として見られており、性的偏見とジェンダー差別がありふれたものでありつづけ、セクシャルハラスメントや性的暴行がどこでも発生し、問題のあるジェンダー役割やジェンダー期待やジェンダーのステレオタイプやジェンダー理想が規範となっているという事実にも異議を唱えない。その証拠は本当にあまりに強力にすぎるからである。（これらの応答は、男性たちと男らしさにとっても、問題のある理想やステレオタイプや期待が同じように存在すると、しばしば指摘するだろう。）これらの応答はまた、肉を食べることが歴史的にジェンダー化されてきており、現在もジェンダー化されつづけているという主張に異議を唱えることもない。（これらの応答が主張するところでは、これは、今日よりもむしろ過去においてそうであったし、通常は、肉を食べることはこのような仕方で意識されてはいない。）そのかわりに、その論証に対する意義申し立ては、しばしば次のような主張の形態をとる。すなわち、肉の消費を諦めることは、家父長制的文化を拒否し、また女性、動物（とりわけ家畜）、自然を物として見ることを拒否するための唯一のやり方ではない、あるいは最善のやり方でさえないという主張の形態をとる。代替案は、肉を食べることを取り込み、家父長制のこのようなシンボル〔肉食〕をそのまま受け入れ、それを権限強化や強さの源泉として用いることである。女性たちは存分に食べるべきである。女性たちは健康的に食べるべきである。女性たちは肉を食べるべきなのである。私たちは食べ物のジェンダー化されたあり方を拒否すべきであるが、それは肉をしぶしぶ認めることによってではなく、肉の調理者であるのみならず、肉の消費者でもある権限を女性たちに認めることによってである。

この応答に答えて、肉の性的政治にもとづく論証の支持者たちがしばしば強調するのは、肉を食べることに関して二種類のジェンダー化された問題が実際には存在するということである。第一の問題は、問題のあるジェンダー役割やジェンダー関係やジェンダー期待と肉とが関係づけられる仕方である。第二の問題は、女性を物として見ることと、自然や動物を物として見ることとの間にあるつながりである。さきに与えられた応答は、これらの問題のうち第一の問題には対処するものだが、第二の問題には対処するものではない。というのも、その応答では、私たちが消費するために大量生産されるべき単なる物として動物たちを扱うことが続行されることになるからである（これらの動物がCAFO由来の場合は特に）。

9　肉を食べる（そして狩猟をする）義務はあるか

肉を食べることは許されないのでは決してなく、むしろ実際には肉を食べる義務が存在すると、しばしば主張される。この結論を擁護するためのよくある一つの種類の論証は、私たち〔人間〕に関する歴史的、生物学的事実へ訴えることに関連するものだ。たとえば、人間は生理学的に肉を食べることができるし、私たちの祖先にとって肉を食べることが有利であったから私たちは肉を食べる能力を進化させたのであり、私たちは過去にはいつも肉を食べてきたのである。この種類の論証は、自然に訴える誤謬〔fallacy of appeal to nature〕と伝統に訴える誤謬〔fallacy of appeal to tradition〕を犯している。人々が何かをなすことができるという事実は、人々がそれをなすことが許されるということを含意しない。人間の歴史は、私たちが大量虐殺、奴隷制、拷問といった多くの巨大な恐怖を作り出すことができることを示してきた。さらに、生物学的適応度の増大という観点から見て、何かが過去に（あるいは現在においてさえ）有利であったという事実は、私たちがそれをなすべきであるということを、私たちに教えてくれるわけではない。適応度（進化論における）は、形質がいかにして生じるかということに関する説明に影響を与える生物学的概念であって、行為や行動を正当化する道徳的あるいは倫理的概念なのではない。競争相手を殺したり、性交を強制したりすることが適応度を高めるとしても、それは依然として倫理に反することだろう。さらに、人々が過去にあることをやってきたという理由は、それを未来に行うことが義務であることを意味しないし、それを行うことが許されるということすら意味しない——なにしろ、経済的利益のために戦争を遂行したり、女性の権利や自律を制限したりした人間の長い歴史が存在するのである。（文化的伝統と文化的実践がもつ倫理的な意義については、第6章で詳しく考察される。）

肉を食べる義務を擁護するもう一つの種類の論証は、世界に関する生態学的な事実に訴えるものだ。たとえば、他の捕食動物は肉を食べる——ライオンはガゼルを食べる——、それだから、私たちが同じように肉を食べることは許されるし、ひょっとしたら、肉を食べることは生物学的な命令である。さらに、餌種の数が増えすぎるのを防ぐために、その餌種の天然の捕食動物たちが（私たちによって）殺されてきた場合には特に、私たちには狩猟する義務がある。これらの論証の第一のものは、さきに考察された論証と同じように、自然に訴える誤謬を犯している。自然は私たちにとって倫理的な指針ではない——ライオンは群れを維持し、そのうえ、しばしば子どもを殺す。第二の論証はもっと見込みがある。この章のもっと前のほうで考察されたように（「生態学的影響にもとづく論証」）、生態系の完全性（インテグリティ）（傷つけられていないこと）や安定性を促進するのに役立つ責任が私たちにはあるように見えるし、この責任には幾つかの種の個体数過剰を防ぐことが含まれるかもしれない。しかし、このことから、私たちがそれらの種を狩猟し殺すべきであるということは直接には導かれない。おそらく、そのかわりに、私たちは除去された捕食動物を再導入すべきなのである。あるいは、個体数管理の致死的でない手段を見つけるべきなのである。さらには、たとえその論証が健全であるとしても、その論証は肉を食べる義務を擁護する論証にはならない。その論証は、幾つかの事例において、幾つかの種の幾つかの個体群を管理するために致死的な手段を用いる（そして、おそらく幾つかの事例においては、無駄にしないためにそれらの個体群を食べる）義務を擁護する論証なのである。

肉を食べることを擁護する第三の種類の論証は、動物福祉に訴える。良心的肉食動物論証〔conscientious carnivore argument〕によると、問題のあるＣＡＦＯの実践を終わらせるための最善の方法は、人々が肉を食べ、かつ人道的に育てられた動物を要求することである。肉を食べることを控えると、生産者が自分の動物を適切に扱うための誘因が与えられなくなるけれども、他方、思いやりをもって生産された肉を求める市場を拡大すれば、その誘因が与えられることになる。この論証は、さきに考察された動物福祉論証と生態学的論証とを補うものだとされる。これらの〔動物福祉的、生態学的〕論証は、ＣＡＦＯが倫理的に受け入れられないものであることを示すことに成功していると、この論証はみなす。そのうえで、この論証は、以下の主張を付け加える。すなわち、〔ＣＡＦＯとは異なる〕代替の供給源に由来する肉を食べることは、肉を食べることを完全に拒否するのに比べて、ＣＡＦＯを阻むためのより効果的な方法であるという主張を付け加えるのである。これは経験的な主張であって、この主張を支持するデータも、それに異議を挟むデータも、私は知らない。しかし、市場に依拠する論証として重要な点は、ＣＡＦＯ肉の需要を減らすことであって、これは、他のすべての肉と一緒にＣＡＦＯ肉を拒否することによっても、あるいは、人道的に生産された肉を食べながらＣＡＦＯ肉を拒否することによっても、等しく達成可能であるように思われるだろう。これに応答して、この論証の支持者たちは、肉を食べることを完全に控えることとは違い、良心的肉食主義はＣＡＦＯを阻むことと、ローカルで人道的な肉生産を支持することの両方を行っていると強調するかもしれない。そのように強調する点で、この論証はＣＡＦＯに対する代替案――肉を完全に諦める気がない者たちに訴えるかもしれない――を提供するのに役立つというわけである。

10　狩猟の倫理的次元

農業は食料を生産するための唯一の方法ではない。探し歩いたり、漁をしたり、狩猟をしたりすることも可能である。狩猟はすべて動物を意図的に殺すことを含む。しかし、人々は、多くの多様な相互に排他的ではない理由から狩猟（ハンティング）に携わっている。〔以下はそうした理由の

一覧である。〕

・生存——狩猟は大抵の場合、基礎的な栄養上の必要を満たすために行われる。生存のための狩猟の例には、中央アフリカの各地における野生動物肉（ブッシュ・ミート）の狩猟や、北極地方の各地におけるイヌピアット族によるカリブー猟が含まれる。これらの事例においては、狩猟は重要なタンパク源を供給する。

・文化的〔理由〕——狩猟はしばしば文化的な伝統や実践の一部として行われる。文化的狩猟には、合衆国の太平洋岸北西部の海岸でコククジラを狩るマカ族や、いま触れたイヌピアット族のカリブー猟のような先住民による伝統的狩猟が含まれる。非先住民によって自身の文化的アイデンティティの一部であるとみなされるときには、非先住民による狩猟も文化的狩猟に含まれる——たとえば合衆国の多くの地域における有蹄動物や鳥類やクマの狩猟である。

・スポーツ——狩猟はしばしば娯楽活動として行われる。[5] これには、大型の猟獣のトロフィー・ハンティング、ハンティング競争、そして一般に楽しみのための狩猟が含まれる。

・生態学的管理——狩猟が生態系の管理プログラムの一部として行われる多くの理由が存在する。合衆国の多くの地域におけるオジロジカのように、個体数過剰で生態学的に有害であるとみなされる個体群を減らすために狩猟が行われる。イエローストーン公園や隣接する保護区域の境界線を越えて移動するイエローストーンバイソンに関して行われているように、指定された区域を越えて動物が拡大するのを防ぐのに役立つよう狩猟が行われている。非原生種（たとえば英国ではアカオタテガモ、オーストラリアではウサギ）や、野生化した個体群（たとえばガラパゴス諸島やカリフォルニア沖のチャンネル諸島におけるヤギやブタ）を排除するために、きわめて頻繁に狩猟が行われている。

・経済的〔理由〕——狩猟／捕獲は、貿易のために、農業を保護するために、あるいは他の経済的利益のためにしばしば行われている。経済的狩猟の例のなかに含まれるのは、ノルウェー、カナダ、グリーンランド、ナミビアにおけるタテゴトアザラシの子どもの狩猟、アフリカにおける販売用の象牙と野生動物肉を求めて行われるゾウの密猟、合衆国における、オオカミからヘラジカ、ライチョウに至るあらゆるものに対する狩猟許可証の販売である。

・公共の安全——一般の人々を保護するために、あるいは厄介者を除去するために、しばしば狩猟が行われている。この例に含まれるのは、攻撃的になったり人間の活動に惹きつけられたりしたクマや大型のネコ科動物やゾウのように、人間に（あるいはその生活に）脅威となる個々の動物を狩猟することや、同じく、自動車事故や病気の伝染（合衆国におけるオジロジカのように）を減らすために個体数を減らすことである。都市部におけるトリやハトに関してしばしばなされるように、厄介な個体群をコントロールすることも含まれる。

狩猟のなかには、問題があると広くみなされているものが存在する。たとえば、組織化された集団が象牙を狙ってゾウの組織的な狩猟を行っているが、これは違法であり、かつゾウの個体数に対して破壊的な影響を及ぼしている。人々の瑣末なファッション上の関心を満たすために行われる赤ちゃんタテゴトアザラシの商業的な狩猟は残酷であり（この狩猟は赤ちゃんの頭を殴ることを含む）、生態学的、管理的視点からして不必要なものであるとみなされている。絶滅の危機に瀕した動物——たとえばゴリラやトラ——を薬の取引のために狩猟することは、それらの動物が野生で持続的に生存することに対する主要な脅威のなかに含まれている。隔離された区域で行われるキャンド・ハンティングや[*6]、どれだけ多くの動物を殺せるかを見るために人々が競争するカリング・コンテスト〔culling contest〕はスポーツ精神に反する（アンスポーティング）ものであり、また熟練を要しないものであり、フェアな追跡を含む狩猟の理想とは反対のものであるとみなされている。アラスカでのオオカミの狩猟（ヘリコプターによるものも含む）はライセンス収入を生み出したり、ヘラジカやワピチの供給可能性を高めたりするために行われるが、これは残酷で生態学的に問題があるとみなされている。

前段落で取り上げた例のいずれも、主に食料を求めて行われる狩猟を含んでいない（経済的狩猟からの収入が食料の購入を可能にするという点を除いて）。狩猟が、生き残りや良好状態にとって重要であり、生存のためのものであれば、その場合、狩猟は倫理的に許容可能なものであると広くみなされている。というのも、狩猟は基礎的で重要な利益を実現するのに役立つからである。他の食料源が入手可能である場合には、食料を求めて行われる文化的狩猟とスポーツ狩猟（すなわち殺された動物は食べられる）がより論争的で、より興味深い事例となる。それゆえ、ここで取り組まれるべき問いは、これらの形態の狩猟が倫理的に許容されるかどうか、どのような条件なら許容されるかである。

狩猟が行われる理由に加えて、狩りの倫理的分析にとって重要な幾つかの種類の考慮事項が存在する。標的となる動物の道徳的地位が問題となる。さきに考察されたように（「動物福祉にもとづく論証」と「動物の苦しみは道徳的に重要ではない」）、道徳的地位は、ある存在の有する認知的、心理的能力と結びついており（たとえばその存在が感覚能力をもつかどうか）、これらの能力という点での差異のせいで、様々な動物が様々な道徳的地位をもつかもしれない。道徳的地位は、ある種が保護される地位をもっているかどうか、あるいは特別な文化的重要性をもっているかどうかといった関係的属性がもとになって異なったものになることもありうる。狩りがなされる場所も倫理的に重要なものになりうる——たとえば、その場所が私有地なのか公的に保有された土地なのかどうか、あるいはその狩りは囲いのない狩りなのか囲われた狩り［キャンド・ハンティング］なのかどうか。狩猟の方法も重要である。というのも、様々な方法——たとえば罠、弓矢、銃、イヌ——が様々な種類の傷を与えるからであり、それらの効果は様々であり、またそれらは標的ではない種に様々な影響を与え、様々な技能のセットを必要とするからである。たとえば、罠を仕掛けることは、弓矢や銃による狩猟よりも無差別的である。狩猟の生態学的影響も様々である。幾つかの種の個体群は非常に数が多いために、それらがその一部である生態系にとって有害なものとなる——たとえばオーストラリアにおけるウサギや合衆国におけるオジロジカ。他の個体群は、環境収容力を超えていないけれども、それらの個体群を不安定にせずに幾らか狩猟ができるほどに堅固である——たとえば合衆国の各地におけるアメリカクロクマやナゲキバト。さらに、別の個体群はすでにかなり減少し絶滅のおそれがある、あるいは絶滅の危機に瀕している——たとえば合衆国本土のオオカミやインドのトラ。最後に、狩猟のエートスが倫理的に重要である——すなわち狩りがどのように行われるのかとか、狩りを行う者たちの価値観や性格とかである。まさにここで、スポーツ精神（スポーティングネス）と責任についての考え方、ならびに狩猟についての参加者の態度や動機——たとえば参加者が目を向けているのが経験なのか関係する技能なのか、あるいは殺すことなのかどうか——が関与しはじめる。

個々の狩りを評価する際には、これらの要因をすべて考慮に入れることが重要である。絶滅のおそれがある種——意図的ではないけれど殺されるかもしれない——が存在するような公共の土地で鋼鉄のとらばさみを用いて狩猟することは、生態系内の他種に有害になるほどオジロシカの個体数が過剰となっている私有地で銃によってオジロシカ猟を行うのとは、相当に異なった倫理的特徴を有するのである。

11 （生存のためではない）狩猟に反対する中核的論証

前節は、狩猟がもちうる様々な倫理的特徴を強調するものだった。しかし、すべての狩りが共通にもつ特徴が一つある。すなわち、すべての狩りは動物を殺すという目標を含む。生存のためではない狩猟に反対する中核的論証は、以下のように運ぶ。

①娯楽のための狩猟と文化的狩猟は、人間の目的のために動物を意図的に殺すことを伴う。
②基礎的な利益（たとえば自己防衛や生存）を満たすためである場合は除き、人間の目的のために動物を意図的に殺すことは悪いことである。
③娯楽のための狩猟と文化的狩猟は、基礎的な利益を満たすために必要ではない。
④ゆえに、娯楽のための狩猟と文化的狩猟は悪いことである。

この論証の第一前提は、狩猟の概念あるいは定義から導かれると考えられる。さきに考察したように、動物を殺すことは、常に狩りの主要な、あるいは唯一の目標であるというわけではなく、大抵そうであるということでさえない。また、狩りはいつも殺すことで終わるわけではない。しかし、ある活動が殺すという可能性を含まないとしたら、ある活動が殺すという目標とまったく関係がないとしたら、その場合、その活動がいかにして狩りとみなされうるのかを理解することは困難になる。

第二前提は倫理原則であるが、これは、狩猟される動物の価値、そして/あるいはハンターの性格に訴えることによって正当化されるかもしれない。動物たちを人間の目的のための単なる手段として扱うことは悪いことである、あるいは、動物たちの利益を考慮に入れないことは悪いことであるといったように、動物たちが道徳的に考慮されるべきであるとすれば、動物たちを不必要に殺すことは問題があるように思われる。また、そのような必要のない殺しを心地よく感じ、そのような殺しを娯楽的に、あるいは自分の文化的アイデンティティの一部として受け入れている者たちには、問題のある性格、あるいは残虐な性格が備わっているということがあるかもしれない。このように主張するための根拠は、以下のようなものでありうるだろう。すなわち、それらの者たちは標的となる動物の道徳的考慮可能性に対して十分に敏感ではないせいで、あるいは、動物を殺したり苦しませりすることを彼らが心地よく感じるせいで、彼らは他人に対して酷い扱いをすることがある、といったものである。後者の根拠は、間接的義務の見解〔indirect duties view〕としばしば呼ばれているものだ。そのような見解では、私たちは、ある種の仕方で動物を扱う――この場合は動物を殺すことを控える――責任を有しているが、この責任は人間に対する私たちの責任を拡張したものである。

この論証の第三前提は、人間の生活における娯楽的活動や文化的活動の重要性に関する実質的な主張である。この主張は、これらの活動が重要ではないと述べているわけではなく、これらの活動を基礎的利益とみなすことを正当化するのに十分なほどにこれらの活動が重要なわけではないと述べているのである。文化的に意味のある活動や娯楽が個人の良好状態にとって重要であるとしても、それらの活動は生き残りのためには重要ではないし、致死的ではない別の方法で達成されうるだろう。

12　娯楽のための食料狩猟を擁護する

狩猟に反対する中核的論証に対するよくある応答は、前提②——人間の目的のために意図的に動物を殺すことは基礎的利益を満たすのではないならば悪いことである——に異議を唱えるものである。このことをなすための一つの方法は、事例に訴えることによるものだ。たとえば、致命的ではない病気を目標にした医学研究のために動物を殺すことを私たちが許しているとすれば、重大な（しかし基礎的ではない）理由のために動物を殺すことを私たちは受け入れなければならないように思われるし、おそらく文化的な狩猟はこの水準の重要性に達している。もう一つの応答は、動物は直接に道徳的に考慮されるべきものであるという主張に異議を唱えることである。この話題はさきに詳しく考察された（「動物の苦しみは道徳的に重要ではない」）。第三の応答が主張するのは、狩猟が動物の苦しみや動物の価値に対する感受性の欠如を必ずしも伴うものではないということ（動物が価値をもつことを承認しさえする）、そして、狩猟は徳を表現し促進することができるということである。倫理的に責任のある狩猟は、たとえば最小限の苦しみで手際よく殺すことを目指す。倫理的に責任のある狩猟は、食料生産に伴う殺しの責任を負うことも要求するが、他方、別の生産形態では関連する殺しとコストが隠されてしまい、その結果、消費者はそれらを受け止める必要がなくなってしまう。

自分の食べ物の責任をとるという考えは、娯楽のための食料狩猟を擁護してなされるいっそう広い論証と結びつく。狩猟に由来する肉は、私たちの基礎的な利益を満たすのに必要ではないが、食料は必要とされている。それだから、評価の焦点は、狩猟が他の食料源とどのように比較されるのかということに絞られるべきである。狩猟の支持者たちは、狩猟が倫理的観点からしてまったく遜色のないものであると主張する。この主張を擁護する一つの理由は、すべての食料生産——栽培農業、飼育農業、商業型漁業、狩猟――が動物を殺すことを伴うというものである。このことは、狩猟、漁業、飼育農業の事例においては明らかである。しかし、栽培農業（有機農業と従来型農業）は、生息地の喪失、化学肥料の使用、耕作や植え付けや収穫のための重機の使用によって、動物が死ぬ原因となっている。それらは相当な量の爬虫類、齧歯類（げっし）、鳥類、そして耕作地にいる他の種を殺す。人間以外の生物が死ぬという事態を私たちのための食料供給から除去することは可能ではないのであって、それだから、殺しを伴うという理由で狩猟だけが倫理的に問題があるというわけではない。さらに、狩猟の支持者たちが主張するところでは、狩猟には幾つかの特徴が備わっており、これらの特徴によって、農業とりわけ産業型農業と比較して、狩猟には肯定的な倫理的側面が与えられることになる。すなわち、以下のような特徴である。

・ハンターたちは自分の食料源に対して責任をとっている。食料を獲得することは死を伴うわけであるが、ハンターたちはその死と向き合っている。ハンターたちは、自分の食料が死（ロス）とともにやってくるという事実、自分の食料が他者から取り上げるものであるという事実と和解しなければならない。そして、ハンターたちは、自分自身がこの和解の行為主体になる。このようなことは他の多くの食料源には当てはまらない。他の食料源にあっては、コストや生産過程が消費者から隠されているからである。このように隠されていることは、行為主体性（エイジェンシー）の不在を伴うだけでなく、多くの場合に意識の不在も伴う。早い段階で考察されたように（第1章）、このことによって、フードシステムにおける倫理的に問題のある実践が永続化するのが可能になっている。

・狩猟される動物の生活の質は家畜に比べて良好である。産業型農業システムにおいては、動物の生命は短く苦しみに満ちていて、種に特有の行動が許されない。対照的に、狩猟される動物は種に特有の生活を送る。狩猟される動物の生活は容易なものではない、あるいは快適なものではない――狩猟される動物は捕食者を避け、資源を求めて競争しなければならない――が、それらの生活は、シカの生活、クマの生活、トリの生活、ブタの生活、野ウサギの生活等々なのである。さらに、ほとんどの狩猟倫理コードは「公正な追跡」の原則を強調している。この公正な追跡においては獲物には逃げる機会がかなりあり、〔狩猟が〕成功するためには技能や忍耐力や知識が必要とされる。

- 適切になされるなら狩猟は多くの苦しみを引き起こさない。ほとんどの狩猟倫理コードは、あなたが手際よく獲るのに十分な技量がある動物だけを狩猟し、仕留めの一撃だけを撃ち、傷ついた動物をすばやく追跡し死なせることを求めている。狩猟による死は、欠乏による死、遺棄による死、捕食による死、あるいはCAFOで用いられる屠殺の形態による死と比べて、かなり迅速で外傷が少ない。
- 狩猟は、農業が引き起こす有害な生態学的影響を及ぼさないし、生態学的に有益なものでありうる。農業――栽培農業と飼育農業の両方――の生態学的影響は以前に詳しく考察された（「生態学的影響にもとづく論証」）。狩猟が適切に、かつ狩猟倫理コードに合致して行われるなら、狩猟が及ぼす生態学的影響と生息地への影響は最小限のものとなる。狩猟には、たとえば「痕跡を残さない（リーヴ・ノー・トレース）」[7]キャンプや、指定された道路だけで乗り物を使用することが含まれる。さらに、生態学的に問題のある個体群を減らす場合には、狩猟は生態学的に有益なものとなりうる。また、狩猟は、生態学的な知識と関心を形成するための基礎となりうる。善い狩猟について定めた諸原則には、獲物となる種、その生息地、その行動について学ぶことが含まれている。狩猟そのものが、生態系に耳を澄まし、注意を向け、そのなかを移動し、そうすることによって理解と注意深さを形成することをしばしば含む。北アメリカでは多くの地域的、全国的環境団体は、生息地の喪失、水質汚染と大気汚染、道路建設、持続可能な管理といったものに関心をもつハンターや釣り人（アングラー）によって構成されており、その点で「漁猟・狩猟的」[8]である。加えて、狩猟ライセンスや漁猟ライセンスの料金は、〔自然の〕保存プログラムや管理活動に資金を提供するためにしばしば使われている。
- 狩猟は使用される動物だけを殺すことを伴う。農業はすべて動物を殺すことを伴う。しかし、狩猟倫理コードは、標的となる動物だけを獲ること、たとえ法的な制限以下であるとしても利用できるよりも多くを獲らないことを要求している。また、狩猟倫理コードは、可能な限りその動物の多くの部分を使用するよう要求している。さらには、大型動物が狩猟される場合は一度殺すだけで一〇〇ポンド〔約四五・四キログラム〕以上の肉が調達可能である。これとは対照的に、栽培農業によって殺される動物――たとえば耕作地の動物や生息地の破壊によって殺される動物――は副次的結果であり、使用されるわけではない。加えて、第2章で考察されたように、栽培農業と飼育農業から生産される大量の食料が腐敗や浪費によって失われている。

- **狩猟は社会的、文化的に重要である。**殺すことを食料生産から取り除くことはできない。しかし、狩猟に関しては、殺すことが社会的、文化的に重要な形態でなされることがある。狩猟は、伝統、知識の伝授、文化的なつながりの形成、人間関係の強化を含むことがある。農業においては、殺すことはしばしば産業的であるか（CAFO）、副次的である（栽培農業）。
- **狩猟は経済的な利益を有する。**狩猟や釣り(フィッシング)は、農業と同じ程度の経済的重要性をもたない。しかし、幾つかの場所では、狩猟の周辺の経済活動が重要なものとなることがある。たとえば、狩猟は多くの遠隔地において観光産業の拠り所である。合衆国では二〇一一年におよそ七三〇億ドルが狩猟や釣りに費やされた（USFWS, 2012）。
- **狩猟は技能や知識や性格を発展させることができる。**いま考察された狩猟がもたらす利益の幾つかは、自己研鑽を必要とするものである。責任のある善きハンターであることは、射撃や追跡や集中といった広範囲の技能を必要とする。ハンターであることは、自然世界との触れ合いや自然世界の知識を要求する。ハンターであることは、数ある徳のなかでも特に忍耐力、注意深さ、不屈の精神、責任、評価能力、自制を必要とする。責任ある仕方で狩猟をすること（そして釣りをすること）において学び、それに従事することで、ある人物は――身体的、知的、道徳的に――より善い人物になることができる。

まとめると、これらの考慮事項によって、幾つかの方法で行われる、幾つかの文脈における、幾つかの形態の狩猟の倫理的許容可能性が堅固に防御される。以前に考察されたように、他の形態の狩猟（たとえば罠）は多くの苦しみを引き起こし、また生態学的に敏感なものではなく（たとえばオオカミの狩猟）、スポーツ精神に従うものではなく（たとえばキャンド・ハンティングやカリング・コンテスト）、責任をもってなされるものではない（たとえば、安全、生態学的な敏感さ、思いやり、スポーツ精神という点で）。それゆえ、何が善い狩猟あるいは倫理的な狩猟であるか――許容可能な手段、文脈、標的となる種、態度を含めて――についての一つの見方が、前述の狩猟の擁護のなかには組み込まれていることになる。この見方は、娯楽のための狩猟そのものを擁護するものではないのである。

さらに、狩猟と結びついた善いことの多く（すべてではないにしても）は、致死的ではない自然活動によって実現可能かもしれない。野生生物の観察（たとえばバードウォッチング）や写真撮影は娯楽のためのものであるが、技能や知識や性格を要求するし、それらを発展させるのに役立てることができるし、社会的、経済的に重要である。たとえば、合衆国では、成人人口の二九％が何らかの形態の野生生物ウォッチングに参加している（そして彼らは、二〇一一年にはこれに対して五〇〇億ドル以上を支出した）が、一方、成人人口の六％しかハンターではないし、一四％しか釣り人ではない（USFWS, 2012）。さらに、非産業型の食料源から食料を手に入れるための代替案が存在する。しばしば、小規模でローカルな独立の有機農業（飼育農業を含む）は、産業型農業と比べた場合、生態学的福祉や動物福祉や〔技能等の〕発展がもたらす利益の多くを狩猟と同じくらいに有するのである。

前述のことを前提とすると、おそらく、以下の結論のようなものが正当化される。食料を求めて行われる娯楽のための狩猟と文化的狩猟は、従来型の産業型農業によって生産された食料を食べることよりも倫理的に好ましいことがありうるし、非産業型の食料源に匹敵するものでありうるのだけれども、そうなるかどうかは、生態学的影響、狩りの方法、ハンターのエートス／態度、利用可能な代替案、標的となる種といった事柄がどのようなものであるのかに依存する。このことが正しいのであれば、肉を求めて狩猟することは（急を要しない場合でさえ）常に悪いことであるとは限らないのであって、これらの基準にしたがってケースバイケースで評価されるべきなのである。

13　商業型漁業

水産養殖（アクアカルチャー）（水生種を飼育すること）は、飼育農業にかなり似ている。飼育農業に当てはまる倫理的な考慮事項や論証の多く――生態学的影響、動物福祉、分配的正義、瑣末性――は（適切に変容された形態で）水中農業にも当てはまる。同様に、生存のための漁猟（フィッシング）、娯楽のための漁猟、文化的な漁猟は、生存のための狩猟、娯楽のための狩猟、文化的な狩猟と大いに類似している。ふたたび、狩猟に当てはまる倫理的な考慮事項と論証の多くは（適切に変容された形態で）漁猟にも当てはまる。

一方で、産業的な商業型漁業の手近な類似物は地上には存在しない。商業利用のために膨大な量の野生の陸生動物を捕獲することを伴うような、組織化されたグローバルな産業は存在しないのである。現在の活動で最も近いものは野生動物肉の取引であり、これは膨大な量の動物を巻き込むけれども、商業型漁業に比べるとかなりローカルであり（野生動物肉は狩猟地点の比較的近くで消費される傾向がある）、分散している（組織したり調整したりする中心が存在する度合いが低い）。さらに、グローバルな野生動物肉の取引は毎年数十億ドルを生み出すと見積もられているが、大部分は違法なものである。対照的に、商業型漁業は、野生動物――たとえば魚、甲殻類、頭足類――の（大部分は）合法的で産業化されグローバル化された捕獲と取引である。（歴史的類似物という点では、一九世紀の北アメリカにおけるリョコウバトとバイソンの産業が陸上でのおそらく最も近い事例である。）

前章で考察されたように、世界の漁場のおよそ八七％が十分に利用されているか、過剰に利用されているか、回復中である。海洋の大きさを前提とすると、これは本当に驚くべき産業的な「成果」である。人間の一〇人に一人以上が、自分の暮らしや良好状態のために漁業に依存している（FAO, 2014b）。およそ九億トンの魚が、過去二、三〇年間、毎年捕獲されてきた。（漁場の限界に達したので捕獲は頭打ちになった。）加えて、毎年、およそ二七〇〇万トンの意図せぬ混獲が発生する――すなわち、商業上の標的ではないのに、偶然に捕まえられたり殺されたりする魚や他の海洋生物の混獲である。(巾着網漁、刺し網漁、トロール漁、延縄(はえなわ)漁などは、特に混獲につながる。) 大型の肉食魚は特に打撃を受けてきており、その個体数は以前の一〇%にまで減った。中国は間違いなく最大の商業型漁業産業を有しており、次に大きいEUと比べて、重さにして二倍の捕獲量を有する(FAO, 2012a)。現在の軌跡からすると、商業向けのほぼすべての主要種の個体数が二〇五〇年までには急激に減少すると推測されている(Worm et al., 2006)。このことが、水産養殖生産量を拡大しながら――すでに商業的に入手可能な魚のおよそ五〇%が水産養殖の産物である(FAO, 2012a)――、それをより効率的かつ持続可能なものにもするよう促す、巨大な圧力が存在する主要な理由である。そのようにするための可能な選択肢のなかには、魚粉や魚油の飼料としての利用を減らすこと、汚染管理を改良すること、野生への逃亡を減らすこと、生態学的に敏感な場所(たとえばマングローブの森)に養殖場を作るのを制限することなどが含まれる。

◈商業型漁業に関する倫理的な懸念

商業型漁業に関する一つの倫理的な懸念は、商業型漁業は、個々の動物――意図して捕獲されたり意図せずに捕獲されたりする――の道徳的地位を尊重していない、というものだ。道徳的考慮可能性に関する、能力にもとづいた見方を前提とすると、標的となる種のメンバーが認知的、心理的に複雑である場合には(他の動物と比較して)――たとえばクジラやイルカである場合には――、この懸念はきわめて際立ったものとなる。幾つかの組織が、そうした種の捕獲を終わらせることに取り組んでおり、それらの捕獲を制限することを目的とした規制や国際協定が存在している。しかし、もっと一般的にサメ、エイ、ウミガメ、頭足類、そして魚や甲殻類に関してさえも、このような懸念が提示されている。道徳的考慮可能性の問題は以前に詳しく検討されており(「動物福祉にもとづく論証」と「動物の苦しみは道徳的に重要ではない」)、ここで繰り返す必要はない。海洋生物が道徳的に考慮されるべきであるとするなら、その場合、そのことが商業型漁業を評価する際に重要な倫理的考慮事項となると述べることで十分である。しかし、海洋動物が当然の倫理的な考慮対象であるとしても、狩猟の考察が示しているように、適切な条件下で適切な方法で――たとえば思いやりがあり持続可能で標的を絞った方法で――海洋動物を捕獲することは、依然として許容可能かもしれない。野生の魚は、窮屈な場所に閉じ込められた動物たちに比べて、野生のシカのように、より良い、あるいは種にとってより固有の生活を送っているのである。

　商業型漁業に関するもう一つの懸念は、その生態学的影響である。捕獲による死や混獲（これらは経済上の廃棄、規制上の廃棄、付随的な死を含む）は、水生系において大規模で継続的な生物学的枯渇が発生する原因になっている。さらに、大型で肉食性の魚は特に打撃を受けるので、商業型漁業は食物網[*9]を通じて魚以外の種にさえ影響を及ぼす。捕獲と混獲のもたらす生態学的影響に加えて、漁業のプロセスそのものがしばしば生態学的に破壊的である。延縄漁や浚渫（しゅんせつ）――船の後方で網を引くことを必要とする――は、特に海洋底に対して有害であり、大量の沈殿物の煙を水中に撒き散らしてしまう。私たち全員が依存している海洋生態系が崩壊する可能性があることを多くの人々が心配しているが、商業型漁業の影響は、水生系に対する他のストレス要因、特に汚染やグローバルな気候変動と組み合わさって、そのような心配を引き起こしてきたのである。

◆共有地の悲劇

　商業用漁場（フィッシャリー）は、共有地の悲劇〔the tragedy of the commons〕と呼ばれる問題の典型的な事例である。共有地の悲劇は、多数の行為者たちがそれに対する利用権をもつ共用あるいは「共有の（コモン）」（あるいは「共同管理の（コモン・プール）」）資源が存在し、かつ個人としては合理的に自己利益になるにもかかわらず全員の不利益（共有地自体の不利益も含む）となる資源の枯渇が帰結するような仕方で各行為者が行為する場合に、発生する。森林破壊は共有地の悲劇である。大気中での温室効果ガスの集積は共有地の悲劇である。真水の枯渇は共有地の悲劇である。魚の乱獲は共有地の悲劇である。それらが共有地の悲劇であるのは、人々が農地のために森林を切り開いたり、肉を求めて狩猟したり、象牙を求めて密猟したり、薪のために木を切り倒したり、土地を灌漑するためにより多くの水を汲み上げたり、合成肥料や殺虫剤を用いたり、より多くの魚を捕獲したり、あるいは高排出の消費者ライフスタイルを生きたりすることが——自分自身の経済的自己利益や基礎的ニーズあるいは生活の質という点では——合理的だからである。しかし、全員がそのようにすれば、その累積的な影響によって、そうした活動が依拠している資源基盤の悪化や枯渇が発生するのであり、そして／あるいは、長期的には全員に有害な副次的効果が発生することになる。それは、生物多様性の喪失、汚染された水路、殺虫剤に耐性のある昆虫、グローバルな気候変動、農業生産性の低下、地滑り、漁場の崩壊という結果を生み出す。共有地問題とは、そのような資源の悪化を生み出さないような仕方で、その資源をどのように管理するのか、あるいは扱うのかという問題のことである。

共有地問題は解決可能である。すべての共用あるいは共有の資源が、悲劇に終わるような仕方で利用されているわけではない。事実、幾つかの種類の（相互に排他的ではない）管理戦略が、乱用を防ぐために用いられている。これらの戦略には以下のものが含まれる。私有化、受託者による管理（あるいは資源を公的な信託物として保有すること）、割当制度や認可制度の利用、捕獲制限、共有地を利用するコストを上げること（たとえば課税や使用料を通じて）、利用を禁止すること、倫理的制限（たとえば未来世代に対する義務にもとづく）。国立公園や国有林、私有地の委託、排出許可証、汚染規制、狩猟許可証（と狩猟期）、炭素税、絶滅危惧種法、漁猟許可証、捕獲制限はすべて、共有地問題に取り組むための企てであり、それらは大抵の場合に成功している。

しかし、共有地問題はすべて対処するのが等しく容易であるというわけではない。共有資源の利用者のつながりが社会的、政治的に少なくなればなくなるほど、共有地を統治する権限や管轄権を誰が有するのかということが明確でなくなればなくなるほど、あるいは、その権限に備わる力が小さくなればなるほど、共有資源の定義がうまくなされなくなればなるほど、関係する行為者の数が大きくなればなるほど、共有地の利用者たちと共有地の乱用の被害を被る者たちとが一致しなくなればなるほど、そして、管理コストを背負う者たちと成功した管理から利益を得る者たちとが一致しなくなればなるほど、共有地問題を首尾よく管理することはますます困難になる。たとえば、グローバルな気候変動は究極の共有地問題であるとしばしば形容される。なぜなら、解決策を準備するのに都合の悪い非常に多くの特徴――グローバルであること、行為者が拡散していること、強い（あるいは明白な）権限が不在であること、その問題を作り出したことに責任がある者たちと、この問題によって最も影響を受けることになる者たちとが空間的、時間的、社会的に一致しないこと――を、グローバルな気候変動が有するからである。

共有地問題を管理するのを非常に容易にする特徴があるが、いくつかの漁場はそのような特徴をもっている。たとえば、北アメリカにおける大西洋のロブスターの漁場には、遠くには移動せず、監視するのが容易で、非常に多くのことが知られている標的種が存在する。漁業コミュニティは比較的小さく、境界がかなり明確であり、行為者たちはお互いに顔見知りである。明確な権威があり、実施のための財源があり、紛争を解決するための確立した方法がある。〔漁業〕制限の負担を背負わなければならない者たちと、この制限から長期的に利益を得る者たちが、かなり一致している。しかし、多くの他の海洋種の管理、特に政治的な管轄区域と一致しないような移動性の種や汚染の管理は、もっと難しい。行為者たちは拡散しているし、様々な政治体制に属しているし、様々の経済的圧力のもとに置かれている。意見の一致が容易な管理目標が存在しない。強く明確な権威が存在しない。個体数は監視が難しく、その行動（たとえば移動ルート、生殖のサイクル）に関して、限られた知識しか存在しない。

最後に、多くの漁場に関しては、共有地問題を解決することが可能であるかもしれない。たとえば、合衆国では三二の種（たとえばギンザケ、大西洋のメカジキ）は二〇〇〇年以来回復してきた（NOAA, 2012）。しかし、サメやマグロのような大型の移動性の種に関しては、同じことが起きるのは容易なことではないだろう。これらは、多くの政治的境界と国際水域を渡るからである。これまで提案されてきた一つの取り組みは、用いることのできる方法の種類を制限することである。この取り組みは、商業型漁業の及ぼす生態学的影響の多くに対処するものともなるだろう。捕獲率が最も高い手法――たとえば延縄漁や巾着網漁や刺し網漁――は最も混獲率が高く、生態学的影響を伴う方法である。

さきに言及したように、グローバルな漁場の枯渇は、農業に関連した唯一の共有地問題ではない。共同管理資源のなかには、必要不可欠な農業投入物――たとえば真水や放牧地――が含まれる。他の共同管理資源は、農業の副次的効果――たとえば肥料と化学物質の流出（水）、動物の排泄物（水と空気）、温室効果ガスの排出（大気）――によって影響を受ける。それゆえ、共有地問題に対する効果的で、正しく、持続可能な解決策を発展させることが、農業倫理学の重要な構成要素となる。

14 結論

この章で考察された考慮事項は、肉と魚の消費が様々な倫理的特徴を有するという結論を支持している。農業は生態系や動物に巨大な影響を及ぼす。多様な倫理的理由（たとえば人権や動物福祉や生物多様性の保存）から、私たちはこれらの影響を減らさなければならない。このことをなすための非常に効果的で拡張性のある方法は、特にCAFOを通じて生産された肉に関するものであって、食料を豊富に有する人々が非畜産肉の食事（あるいは低畜産肉の食事）を採用することであることは明らかであるように思われる。このことは、食料の調達可能性を促進することにもなるかもしれない。しかし、思いやりがあり、生態学的に敏感で、責任のある肉食も可能であるように思われる。飼育農業の諸形態や、水産養殖、狩猟、釣りのなかには、これらの基準を満たせるものがある。しかし、それぞれの事例において、それらは、多くの豊かな国々で今日見られる肉や魚の消費水準近くまで増えることができていない。そのような水準まで増えるためには、その倫理的許容可能性をおそらく損なうことになる仕方で、それらは産業化しなければならないだろう。それだから、「私たちは動物を食べるべきか」という問いが、「動物を食べることは倫理的に誠実な食事の一部でありうるか」ということを問うことなのだと私たちがみなすなら、その答えは次のとおりであるように見える。「そうでありうる。しかし、肉を大量に消費する国々に現在存在している形態あるいは量では、そうではありえない。」

◇読書案内

第1章の終わりに掲げられたフードシステムとフード・エシックスに関する本のうちの何冊かは、私たちは動物を食べるべきかどうか、もしそうであるなら、どの動物を食べるべきかという問いに取り組んでいる。以下には、特に動物の問題に焦点を合わせた何冊かの影響力があり思考を触発する作品が含まれている。

Thomas Regan, *The Case for Animal Rights* (University of California Press)
Peter Singer, *Animal Liberation* (HarperCollins)〔ピーター・シンガー『動物の解放』戸田清訳、人文書院、二〇一一年〕
Rosalind Hursthouse, *Ethics, Humans and Other Animals* (Routledge)
Steve Sapontzis, ed., *Food for Thought: The Debate over Eating Meat* (Prometheus)
Carol Adams, *The Sexual Politics of Meat: A Feminist-Vegetarian Critical Theory* (Bloomsbury)〔キャロル・J・アダムズ『肉食という性の政治学――フェミニズム-ベジタリアニズム批評』鶴田静訳、新宿書房、一九九四年〕
Jonathan Safron Foer, *Eating Animals* (Back Bay Books)〔ジョナサン・サフラン・フォア『イーティング・アニマル――アメリカ工場式畜産の難題』黒川由美訳、東洋書林、二〇一一年〕
J.M. Coetzee, *The Lives of Animals* (Princeton University Press)〔ジョン・M・クッツェー『動物のいのち』森祐希子・尾関周二訳、大月書店、二〇〇三年〕

以下には、特に狩猟と漁猟に焦点を合わせた、何冊かの深く考察した本が含まれる。

Jim Posewitz, *Beyond Fair Chase: The Ethic and Tradition of Hunting* (Falcon Publishing)
Ted Kerasote, *Bloodties: Nature, Culture, and the Hunt* (Kodansha)
Charles List, *Hunting, Fishing, and Environmental Virtue* (Oregon State University

Press）

J. Claude Evans, *With Respect for Nature: Living as Part of the Natural World*（State University of New York Press）

共同管理資源の問題に関する二つの先駆的な作品は以下のとおり。

Elinor Ostrom, *Governing the Commons: The Evolution of Institutions for Collective Action*（Cambridge University Press）

Garrett Hardin, *Living within Limits: Ecology, Economics, and Population Taboos*（Oxford University Press）

第4章

生物工学

テクノロジーはあらゆる農業システムに浸透している。食料を栽培し、捕獲し、収穫し、加工し、輸送し、備蓄し、監視し、売却し、調理し、消費するために、私たちはテクノロジーを用いている。テクノロジーは食料の生産と消費一般において広く受け入れられているが、それにもかかわらず、特定のテクノロジーや工学の実践はしばしば論争の的となっている。過去数十年にわたって、生物工学〔bioengineering〕を用いて農業用生物を作り出すことは特に論争的なものであった。遺伝子組み換え〔genetically modified〕(GM)の作物と動物は、健康、文化、美、エコロジー、道徳を根拠にして、反対されている。遺伝子組み換え生物を含む食品にラベル表示を義務づけることに関して、合衆国では現在幾つかの州のレベルで住民投票が行われている。フィリピンでは遺伝子組み換え米の試験田が最近破壊された。EUにおける遺伝子組み換え政策は、幾つかの構成国によって、また国際的な貿易協定を通じて異議申し立てがなされつつある。同時に、研究者たちは、新しいGM作物を開発中であり、それらが私たちの食料課題に対処するのに重要であると主張しており、また、GM作物の支持者たちは、GM作物の恩恵が十分に実現されうるように、規制承認手続きの負担をより少なくすることを提唱している。研究者たちはまた、新しい方法で動物を操作しつづけている。クローン家畜が人間による消費のために用いられることが合衆国食品医薬品局によって承認されたところであり、成長を加速するために操作されたサケが目下、規制審査中である。合成肉ないし培養肉——すなわち人間が消費するために動物の組織を「生きた状態で」〔on the hoof〕はなくバイオリアクターのなかで成長させる——に対する関心も増加している。この章は、農業における生物工学、特にGM作物、GM動物、合成肉に関する倫理的言説に焦点を合わせる。

1　生物工学——背景と文脈

人間は何千年にもわたって品種改良と接ぎ木という手段によって、様々な種に属す生物を意図的に交配させてきた。このような交配は、動物よりも植物において頻繁に行われている。というのも、交配は植物のほうがより簡単に成し遂げられる（繁殖率や手順や多産性だけでなく関係するコストや世話の負担のせいで）からであり、しばしば子孫はその生存可能性が高く多産的であるからである。小麦、グレープフルーツ、タンジェロ、ペパーミント、プラムコットは、種間交配が生み出した食用植物の例である。しかし、同じく、ラバ（ロバ－ウマ）やビーファロ（バイソンが家畜化されたウシ）のような、意図的に作り出された種間交配の動物も非常に多く存在する。

伝統的な品種改良技術を通じての交配は、望ましく有用な形質をもった生物を生産することに大いに成功しているけれども、それにもかかわらず、この交配には重大な限界がある。たとえば、子孫が両親からどの形質を受け継ぐのか、そのことの制御が欠如しているし（これが戻し交雑育種法[*1]の必要とされる理由である）、可能な遺伝上の組み合わせにも制約がある（性的適合性と生存可能性のせいで）。一九七〇年代における組み換えＤＮＡ技術の発展とともに始まったことだが、これらの制約は次第に緩和されてきた。この技術によって、一つの種の諸個体のなかにある個々の望ましい形質をコードする遺伝子を分離すること、そして、これらの遺伝子を別種の個体のゲノムに組み込むことが可能になる。これによって、遺伝子レベルでの意図的な介入が不在の場合には決して再生産したり組み合わせたりすることができなかった、複数の種に由来するゲノム物質を有する生物の創造が可能になる――たとえばジョロウグモの遺伝子をもつヤギ、トウモロコシの遺伝子をもつコメ、バクテリアの遺伝子をもつトウモロコシ、オーシャンパウト[*2]の遺伝子をもつサケである。これらは一つ以上の種に由来する遺伝子を含んでいる点で、トランスジェニック生物〔transgenic organism〕である。（イントラジェニック生物〔intragenic organism〕は、同じ種の個体のなかにゲノム物質を組み込むことによって操作される。）遺伝的に操作された交配種は、農業への応用のほかにも、生物医学的目的、科学的目的、保存目的、娯楽上の目的のために作り出されてきた。

ゲノム配列決定、遺伝子分離、遺伝子機能特定、遺伝子ノックアウト[*3]、ゲノム物質組み立てのために必要とされる知識基盤とテクノロジーはまだきわめて不完全なものではあるが、それでも、それらは、多数の生物的、合成的な起源に由来する成分を用いてゲノムを集中的に操作することができる地点にまで前進してきた。一つの研究グループは、アルテミシニンを取り出すために伝統的に用いてきたクソニンジンの遺伝子と、必須の代謝経路をコードする幾つかのバクテリア種の遺伝子とを酵母に移植することによって、高濃度のアルテミシン酸――抗マラリヤ剤であるアルテミシニンの前駆体[*4]――を生産する酵母を遺伝子操作で作り出した。この操作された酵母を用いたアルテミシニンの産業的生産が進行中である。大腸菌は徹底的に遺伝子操作がなされてきており、その結果、大腸菌は、スイッチグラスに含まれるセルロース[*5]を分解し、セルロースをディーゼル燃料（あるいは燃料の前駆体）、ジェット燃料、ガソリンに変換することができるようになった。同じように、クロストリジウム・セルロリティカム〔C. cellulolyticum〕は、セルロースをイソブタノールに変換するように操作された。次第に、作り出すことのできるものが、基礎となる生物によって制約されないようになってきている。ゲノムの設計と創生における趨勢は、このようなものである。

農業用の目的のために行われる動物の生物工学も、急速に進展している。さきに言及したように、すでにジョロウグモの遺伝子がヤギのゲノムに組み込まれていて、その結果、ヤギは、その乳のなかに絹用のタンパク質の前駆体を生み出している。クローン動物がすでに市場で売られており、また、人間による消費用のものは存在しなくなってしまった（なぜなら、クローン動物は非常に高価であるから、それらはほとんど育種目的のためだけに購入される）。サケはオーシャンパウトの遺伝子を使って操作されており、その結果、より速く成長するようになっている。生物工学は、枯渇した漁業資源を補助する手段として探究されてさえいる。たとえば、絶滅の危機に瀕していない魚の種を、絶滅が危惧されている種を生産するための代理母として利用することが可能である。移植しなければ生殖能力のないオスとメスのサケにマスの精原細胞を組み込むことで、マスの子孫だけを生むサケが作り出された。

種をまたぐ個体が存在するという事実それ自体は、異常なことではない。種を超えた交配は、生物学的世界の気まぐれとダイナミズムのおかげで、野生の植物と動物の両方でありふれたことである。さらに、さきに考察されたように、種を超えた交配は、有利な形質をもつ生物を生み出すために農業において長く用いられてきた。それにもかかわらず、多くの人々は、ゲノムレベルでの意図的な介入による遺伝子組み換えが好ましくないと考えている。遺伝子組み替えに以下のことが伴う場合、すなわち遺伝子組み換えをしなければ生殖上適合的でない種に由来するゲノム物質を組み合わせることが伴う場合、とりわけそのように考えられている。以下において私は、生物工学によって作り出された動物に取りかかる前に、作物に対して行われるトランスジェニックな生物工学の倫理学を概観する。

2　遺伝子組み換え作物

　何百という種類のＧＭ作物が作り出されてきた。しかし、商業的に栽培されているのは、それらのうちわずかな数だけである。最もありふれたＧＭ作物は、トウモロコシ、綿花、大豆、ビート、キャノーラであり、これらはバクテリアの遺伝子を使って操作されたものであり、その結果、汎用の除草剤に耐性をもっている。特にモンサント社のラウンドアップ除草剤に耐性をもつものがラウンドアップレディ、バイエル社のリバティー除草剤に耐性をもつものがリバティーリンクである。これらの同じ商品作物はまた、それら自体の殺虫剤を生産するように操作された。これらはＢｔ作物と呼ばれている。というのは、その形質を伝える遺伝子はバチルス・チューリンゲンシス〔Bacillus thuringiensis〕と呼ばれるバクテリアに由来するからである。病気に対する耐性をもつよう操作された作物も、現在栽培されている。これらの作物のなかで最も有名なものは、以前ハワイで収穫量を脅かしたモザイクウイルスに耐性をもつよう操作されたパパイヤである。ウイルスに耐性をもつある種のカボチャも栽培されている。アフリカの各地で収穫量を減少させたウイルスに耐性のあるＧＭキャッサバが、しばらく前から開発中である。

　右に説明された第一世代のＧＭ作物は、主として生産者にとって有益な形質を求めて操作されたものである。

除草剤に対する耐性とか殺虫剤の生産とかいったものは、消費者に利益を与えるわけではない。生産者にとって有益な作物、たとえば、日照りに耐性があったり、塩水に耐性があったりする作物のような、収穫量を増やしたり最低限の条件で栽培可能であったりする作物に関して研究がつづけられている。しかし、現在開発中の、あるいは検討中のＧＭ作物は、栄養増進のような、主として消費者の利益となる形質も含むものである。たとえば、ゴールデン・ライスは、ビタミンＡの前駆体であるβカロテンを生産するように操作されたものであり、βカロテンは操作しなければ米のなかにほんのわずかの量しか存在しない。このことが重要であるのは、第２章で考察したように、ビタミンＡの不足は広範囲にわたる深刻な問題であって、この問題のせいで、何十万人もの子どもたちが毎年盲目になり死亡しているからである。これらの子どもたちの多くは、米が主食である場所で生活している。別のＧＭ生物——それ自体は作物ではない——が開発中である。その目的は農産加工に役立てるためである——たとえばセルロースをバイオ燃料に転換するのに役立つように操作された微生物——、あるいは、かつては農業の産物であったものを生産するために農作物由来のゲノム物質を用いるためである——たとえばクソニンジン遺伝子を用いてアルテミシン酸を生産するために操作された酵母——。

合衆国では、遺伝子組み換え製品——作物や生物製剤や産業型バイオテクノロジー——からの収益は、二〇一二年には三五〇〇億ドルを超え、国内総生産のおよそ二・五％になった（Carlson, 2014）。二〇一三年には、合衆国における大豆の作付面積の九三％が遺伝子組み換えであり、同じように、トウモロコシと綿の作付面積の四分の三以上がそうである。グローバルには、大豆の作付面積の七九％、綿の作付面積の七〇％、トウモロコシの作付面積の三二％が遺伝子組み換えである（James, 2013）。合衆国、ブラジル、アルゼンチン、インド、カナダは、ＧＭ作物の最大の採用国である。全体として、ＧＭ作物は、二七か国で推定一八〇〇万の農家によって栽培されており、現在は、産業化した国々よりも発展途上国において、より多くのバイオテクノロジー作物用の土地が作付けされている（James, 2013）。あなたがＧＭ作物を含む食料品が禁止されていない場所に住んでいるのなら、そして、あなたがそれらを消費することを積極的に避けていないのなら、あなたは遺伝子組み換え生物〔genetically modified organism〕（ＧＭＯ）を含む食品を日常的に食べており、かつ、かなり長い間そうしてきた可能性がある。

◈遺伝子組み換え作物を擁護する論証

第一世代のＧＭ作物は、合成化学投入物を用いる大規模で集約型の単作のために設計された商品作物である。それらの作物は、グローバルな産業型農業システムから出現しており、それを前進させることを意図したものである。とすると、ＧＭ作物を擁護する主要な論証が、産業型フードシステムを擁護するために提示された世界をいいいい養うことにもとづく論証（第1章で詳しく考察した）の帰結であることは、驚くに値しない。その論証の概要は以下のとおりである。私たちは巨大な農業上の課題に直面している――栄養的に十分で文化的に適切な食事を七〇億人以上に与えるという課題である。私たちはこの困難に完全に対処することに現在は失敗している――八億四二〇〇万人が栄養不良である――にもかかわらず、農業における技術革新ならびに食料の分配システムのグローバル化のおかげで、私たちは大いに前進することができた。実際、一人当たりの耕作中の土地の総量は著しく減った（人口増加によって）にもかかわらず、主にテクノロジーの革新と普及によって、今日、世界の全地域で生産される一人当たりのカロリーは五〇年前よりも多くなっている。農業需要は、食事の変化と人口増加のせいで、来たる数十年にわたって六〇％から一二〇％の範囲でさらに増えると予測されている。かなりの量の、耕作可能な追加の土地や入手可能な追加の漁業資源が存在するわけではないし、気候変動と生態学的劣化のせいで多くの場所で生産がもっと困難になるだろう。それゆえ、前進しつつある世界を養うための――そして他の種に空間と資源を残しながらそうする希望をもつための――唯一の方法は、農業‐フードシステム全体を通じて非効率性と損失を排除しながら、農業生産量を増やすために技術革新を行い、最善の実践と新しいテクノロジーを合体させることである。ＧＭテクノロジーはこのことにとってきわめて重要である。ＧＭテクノロジーのおかげで、私たちは、病気に対する耐性、収穫量の改善、栄養の増強、日照りに対する耐性、暑さに対する耐性、害虫に対する耐性といったような望ましい形質を、農作物のなかにより効率的に、より正確に操作して組み込むことができるようになるからである。それゆえ、GM作物は、人道的理由と生態学的理由の両方にもとづいて受け入れられるべきなのである。

GM作物を擁護するところの、世界を養う論証は、他の幾つかの論証によってしばしば補完される。これらの論証の一つは技術革新推定論証である。この論証によると、テクノロジーを革新し採用することを妨げるやむを得ない理由――たとえばテクノロジーが他者に危害を及ぼすという理由（これはしばしば危害原則〔harm principle〕として言及される）――が存在しない限り、人々はテクノロジーを革新し採用することができなければならない。これを擁護する理由は、人々は自律的、独立的、合理的行為者であって、その自律性を行使し表現することは人間の善き生を送ることの一部である、というものだ。それゆえに、人々は自分が好む人なら誰とでも交際することができなければならない（人々がそうするのを制限するやむを得ない理由が存在しない限り）のとまったく同じように、テクノロジーの革新や採用によるものも含めて、人々は自分が好きなような仕方でその自律性を表現することができなければならないのである（人々がそうするのを制限するやむを得ない理由が存在しない限り）。技術革新推定[*6]は、また、〔テクノロジーがもたらす〕恩恵に訴えることによってしばしば正当化される。非常にテクノロジー化された国々に住む人々は、人間の歴史のいかなる時点における人々よりも、相当に長命で健康で快適な生活を送っている。このことの原因となっているのは、大部分がテクノロジーの革新と採用なのであって、これは、新しい技術やプロセスやテクノロジーに対して開かれていることを要求する。技術革新推定がGM作物に応用されると、それは以下のことを含意することになる。すなわち、そうすることを人々に許さない強い正当化理由が存在しない限り、人々はGM作物を発展させ利用することができなければならない。

GM作物を擁護して提示されるもう一つの論証は、実質的同等性にもとづく論証である。この論証は、幾つかの規制上の文脈で特に重要なものであって、GM作物の生産物がその非GM対応物[*7]の生産物と事実上同一であるという事実に焦点を合わせるものだ。GM作物と非GM作物との差異は、幾つかの遺伝子だけである。この差異は、従来型の交配種とその親との間に見出される差異に比べると、かなり小さいものであり、遺伝子組み換えのプロセスは交配（あるいは誘発された突然変異生成）よりも相当に正確である。さらに、第一世代のGM作物については、遺伝子組み換えがなされた形質は生産物ではなく栽培と関係がある。GM植物から生産された穀物や大豆や綿は、すべての重要な機能的、栄養的観点から見て、非GMの種類から生産された穀物や大豆や綿と正確に同じものである。すなわち、消費者の立場からすると、二つは同等なものとみなされるべきであることになる。

　さらに、遺伝子組み換え食品を食べることが安全ではないという証拠は、現在のところ存在しない。実質的同等性を前提とすると、そのことが期待されるはずである。GM作物は長年にわたって市場に存在してきたし、解決の難しい公衆衛生問題を発生させずに長期にわたって幅広く消費されてきた。このことは、GM作物すべてには当てはまらないかもしれない。たとえば、木の実に由来する遺伝子を使って栄養増強のために操作されたGM大豆があるが、木の実のアレルギーがある人々のなかには、この大豆のせいでアレルギー反応が引き起こされる者がいることが発見された。しかし、第一世代のGM作物に関しては、消費しても安全であるという兆しがある(Nicolia et al., 2013)。これは**安全性にもとづく論証**である。

　漸進的変化にもとづく論証も、GM作物とその非GM対応物の間の類似性を強調する。以前に説明したように、交配、接木、選抜育種、突然変異誘発を用いて実現することができる以上に、GMテクノロジーと合成ゲノム科学は遺伝的変化をより正確なものにしたり、変化の可能性をより大きくしたりすることができる。それにもかかわらず、それらは同じ種類の事柄――人間の目的のために植物ゲノムを意図的に変更する技術――である。それゆえに、GMテクノロジーや合成ゲノム科学は、以前の組み換え技術からの漸進的変化を表しているだけである。このことを前提とすると、そして、他の技術は広く用いられており、また倫理的に好ましくないものではないという事実を前提とすると、遺伝子組み換えや合成生物学に関して、問題のありそうな事柄は存在しないはずなのである。実際には、それらがより正確なものであることは望ましいことだとみなされるはずである。

以上が、GM作物を支持して提示される主要な見解である。これらの見解に反対して提示される反論があり、この反論に応答する形で、GM作物を擁護する他の幾つかの論証が行われてきた。本章において、この後、私はこれらを考察する。

◆世界を養う論証に対する応答――GM作物は食料安全保障を損なう

世界を養う論証への主要な応答は、産業型農業一般、そして特にGM作物は、私たちの農業上の課題に対処するために必要とされるものではない、というものだ。有機農業において最善の実践を採用すること、食料供給から浪費や損失を取り除くこと、カロリー／栄養の効率的な利用を増やすこと、人口増加を抑えること、資源のより公平な分配を促進すること（極度の貧困を除去することを含む）で、正義や持続可能性をも促進しながら、同じように農業上の課題に対処することができるだろう。このことを擁護する論証はすでに提示されている（第1章と第2章を見よ）。この見解の多くの支持者たちが信じるところでは、GM作物は実際には、農業の産業化と相まって、長期的には食料安全保障や農業の潜在能力を減少させてしまうのだ。

このことを擁護する一つの論証は第1章で考察したものであるが、それによると、産業型の単作は食料の主権を損なう。農民たちがひとたび産業型農業を採用すると、彼らはより大きな資本コストを抱えはじめ、種子や肥料といった必須の投入物を購入することに依存するようになる。農民たちはまた、自家用の食料を買う余裕をもてるぐらい十分に高価格で自分の作物を市場に出すことができることにも依存するようになる。GM作物はこのような問題の典型である。GM作物は特許を有しているので、それだから、翌年のために種子を保存することは違法であるし、またGM作物は除草剤のような高額の化学的投入物と一緒に使用されるよう設計されている。それゆえに、GM作物は伝統的な混作とは両立せず、種子の供給に対する多国籍企業の支配力を著しく増大させるのであり、小農地農民の依存と脆弱性を増大させることによって、彼らから力を奪ってしまう。

第二の論証も第1章で考察したものであるが、それによると、産業型農業とGM作物は生態学的に有害である。GM作物は、集約型の化学的農業と結びつき、またそれを永続化するものであると見られており、そういうわけで、GM作物は化学的農業に関連する生態学的問題を助長してしまう――たとえば窒素富栄養化や水質汚染や温室効果ガス排出の増加といった問題である。GM作物が、関連する野生種と交配するのではないか、あるいは、その耕作地を超えて広がり、生態学的に混乱を来たすのではないか。そういった懸念も存在している。

第三の論証は、産業型農業とGM作物は農業資源の土台を損なってしまう、というものだ。化学的投入物の使用は、土壌中の重要な微生生命体を減らすと考えられている。輪作や休閑や被覆作物が欠如すると土壌の栄養素が減り、それによって、化学肥料の使用を増やすことが必要となる。しばしば商品単作は、水資源が補充されうるよりも早く水資源を使ってしまう。GM作物は、これらの問題を永続化するのに加えて、二つの別の道筋で農業の持続可能性を損なうと考えられている。一つの道筋は次のようなものである。すなわち、一方で、GM作物は短期的には収穫量を増やすかもしれないが、他方で、GM作物が汎用除草剤と殺虫剤の大量の使用を伴うという事実は、これらの除草剤と殺虫剤に対して進化した耐性をもつ植物や昆虫の個体群がきわめて短期間で生み出されることに帰結する、という道筋である。結果として生じる「スーパー雑草」や「スーパー害虫」は、また別の化学物質の組み合わせが発明されることを必要とする。この事態は、ときに殺虫剤と除草剤のランニングマシーンと呼ばれている。なぜなら、新しいテクノロジーは実際には私たちをどこにも連れていかないからである――私たちはただその場所にとどまるために技術革新を行わなければならないのである。最終的には、技術革新の速度が耐性の進歩の速度に追い越されるのではないか。そのように心配されている。GM作物が農業の持続可能性を損なうと考えられるもう一つの道筋は、GM作物が他の多くの種類の種子と置き換わってしまい、その結果として、私たちの農業システムにおける遺伝子の多様性が失われてしまうという道筋である。このことが問題を孕むのはなぜかというと、それは、環境が変化したり、新しい害虫やウイルスが発生したりする場合に、作物の遺伝的に多様な組み合わせ（ならびに作物の内部での遺伝的多様性）が適応にとって重要となるからである。たとえば、パナマ病は中央アメリカのバナナ産業全体に急速に広まっているが、その理由の一部は、その植物〔バナナ〕が遺伝的に同一であることなのである。さらに、遺伝的に多様な種類の種子がすべて失われるなら――もはや栽培されないというだけでなく――、新しい抵抗力のある、あるいはよく適応した種類を育てることが困難になるだろう。この理由から、伝統的な種類の種子を保存しようという、幾つかの主要な国家的、国際的な取り組みが存在している――たとえばノルウェーのスヴァールバル世界種子貯蔵庫である。

　世界を養う論証における主張の多くは、そして、この論証に対する応答は、経験的なものである。たとえば、それらが関心をもっているのは、産業型農業の影響が現在どのようなものであり、将来どのようなものとなるだろうか、ならびに、有機農業はグローバルな食料需要を満たす能力をもっているかどうか、ということだ。これらの論争中の主張の多くは第1章で考察された。ＧＭ作物に関する科学もまたきわめて論争的であるが、その研究は一つの重要な結論を支持している。すなわち、様々なＧＭ作物が様々な農業的、生態学的特徴をもっているという結論である。たとえば、除草剤に耐性のあるＧＭ作物を栽培することは、除草剤の使用を増やすという帰結をしばしば生み出す。しかし、ＧＭＢｔ作物の使用は、しばしば耕作地での殺虫剤の総量ならびに近隣地域への殺虫剤の拡散を減らす（なぜなら殺虫剤は散布されるのではなく植物によって生産されるからである）（Fernandez-Cornejo and McBride, 2000）。生物多様性に対するＧＭ作物の影響も様々なものであるように見える。幾つかの作物に関しては、昆虫と鳥類の多様性はＧＭ耕作地よりも従来型の非ＧＭ耕作地のほうが高い。他の作物に関してはそうではない（DEFRA, 2005）。分散（ヴァリアンス）も同様に抑制的に扱うべきテーマである。幾つかのＧＭ作物ははるか遠くにまで拡散することが立証されてきたし、高度な多産性や除草剤耐性といったような幾つかのＧＭ作物の有する特徴は、ＧＭ作物を特に生態学的に問題あるものにする可能性がある。このことは、ＧＭクリーピング・ベントグラス――ゴルフコースで使用するために作られた芝で除草剤に耐性がある――に当てはまる。他の

GM作物は、非常に遠くまで届くものであることが立証されていないし、危険度の高い特徴をもってはいない。GM作物の様々な生態学的な特徴と、それが倫理学にとってもつ意義について、私は本章でこの後もっと詳細に考察する。

◈技術革新推定に対する応答——予防原則

技術革新推定というのは、農業の技術革新を制限するやむを得ない理由が存在しない限り、私たちは遺伝子組み換えを含む農業の技術革新を許容すべきである、というものだ。GM作物の批判者たちが信じるところでは、たとえ技術革新推定が存在するとしても、さきに説明された（そして以下でさらに考察される）GM作物の、生態学的、農業的、社会的に有害な影響によって技術革新推定は打ち負かされてしまう。さらに、GM作物の多くの批判者たちは、そもそも技術革新推定が存在すべきだということを否定する。そのかわりに、彼らは、予防原則〔precautionary principle〕として一般に知られているものを擁護する。

予防原則の基本的な考えは、リスクに関して科学的な不確実性が存在するときには、何かが許容可能でないことが示されない限り、その何かが許容可能であると推定するのではなく、安全であることが証明されるまで、その何かは制限されるべきである、というものだ。予防原則は、問題があることが証明されるまでは許容される（技術革新推定）から、問題がないことが証明されるまでは許容されない（予防原則）へと推定を逆転するのである。予防原則には無数の定式があるが、しかしGM作物に適用される場合には、ウィングスプレッド宣言[*8]として知られる定式がしばしば援用される。「ある活動が環境や人間の健康に対して危害をもたらすおそれがある場合、幾つかの因果関係が科学的に十分に立証されていないとしても、予防的対策がとられるべきである。」この原則がGM作物に対して有する含意は、人間の健康と環境に対する十分な安全性が確立されるまでGM作物は制限されるべきだということである。予防原則に関するウィングスプレッドの定式は保守的である。それは、〔危害の〕おそれの可能性が存在するなら予防的対策を講じることが許されると述べているだけではない。そのような対策が講じられるべきであると、それは述べているのである。他の定式は、行動をとることを要求するものではない（それを許容するだけである）し、リスクがきわめて深刻な場合にのみ、その行動がとられるべきであると規定している、ないしは、対策を講じることを相殺するような考慮事項を許している。これらの線に沿った一つの定式は、一九九二年の国連の環境と開発に関するリオ宣言である。「環境を保護するためには、予防的取り組みが、各国によって、その能力に応じて、広く適用されなければならない。深刻な、あるいは取り返しのつかない被害のおそれが存在する場合には、十分な科学的確実性が欠如していることが、環境の悪化を防ぐための費用効果の高い対策を延期するための理由として用いられてはならない。」リオの定式にもとづいた、新しいテクノロジーを制限するための基準は、ウィングスプレッドの定式の基準よりも相当に高い――たとえば〔被害の〕おそれは深刻なものでなければならず、対策は費用効果の高いものでなければならないのである。だが、幾人かのGM批判者たちは、GM作物に関する懸念は、リオの閾値を満たすのに十分であると主張するかもしれない。（バイオセーフティーに関するカルタヘナ議定書[9]は予防原則のさらなる別の定式を含んでおり、GMOに関する言説において影響力をもってきた。）

　これら二つの予防原則の定式は、予防原則それ自体といったものが存在しないことを示している。そのかわりに、私たちが技術革新に関してどの程度の注意、どの程度の信頼を向けるべきかということに関して、見解の幅――保守的なウィングスプレッドの予防原則から技術革新推定の技術楽観論まで――がある。あらゆる政策決定、あらゆるテクノロジーの革新や実行は、少なくともある程度の水準の不確実性のもとで行われる。というのも、情報が完全であることはないからであり、政策決定、テクノロジーの革新や実行は未来に影響を与えることを目指すものだからである。それゆえに、新興テクノロジーの倫理学における永続的な争点はどういうものかというと、それは、個々の文脈において、そして個々のテクノロジーあるいは問題に対して、どの程度の予防を行うのが適切であるかを決定することなのである。この決定は多くの要因に依存する。すなわち、

・リスクの特徴――リスクの大きさはどのくらいか。リ

スクが起こる確率はどのくらいか。リスクは元に戻せるものか。リスクはいかに分配されるのか／誰がリスクに晒されるのか。

・不確実性の特徴――不確実性のレベルはどのくらいか。不確実性を減らすために何が必要か。不確実性を減らすにはどのくらいの時間がかかるか、そして、存在する不確実性はどの程度小さいものとなるか。

・テクノロジーの特徴――そのテクノロジーはどのような恩恵をもたらすだろうか。その恩恵が発生する見込みはどのくらいだろうか。その恩恵の大きさはどのくらいか。その恩恵はいかに分配されることになるか。

・応答の特徴――制御／制限を実施し遵守させるコストはどのくらいか。どのような種類の制御が必要とされるか、そしてその制御は自発的なものか強制的なものか。その制御はどの程度リスクを減らすか。

・文脈の特徴――この領域〔遺伝子組み換え〕において、リスクに対する文化的態度はどのようなものか。制御を実施し遵守させるための立場はどのようなものか。特別な、あるいは酌量すべき事情は成り立つか。

これらの要因を前提とすると、すべての事例において同じ量の予防が適切であるというわけではないかもしれない。たとえば、合衆国では医薬品と医療機器に関して高水準の予防が存在する。医薬品や医療機器は、安全で効果があることを証明するために市販前認可を必要とするし、ほとんどの事例において資格をもった医師によって処方されなければならない。しかし、栄養補助食品は、主に議会によって命じられた免責のせいで、市販前認可の必要はなく国中で売られている。栄養補助食品に関して、監視はどのような形態をとるかというと、それは、市場受容性〔市場に受け入れられるかどうか〕、不法行為責任という形態によるものであり、問題が生じればリコールすることになる。さらに、実験医薬品や末期患者を治療するための処置に対して特別な環境が成立しており、それらのリスクや有効性に関して高水準の不確実性が存在している場合でも、それらを利用可能にするよう求める要請が存在している。リスクに対する異なった応答の仕方は、化学物質政策に関しても生じる。EUは新しい化学物質に対して、厳密な市販前認可の手続きを実施しはじめた。この手続きは「データなくして上市なし

〔no data, no market〕」として、しばしば言及されるものである。一方で、合衆国では、幾つかの化学物質（殺虫剤を含む）に対する市販前認可の手続きが存在しているが、他の物質に対しては存在しない。

ここでの要点は、これらすべての政策が等しく正当化されるということではない。そうではなく、リスクと不確実性に応答する可能な選択肢には幅があるということであり、用心の適切な水準というものは、すべての事例、あるいはすべての文脈に対して同じものである必要はない、ということだ。たとえば、フランスの人々は、乳製品に関するリスクに対して合衆国の人々とは異なった態度をとっている（文化的、美的な理由で）けれども、これは、生乳製品に関する異なった政策を正当化することになるかもしれない。GM作物にとっての含意は、すべてのGM作物がすべての地域で同じように扱われなければならないわけではない、ということだ。私たちがすでに見たように、様々な作物が、様々な利益とリスクを有しており、それらの利益とリスクは様々な水準の不確実性を伴っているのであり、それらの作物はこれらの利益とリスクを様々な仕方で分布させている。それらの作物は様々な行為者に力を与えたり、様々な行為者から力を奪ったりする。それらの作物〔の生産〕は様々な文化的文脈において実施されており、それらの文脈の幾つかは他の文脈に比べて食料や農業における技術革新（あるいは生物工学）に協調的であったり、GM作物を規制する様々な能力を有していたりするのである。

実際には、組み換えDNA技術や合成生物学を用いて、ある作物に対して遺伝子組み換えが行われるということは、どの程度の予防が正当であるかを評価するのに関連した、非常に小さな情報の断片を提供するにすぎない。たとえば、Btトウモロコシや除草剤耐性のあるトウモロコシを、ゴールデンライスと比べてほしい。前者は直接には消費者に利益を与えるわけではないし、非GMトウモロコシと栄養上は同等である。前者は、自分の特許の保護にきわめて積極的で訴訟好きの大企業によって所有され管理されているし、化学的で産業型の単作と結びついている。それとは対照的に、ゴールデンライスは、深刻でグローバルな健康問題に取り組むこと、そして、世界の暮らし向きの悪い人々（栄養不良に苦しむ人々）のためになることを意図したものである。それはスイス連邦工科大学の研究者たちによって開発されたものであり、関連する特許に関して、人道的な理由にもとづく適用除外が容認されている。それは、地域ごとに有望な種類の種子と交配されつつあり、これらの種子は必要とする者たちに無料で（あるいは非常に安い費用で）譲渡される予定である。また、それは、産業型の単作に依存するものではない。

いま述べたことが示唆しているのは、GM作物に関連するリスクに対する〔ケースバイケースの〕異なった評価と異なった応答がしばしば正当化されるということだ。事実、GM作物に関する現在の規制は、このことを反映している。合衆国では、GM作物は、その非GM対応物と実質的に同等なものであると連邦政府によってみなされており、食品供給に入るに先立って市販前認可を必要としないし、GM作物を含む食品はラベル表示をする必要がない。（ラベル表示問題は以下で考察される。）しかし、それらを商業用に栽培することができるようにするには、それに先立って相当量の科学的データとフィールド試験が必要とされる。それゆえ、合衆国においては、GM作物が環境に与える影響に対して、幾分予防的な対策が存在していることになる。（GM作物の支持者たちは、これでさえあまりに予防的であると、しばしば主張する。というのは、これだと市場参入に対する障壁が非常に高くなるので、経済的に実現可能なものは、大企業によって開発される大規模な商業用作物だけになってしまうからである。その結果として、それらの大企業によるテクノロジー支配が強化されるだけでなく、より小規模の生産者や、より少ない資源をもつ生産者にとって有益となる作物が排除されてしまう。それゆえに、この見方では、GM作物の批判者たちによって支持されている予防の拡大の結果、批判者たちが最も批判しているテクノロジーと権力の結びつきそのものが生み出されてしまうことになる。）これとは対照的に、EUは現在、GM作物の栽培を禁じることを加盟国に許しており、多くの加盟国が禁じている。またEUは、GMOを含むすべての食品がラベル表示されることを要求している。これは、合衆国に比べてかなり予防的な取り組みである。さらには、差別的評価法〔differential assesment〕——GM作物のリスクをケースバイケースで評価すること——は、合衆国だけでなく、たとえばニュージーランド、英国、オーストラリアにおいてもGM政策の一部となっており、またそれは国連食糧農業機関によって提唱されてきたものである(FAO, 2004)。

◈実質的同等性にもとづく論証への応答――生産物対プロセス

実質的同等性にもとづく論証が主張するところでは、GM作物の生産物――食品成分――は、非GM作物によって生産された生産物と本質的に同一であるから、GM作物は倫理的あるいは規制的観点からして異なったものだとみなされるべきではない。さきに考察したように、GM植物は、その非GM対応物と実質的に同等であるわけでは必ずしもない――たとえばブラジルナッツ由来のDNAで操作された大豆には、非GM大豆には欠落している潜在的なアレルゲンが含まれている。しかし、他の事例では、実質的な同等性が有効であるように見える。Btトウモロコシは、非Btトウモロコシから作られた食材と本質的に区別できない。しかし、GM作物の批判者たちが主張するところでは、GM作物が倫理的ないし規制的観点からして非GM作物と同一であるとみなされるべきだということは、実質的同等性からは導かれない。というのも、あるプロセスが生み出した生産物というのは、そのプロセスを評価することに関連する唯一の事柄ではないからである。そのプロセスそれ自体がしばしば重要なのである。食べ物に関するものではないが、このことの明白な事例は、衣服を生産するための強制労働、あるいは搾取労働である。その生産物――衣類や靴――は、搾取工場で生産されようが、適切な労働条件のもとで公正な賃金を受け取っている労働者によって生産されようが、実質的に同等であるかもしれない。しかし、それでも、私たちがそれらを購入あるいは許容すべきかどうかに関しては、重要な差異が存在する。そのうえ、プロセスを評価することは、食べ物に関しては当たり前のことである。「フェアトレード」「放し飼い」「人道的に生産された」といった言葉は、生産プロセスに関する倫理的な関心を表しているのだからである。それゆえ、あるGM作物の生産物が、ある非GM作物の生産物と実質的に同等であるとしても、その作物を従来型の〔非GM〕作物から倫理的に区別する特徴が存在しうるだろう。それらの特徴は、組み換えに備わる特徴、あるいは、その作物がどのように用いられているのかということに関する特徴なのである。

◈漸進的変化にもとづく論証への応答——程度における差異と種類における差異

漸進的変化にもとづく論証は、組み換えDNA技術と合成ゲノム学による遺伝子組み換えは根本的に新しいものではないと主張する。それらは、生物工学を用いて農業のために生物を作り出すということの、より正確で、より拡張的なやり方にすぎず、何千年ものあいだ進展しつづけてきたものにすぎない。この論証が想定するところでは、何かが、倫理的に許容可能なものからの程度における変化にすぎず、種類における変化でないのであれば、その何かも倫理的に許容可能なものであるべきである。しかし、この想定には問題がある。程度における差異が、異なった倫理的評価を下すための十分な理由となることがかなり頻繁にあるからである。子どもを自分の部屋に五分間追い返すことは適切な罰でありうるが、その子どもを二日間そこに追い返すのは児童虐待である。その差異は程度、つまり時間の長さの問題に「すぎない」、しかしそれは倫理的な差異を生み出す。愛想の良いジョークは冷やかしとは程度が異なるに「すぎない」、厳格な食事制限は拒食症とは程度が異なるに「すぎない」、拷問は尋問とは程度が異なるに「すぎない」。何かの特性、もっと言えばきわめて重要な特性を見定め、その特性が何らかの倫理的に問題のない対象ないし実践から程度において異なるにすぎないことを示しても、そのことは、その特性も倫理的に問題がないことを立証するわけではない。程度における差異は倫理的に重要であるかもしれないし、あるいは倫理的評価に関連する別の特性が存在するかもしれない。それゆえに、GM作物を組み換える方法が先行する方法から程度において異なるにすぎないという事実は、その方法が倫理的に許容可能なものであるとみなされるべきことを含意しない。テクノロジーは、それ以前のものとどれほど似ているかということだけにもとづいて評価されるべきでなく、直接に評価される必要がある。

◈GM作物に対する外在的反論

生物工学の倫理学においては（そしてより一般的にテ

クノロジーの倫理学においては）、内在的反論と外在的反論とを区別するのが普通である。あるテクノロジーに対する外在的反論〔extrinsic objection〕というのは、そのテクノロジーの、予想される、あるいは可能な結果や帰結にもとづいた反論である。内在的反論〔intrinsic objection〕は、そのテクノロジーそれ自体の特徴にもとづいた反論であって、そのテクノロジーの帰結が善いか悪いかということから独立している。GM作物に対する外在的反論は、農民や消費者や環境に対するGM作物の影響に関するものである。以下は最も有名な反論である。

1．GM作物は消費者にとって安全ではない（あるいは安全であることが十分に証明されていない）――たとえばGM作物はアレルゲンを含むかもしれないし、GM作物の開発にはウイルスが使用されているし、GM作物は食品中の化学的残留物の総量を増やすかもしれない。

2．人々はGM作物のための「モルモット」として利用されており、GM作物は、人々のインフォームドコンセントの権利を侵害している。というのも、GM作物を含む生産物にいつもラベルが貼られているわけではないし、人間の健康への影響を目的とした十分な研究が行われてきたわけではないからである。

3．GM作物は、集約型で農薬型の単作を助長し、そうすることによって農業のそのような形態と結びついた問題――たとえば栄養素の枯渇、化学物質による汚染、水の乱用、砂漠化――を助長する。

4．GM作物は、合成化学物質の使用の助長によって、GM植物から野生種への遺伝子の意図せぬ流入によって、そしてGM作物の自然生態系への意図せぬ拡散――自然生態系のなかで野生種が圧倒される――によって、自然の生物多様性に対して有害なものとなる。

5．GM作物は、殺虫剤や除草剤そして伝統的な作物保護技術に耐性をもつスーパー雑草やスーパー害虫を作り出すことを助長する可能性がある。

6．GM作物は、私たちの農業が抱える課題――産業型の商品単作によって主にもたらされてきた――に対するテクノフィクスである。[*10] GM作物は、私たちの農業が抱える問題の原因に取り組むことに失敗するだけでなく、これらの問題を生み出すのに役立つシステムから生じており、このシステムを永続化する。
7．GM作物は、作物の内部の遺伝的多様性ならびに作物の多様性を抑止し、そうすることによって食料安全保障を脅かす。
8．GM作物は、少数の有力な多国籍種子企業による農業と食料生産の支配を助長する。
9．GM作物は、商品ベースのグローバルな農業経済を助長する。この経済は富裕者——企業とかテクノロジーを手にする余裕のある者とか——にとって有利であるが、小農地農民を周辺化し、その力を奪うものである。
10．GM作物は、グローバル化と均質化に向けた非民主的な圧力の一部であって、このような圧力によって文化的差異が脅かされ、国家主権が侵食され、環境保護や労働者保護が損なわれる。
11．GM作物は、現在、十分な栄養を有していない人々に十分な栄養を供給するという点で有効ではないだろう。また、GM作物は、商品単作に結びついているがゆえに、長期的には食料安全保障を損なうだろう。
12．GM作物は、伝統的な混作やそれを実践する人々やコミュニティに対して有害である。というのも、GM作物の使用は、伝統的な農業方法や文化的実践を追放してしまうからである。
13．GM作物は、費用効果が高くない。GM作物を用いる経済的、生態学的なコストは、とりわけ小農地農民にとっては、収穫量の増加とされるものの価値に勝っている。かつ収穫量の増加そのものが誇張されている。

これらの懸念の大部分は、GM作物とグローバルな産業型フードシステムとの関係（そして商品ベースの単作）、GM作物の生態学的影響、あるいはGM作物を消費する者の健康や自律といったものを利用している。これらの反論のほとんどすべては、この章の前の部分で、あるいはフードシステムと食料安全保障に関する先行する章（第1章と第2章）ですでに考察されている。私は、ここでは、それらの考察を繰り返すことはせず、それらの評価に関係する幾つかの主要な論点を強調することにしよう。

第一に、GM作物と産業型農業との関係に依拠した懸念が有効であるのは、GM作物がグローバルな産業型農業と結びついており、また、グローバルな産業型農業に関連すると考えられる諸問題を永続化する、ないし、それらに対処するのに失敗する限りにおいてである。さきに考察されたように、これらがすべてのGM作物に当てはまるわけでは必ずしもない。これらの問題は第一世代のGM作物――たとえばBt作物と除草剤に耐性のある作物――を特徴づけるものだとしても、ゴールデンライスのような未来のすべてのGM作物に対しては、そうでないかもしれない。もちろん、これらの懸念は、グローバルな産業型フードシステムや商品単作に対する批判が有効であることに依存している。もしそれらが問題のないものであるなら、あるいは、それらが有する問題に適切に対処することができるなら、GM作物がそれらの一部である場合、そのことは、GM作物に対する反論の根拠とはならないだろう。

GM作物の生態学的影響に関しては、〔GM作物に対する〕警戒と信頼についてさきに行われた考察がきわめて重要である。GM作物は、生物を組み換えること、栽培を通じてその生物を生態系に取り入れ、消費を通じて人間や動物に取り入れることを伴う。複雑な生物系や生態系への介入を予想したり制御したりすることはしばしば困難なことであり――たとえば生態学的な封じ込めは非常に困難なものである可能性がある――、こうした介入はしばしば意図せぬ有害な帰結をもたらすことがある。それゆえに、十分な謙虚さをもち、傲慢さを避けること――すなわち私たちの知識や制御能力を過大評価しないこと――が重要である。しかし、さきに考察されたように、このことから、すべてのGM作物に関して、すべての事例において、非常に強い予防が必要とされるということが導かれるわけではない。というのも、様々な作物が様々な社会的、倫理的、農業的、生態学的な特徴をもっているからである。

GM作物が人間の福祉へ及ぼす影響を査定する際にも、差別的評価法が必要である。ある植物に対して特殊な技術によって遺伝子組み換えが行われたという事実は、その植物の潜在的な利益、コスト、リスク、文化的な位置づけ、管理、監視、調達に関して、ほとんど情報を提供してくれない。その植物の利益、コスト、リスク、文化的位置づけ、管理、監視、調達といったものは、その植物が〔人間の〕良好状態、権利、自律、力にどのような影響を与えるかということに関して、非常に重要である。そして、今度は、良好状態、権利、自律、力は、この植物を使用することが、思いやりのあるものかどうか、生態学的に敏感なものかどうか、公正なものかどうか、敬意をもったものかどうかを決定する際に重要となる。

◆GM作物に対する内在的反論

ＧＭ作物に対する内在的反論は、ＧＭ作物そのものに対する反論である。多くの人々の信じるところでは、トランスジェニックな、あるいは種をまたぐ個体を意図的に作り出すことは、そうすることの帰結や結果とは独立に間違ったことである。さきに考察されたように、種を超えた意図的な遺伝的交配は、伝統的な育種技術によって行われる場合、ありふれたことであり異論がない。さらには、もし工学が生み出す生物そのものが好ましくないものであるとすれば、事実上、私たちの食料供給物のすべてが、また、私たちの伴侶動物（そして観葉植物）のすべてが倫理的に問題のあるものになるだろう。ＧＭ作物（と動物）を生物工学で生み出すことに関して懸念されているのは、人間の行為能力（エイジェンシー）が不在の場合には存在しえなかっただろう新しい生命体を作り出すために、種のゲノム物質を組み合わせることを、それが伴うということである。それゆえに、そのことは不自然であるとか、傲慢であるとか、神を演じることであるなどといって非難される。この節では、私は、ＧＭ作物に対するこれらの三つの有名な内在的反論を考察する。

「自然的（ナチュラル）」という用語は曖昧である。それは、ときとして物理的世界に存在するすべてを表すために用いられる――すなわち自然法則にしたがって振る舞うすべてである。別のときには、それは、生物学的ないし生態学的世界だけを表す。さらに別のときには、それは、人間的でもなく人間の行為能力の産物でもないような、世界に存在するすべてを表すために用いられる。それゆえに、ＧＭ作物が不自然であるかどうかは、自然的という用語のどの意味が作用しているのかに依存する。ＧＭ作物は物理的世界の一部であり、その意味では自然的である。ＧＭ作物は生物学的世界の組み換えられた一部であり、それだから、その意味で部分的に自然的である。ＧＭ作物は人間によって作り出され利用される。それだから、その意味では自然的ではない〔不自然（アンナチュラル）である〕。

しかし、GM作物が人間の行為能力の産物であるという意味で自然的でないという事実は、GM作物を倫理に反する（アンエシカル）ものにするわけではない。もしそうであるなら、その場合、自動車、電話、ヨーグルト、チワワはすべて倫理的に好ましくないことになろう。すべての工学とテクノロジーは、物を変容させたり、あるいは自然のうちには見出されない物を作り出したりすることを伴う。さらに、私たちはテクノロジー的動物である。世界を意図的に変容させることは、私たちの生活形式にとって重要なことである。何かが人間の行為能力の産物であるということと、それが倫理に反するものであるということを同一視することは、私たちにはできない。

以上は事例にもとづく論証であり、また、それは背理法〔reductio ad absurdum〕である。すなわち、背理法が示そうと狙っているのは次のことである。「何かが人間の行為能力の産物であり、そうでなければ存在しえなかったとすれば、その何かは好ましくないものである」という原則をあなたが受け入れるなら、その結果は不合理であるということだ。というのも、それは、明らかに倫理的に問題がない事柄を倫理的に問題があるものとして評価することだからである。しかし、「自然的」を評価的に使用することに関しては、もっと深い概念的問題も存在する。すなわち、自然は私たちにとって規範的なものではないのである。私たちは、すでに次のことを見た。すなわち、何かが自然のなかには見出されない、あるいは自然のなかでは生じないという事実は、私たちがそれを行ったり作り出したりすることを間違ったことにするわけではない。それに加えて、何かが自然のなかでは見出されないとか生じないという事実は、私たちがそれを行うことを許容可能にするわけでもない。生物学的世界は略奪によって特徴づけられるし、騙しはよくあることであるし、強制的な交尾が多くの種において生じるし、親はごくまれにしかその子孫を育てたり保護したりしない。それゆえ、何かが自然のなかで生じているのか、そうでないのかということは、私たちにとって規範的なことではない、ないしは指令的なことではない。自然が規範的であるとみなすことは、以前の章で考察された自然に訴える誤謬である。

GM作物に対する、不自然だという反論の支持者たちは、これらの種類の論証に対して、しばしば次のように主張することによって応答する。すなわち、私たちは自然のすべてにしたがうべきではなく、自然の適切な部分だけにしたがうべきだ、あるいは、私たちの行為のすべてが必ずしも不自然なわけではなく、問題のある行為だけが不自然なのだという主張である。しかし、これらの応答は、いつ、どのような仕方で「自然的」が指令的であるのかを決定するために、自然性以外の基準をもつことに頼っている。すなわち、規範的内容は、「自然的」という概念の外部にある基準に由来している。その基準はどのようなものである可能性があるかを説明するよう強く求められるとき、不自然だという反論の支持者たちは、実にしばしば、外在的懸念を、とりわけ生態系への潜在的な影響を頼りにするか、さもなければ、通常は種の境界の神聖性に関係する神学的な懸念を頼りにする。すなわち、彼らは、ときとして、GMOを作り出すことが「神を演じる」ことを含むと主張するのである。

人間は文字どおりに神を演じることなどできない。神が存在するとすれば、神の知識と力は私たちの知識や力をはるかに凌駕するから、私たちが神の真似をすることはできない。それゆえに、「神を演じる」という考えは、比喩的に理解されなければならない。一般的に、その考えは、私たちの行為能力の適切な利用を超える事柄を表すのだとされる。生物を遺伝子操作するとき私たちが神を演じているとされるのは、私たちはそれをなすことができるとしても、それは、私たちが関与すべき類の事柄ではないからである。それは、私たちの行為能力の適切な範囲を超え出ているのである。しかし、この見解は、GM作物が不自然であるという見解と同じように、論点先取〔beg the question〕をしている。何が適切な行為能力の範囲を規定するのだろうか。なぜ異種交配と選抜的育種はこの範囲の内部にあり、遺伝子工学と合成ゲノム学はその範囲の外部にあるのだろうか。

神を演じるという反論の神学的ではないバージョンは、この問題に答えるために、概して外在的な懸念に訴える。遺伝子工学や合成ゲノム学が神を演じることであるのは、私たちが完全には理解していない、あるいは私たちが適切に処理していない関連リスクが存在するからである。結果として、私たちは傲慢である。このバージョンは、生物の自然的に進化したテロス〔目的〕に訴えることもある――すなわち植物は、人間から独立した進化の過程の結果である何らかの目的や目標をもっていて、遺伝子工学がそれに介入するのだ、というように。明らかであるはずだが、これは「自然的」の規範性に訴えることの一事例であり、自然に訴える誤謬を犯している。また、植物（ないし動物）が一つのテロスをもっているとしても、なぜ異種交配がそうである以上に遺伝子工学が植物（ないし動物）のテロスに介入することになるのかを理解するのも難しい。さらに、GM植物は、あとでGM植物に転ずる非GM植物ではない。GM植物はその始まりからGM植物である——それだから、それらが後に変更されたり中断されたりする一組の目的や目標をもっていたというのは正しくない。

GM作物に対する、神を演じるという批判の神学的バージョンは、概して、神の力によって指定された種の境界に訴える。GM作物がこの境界を冒瀆するというわけである。しかし、この反論は、倫理的であることから宗教的であることへと移行してしまっていることに注意してほしい。さらに、ほとんどすべての宗教的伝統が種を超えた遺伝的交配を許していること、そして、多くの宗教的指導者たちがGM作物を受け入れるか支持しさえするようになったこと（たとえばヴァチカン）に注意すべきである。

不自然である、神を演じるという非難に加えて、GM作物はしばしば傲慢であるとして非難される。GM作物を開発し、その利用を促進する者たちは、適切な謙虚さを欠いているとみなされるのである。実際、傲慢であるという非難に関係する幾つかの異なった懸念が存在している。

1. GM作物の開発と栽培は、複雑な生物系や生態系のなかで私たちの技術革新の影響を予測したり制御したりする私たちの能力を過大評価することを伴っている。
2. GM作物は、私たちの農業的、生態学的な問題に対するテクノフィクスである。GM作物は、それらの問題の原因に対処するものではなくて、むしろ、それらの問題の源（産業型農業）を永続化しながら、問題のある結果に対処している。
3. GM作物を含むバイオテクノロジーの追求は、私たち自身の強大化のために、そして自然に対する支配を達成するためになされている。

4．ＧＭ作物を含むバイオテクノロジーは、生命の還元主義的な見方を採用しており、生物有機体を、私たちの目的に合わせて私たちが再構成するための、遺伝子の断片ないし商品とみなしている。

これらの懸念の最初の二つは、ＧＭ作物が産業型農業に対してもつ関係についての、また、ＧＭ作物を追求することに関連するリスクについての、外在的懸念のバリエーションである。これらについては、私はこの章でさきに検討した。私が示唆したところでは、これらの懸念は現在栽培されているほとんどのＧＭ作物に当てはまるとしても、将来のすべてのＧＭ作物に当てはまるとは限らない。これが正しいのなら、その場合、これらの懸念はＧＭ作物に対する内在的な反論を支えるものではないだろう。というのも、それらはＧＭ作物そのものに当てはまるものではないからである。

第三の懸念は、ＧＭ研究に従事する人々の動機と意図についての経験的主張に関連している。これらの主張を支持する研究を私は知らない。確かに、尊大で、「私たちは遺伝子コードを読むことから書くことへ移動しつつある」といったような傲慢な事柄を述べるゲノム研究従事者たちは存在する。しかし、善意をもち、テクノロジーを責任ある仕方で発展させることに大いに関心をもっている多くの人々も存在する。バイオテクノロジーを追求する者たちが傲慢であるということは、バイオテクノロジーの追求に備わる必然的特徴なのではない。

第四の懸念に関しては、確かに、ゲノム工学が多くの点で還元主義的であるということは正しい。ゲノム工学には、個々の遺伝子の構成要素を理解することや、可能な限り正確な仕方で、生物をその構成要素の「基礎的」なゲノムの水準で変化させることが含まれる。しかし、このことから、その研究に従事する（あるいはＧＭ作物を用いる）人々が、生命体を、価値があり尊重に値することができる存在としてではなく、むしろ単なる商品あるいはゲノム物質の源とみなしているということは導かれない。また、遺伝子工学は生物学的世界を私たちの目的に向けて大規模に再編成するための方法であると彼らがみなしている、ということも帰結しない。実際には、遺伝子工学の多くの研究者や支持者たちは、私たちの生態学的影響を減らし、他の種のためにより多くの資源を保護するという欲望によって一部は動機づけられているのである。それゆえに、他の傲慢さの懸念と同じように、この懸念はある程度の妥当性はもつように思えるが、幾つかの事例、あるいは幾人かの研究者にだけ当てはまるにすぎないように思われる。それゆえに、これはGMテクノロジーそのものに対する反論とはならない。

◆ラベル表示

GM作物をめぐって争われている論点の一つは、GM作物を含む食品のラベル表示に関するものである。ラベル表示は現在EUにおいては強制されており、合衆国においてはこの論点に関して幾つかの州レベルの投票が行われた。（幾つかの事例では可決され別の事例では否決された。）合衆国における加工食品の三分の二以上にGMOが含まれており、そのため、強制的なラベル表示なら広範囲にわたって影響を及ぼすことになるだろう。

積極的ラベル表示と消極的ラベル表示、ならびに自発的ラベル表示と強制的ラベル表示を区別することが有益である。積極的ラベル表示〔positive labeling〕は、何かが存在することを示すものであり——この場合は製品にGMOが含まれることを示す——、一方、消極的ラベル表示〔negative labeling〕は何かがが存在しないことを示すものである——この場合は製品にGMOが含まれないことを示す。強制的ラベル表示〔mandatory labeling：義務表示〕は、法や規制によって命令されるラベル表示であり、一方、自発的ラベル表示〔voluntary labeling：任意表示〕は、生産者や製造業者あるいは販売業者の自由裁量でなされるラベル表示である。

GMOが含まれる食品の強制的ラベル表示を支持する中心的な論証は、消費者の自律性——すなわち人々は自分が食べる食品のうちに何が含まれているのか知る権利を有する——に訴えるものである。人々が自分の食品について知る必要があるのはなぜかというと、その理由の一つは、人々が情報を与えられたうえで安全性と健康について決定を下すことができるようにするためである。それゆえ、多くの国々が、主要なアレルゲンや成分や栄養に関するラベル表示を行うよう命じている。GMのラベル表示を支持する者たちが信じるところでは、このような正当化理由は、さきに考察された安全性や健康に関する懸念をもとにして、GMOに適用される。また、人々がGMOに関して抱くかもしれない何らかの倫理的ないし宗教的な見解にもとづき行為できるようにするために、人々はGMOの存在に関して知る必要があると、ラベル表示の支持者たちは主張する。

これに応答し、ラベル表示の反対者たちは実質的同等性に訴えて、GM作物と非GM作物が美的かつ栄養的に同一であるとすれば、ラベル表示の必要はないと主張する。実質的同等性を前提とすると、ラベル表示は、差異が存在しないのに差異が存在することを実際には示唆することになる。そうであるとすれば、ラベル表示は情報提供的であるというより、むしろ、GMOを含む生産物に対する誤った信念やいわれのない烙印を助長するものになってしまう。この最後の考慮事項は、自発的な消極的ラベル表示――すなわち「この生産物はGMOを含んでいない」という形式のラベル表示――にさえ反対の主張をするために、しばしば用いられる。

多くの場合、ラベル表示の支持者たちは、情報提供的ラベル表示の範囲は食品の内容に限定されないと指摘することによって、この批判に応答する。強制的ラベル表示は、大抵の場合、原産国や加工地、また人々が心配している食品の他の側面に関する情報を含んでいる。それゆえに、人々が自分の食べる食品にGMOが存在することに関して十分に心配しているのなら、実質的同等性が存在しようがしまいが、ラベル表示は必要とされるはずである。

実質的同等性やいわれのない烙印へ訴えることに加えて、ラベル表示の反対者たちは、ラベル表示が食品の値段を上げることになるということを根拠にして、ラベル表示に反対の主張をしばしば行う。ラベル表示は、GM作物を非GM作物から注意深く区別することを必要とするだろうし、同様に、食品のサプライチェーン全体を通じての検証と強制を必要とするだろう。ラベル表示の反対者たちが推定するところでは、強制的ラベル表示は、合衆国では消費者に対して食品コストを一年当たり数百ドル分増やす可能性があるが、これは、食料不安の世帯とっては著しい増加である。さらに、強制的ラベル表示は、消費者が自分の食べる食品のなかにGMOが存在することについて心配しているかどうかにかかわらず、すべての消費者にこれらのコストを負担させることになる。対照的に、自発的な消極的ラベル表示――認証を受けたオーガニックのラベル表示を含む——と結びついたコストは、〔誰がコスト負担をするのか、その〕対象がはっきりしている。ＧＭＯの存在を心配する者たちは、非ＧＭＯ（あるいはオーガニック）とラベル表示されている食品に対してより多く支払うよう選択することができるのである。もちろん、食料不安の人々にとっては、これは経済的に実現可能な選択肢ではないかもしれない。（驚くべきことではないが、ラベル表示の支持者たちが信じるところでは、強制的ラベル表示に関連するコスト増加についての主張は著しく誇張されたものである。）

食品を選ぶことが問題になるとき、人々は非常に多くのことについて心配するが、全員が心配しているすべてのことを、すべてのパッケージに記載することは、物流管理上あるいは経済的に不可能である。安全性に関連する情報は強制的であるべきだという一般的な合意は存在する。しかし、安全性以外のことでは、一国のなかでも国によっても、何が必要とされるのかに関して、見解にとてつもない不一致が存在する。さらに、近年は、フェアトレード、労働者の権利、動物福祉、農業の方法、生態学的影響といったものに関する倫理的関心にもとづいて、第三者認証を含む自発的ラベル表示が急増してきた。現在、エコラベルだけで二〇〇を超える多様な種類のものが存在している。それゆえに、いかにして強制的ラベル表示に関する決定がなされるべきか、同様に、いかにして自発的ラベル表示における正確さ（そして許容性）を保証するのかを決定することが、フード・エシックスにおいて次第に重要な論点となりつつある。（ラベル表示の倫理学に関しては第5章でさらに考察される。）

◆遺伝子組み換え動物

動物を遺伝的に操作しようという動機は、従来型の動物の操作（たとえば選抜的育種）と同じである——つまり生産プロセス、そして／あるいは生産物の質を改良することである。たとえば、アクアアドバンテージ・サーモン〔AquaAdvantage© salmon〕は、オーシャンパウトとキングサーモンの遺伝子で操作されたタイセイヨウサケであり、これらの遺伝子のおかげで、アクアアドバンテージ・サーモンはある季節に限ってではなく一年を通して成長するので、市場に出すまでの時間が半分になる。エンバイロピッグ・ブタ〔Enviropig© swine〕は、その唾液のなかに、ある酵素を作り出すように操作されており、この酵素のおかげで、このブタの排泄物に含まれるリンが少なくなる。家畜のクローン化は、繁殖能力とか肉の望ましい特徴とかが備わる動物を繁殖させることに関して使われてきた。

ＧＭ作物を擁護する論証とＧＭ作物に関する懸念のほとんどすべてが、適切に形態を修正すればＧＭ動物に当てはまる。たとえば、ＧＭサーモンを擁護する主要な論証の一つは、水産養殖の生産能力を向上させることは、魚のタンパク質を求めるグローバルな需要を満たすために必要であるというものだ――これは世界を養う論証の一例である――が、一方、ＧＭサーモンに関する主要な懸念の一つは、それらが逃げ出して有害な生態学的影響をもたらすことになるというものだ――これはＧＭ作物の意図せぬ分散に関連する生態学的懸念によく似ている。同様に、リンの排泄物が減るというエンバイロピッグを擁護する論証は、多くの点で、殺虫剤の使用が減るというＢｔ作物を擁護する論証と類比的であり、一方、エンバイロピッグに反対する主要な論証の一つは、それがＣＡＦＯの動物生産を永続化することになるテクノフィクスであるというものだが、これは、除草剤に耐性のある作物に反対する中心的な論証の一つが、これらの作物は化学物質集約型の商品単作を永続化させるテクノフィクスであるというのに似ている。

作物を生物工学で操作することと動物を生物工学で操作することとの間には、二、三の重要な差異が存在する。一つの差異は、ＧＭ動物の創造と消費に関して存在する市民の懸念、そしてＧＭ動物の創造と消費に対して存在する市民の抵抗は、その度合いがより大きいということである。しかし、これだけでは、ＧＭ動物のほうが倫理的により問題があるということを意味しない。衆人に訴える誤謬〔fallacy of appeal to the crowd〕を犯さないことが肝要である。ある事柄は問題がある、あるいは嫌悪をもよおさせると非常に多くの人々が信じているからといって、その事柄が問題のあるもの、嫌悪をもよおさせるものになるわけではない。それほど昔のことではないが、異人種間の結婚に対する反対が存在したのと同様、体外授精に対して広範囲にわたる反対が存在した。私たちの道徳的反応や判断は、たとえば誤った信念、偏見、首尾一貫しない推論、理解の欠如といったものによって生み出されていることがある。このことは、注意深い、十分に情報が与えられた、そして十分に推論された倫理的反省が非常に重要である理由となる。このようにして個人と社会の倫理的前進がなされるのである。

それにもかかわらず、人々がＧＭ作物よりもＧＭ動物に対してより強い反応を示すという事実は、次のような問いを呼び込む。すなわち、生物工学による植物の操作と生物工学による動物の操作との間には、そのような反応を正当化しうる何らかの倫理的に重要な差異が存在するのだろうか。もちろん、植物と動物の間には一つの重要な差異がある。つまり、後者だけが心理的経験をなし、苦痛を感じることができる。動物の権利の見解では、これが含意するのは、動物は私たちの目的のために用いることができる単なる物として扱われるべきではないということだ。それゆえに、遺伝子工学で操作された動物を人間が消費するために創造し育てることは倫理に反する(非ＧＭ動物にとってそうであるのとまったく同じように)。というのも、遺伝子工学で操作された動物を創造し育てることは、私たちの目的のために動物を操作し、私たちの目的のために動物を利用することを伴うからである。

動物の道徳的身分に関する動物福祉の見解では、遺伝子工学の評価はもっと複雑になる。その理由は、飼育農業とりわけＣＡＦＯに関連する苦しみを減らすようなやり方で動物に遺伝子組み換えを行うことが可能かもしれないから、というものである。たとえば、ニワトリを盲目になるよう操作することができたらどうかと提案されてきた。というのも、盲目のニワトリはより従順であって、嘴(くちばし)の切断という恐ろしく痛みを伴うプロセスが必要でなくなるかもしれないからである。また介卵の欲求をもたないようシチメンチョウを操作することができたらどうかと提案されてきた。この欲求はＣＡＦＯにおいては叶えられず、欲求不満になってしまうからである。さらに、豚臭を除去し、そうすることで去勢の「必要」を除去するのに遺伝子工学を用いることができたらどうかと提案されてきた。研究者たちは、病気や寄生虫に対してより感染しにくい動物を操作して作り出すことにも関心をもっている。次のような研究さえ存在する。つまり、成長を維持するのには十分であるが、精神的状態や心理的経験を支えるのには十分ではない脳機能をもつ、小脳症的ブタやニワトリを操作して作り出す研究である。

このことが実現したなら、これらの動物は、どのように扱われようとも、まったく苦しむことはないだろう。

動物の苦しみを減らすための、これらの類の提案に対しては、広く知られた批判的応答が二つ存在する。一つは、それらの提案はテクノフィクスであるというものだ。正常に機能するブタやニワトリであるのに比べて、小脳症のブタや盲目のニワトリであることのほうがCAFOのなかでは良い可能性があるという事実が証明しているのは、動物福祉という視点からすると、まさしくCAFOがいかに問題のあるものであるかということである。さらに、これらの「解決」は問題の原因――農業の形態――に対処するものではなく、むしろ農業の問題のある一面だけを、そして／あるいは一定程度だけを扱っているにすぎない。CAFOのなかではニワトリは視力をもつよりも盲目であるほうが良いとしても、ニワトリがCAFOにいることは依然として悪いことである。残りの酷い扱い――問題のある食事、空間、ホルモン、病気、生殖――は存続しているうえに、さらにニワトリたちは盲目でもあるのだ。より善い選択肢は、苦しみの原因、つまりCAFOを除去することなのであって、当該の苦しみに部分的に対処したり、CAFOが動物福祉という視点からは許容可能であるといった幻想を与えたりするような方途を見出すことではないのである。

動物福祉を改善するために動物を操作するという提案に対する第二の応答は、動物の苦しみを減らすことが成功する見込みはないというものだ。その理由の一つは、組み換えが意図したとおりに作用しないかもしれないというものだ――たとえば認知能力が縮小させられたブタがまだ苦しむかもしれないし、それらのブタが苦しんでいることを私たちが知るのがもっと困難になるかもしれない。第二の理由は、予期せぬ帰結が引き起こされるかもしれないというものだ。たとえば、盲目のニワトリは視力のあるニワトリに比べて従順であるにもかかわらず、より多くの偶発的性質や骨折を抱えてしまうかもしれない。あるいは、この提案は、ニワトリの生産をいっそう増強すること――単位空間当たりもっと多くのニワトリを飼うこと――を可能にし、その結果、それぞれのニワトリが苦しむことは幾分少なくなるとしても、全体としては同じくらいの、あるいはより多くの苦しみが引き起こされることになるかもしれない。

遺伝子工学を通して動物福祉に取り組むという提案は擁護できない立場のものであると、ＧＭ動物の批判者たちは信じている。それらの提案は、ＣＡＦＯによって引き起こされる動物の苦しみが倫理的に問題があること、またこの苦しみに対処する必要があることを承認している。しかし、一度このことが承認されるなら、倫理的責任をもってなすべきことはＣＡＦＯを取り除くことであることは明らかである。動物福祉にもとづいて動物を操作することを擁護する論証は、それゆえに、偽りのジレンマの誤謬〔false dilemma fallacy〕を犯しているとみなされる。選択は非ＧＭ動物がいるＣＡＦＯと、ＧＭ動物がいるＣＡＦＯとの間にのみあるわけではない。というのも、ＣＡＦＯを除去することもまた考慮されなければならないからである。

動物の遺伝子工学のすべてが、産業型生産プロセスに関連する動物福祉的懸念や生態学的懸念に対処することを意図しているわけではない。もっと頻繁に行われているのは、生産と生産物という視点から動物を改良すること――動物をより早く成長させ、より美味しくし、あるいはよりコストがかからないようにすること――である。このことが、動物福祉という視点からの懸念を生み出す。というのも、ほとんどの動物福祉問題は、効率性を上げたり単位当たりのコストを減らしたりすることを狙った形質や生産過程を選び出すことの結果として生み出されているからである。もっと大きな胸部をもつニワトリ、もっと多くの牛乳を生産する雌ウシ、もっと速く成長するウシ、もっと従順な動物を操作して作り出すことは、奇形や健康問題や酷使、そしてそれらによるＣＡＦＯ内の苦しみを増やす可能性がある。たとえば、アクアアドバンテージ・サーモンでは顎の奇形のリスクが増えるし、病気や寄生虫に耐性をもつように操作された動物は、もっと高密度の状態におかれてしまう可能性があるだろう。加えて、操作のプロセスそれ自体が、動物福祉に関する懸念を生み出している。たとえば、卵細胞を採取することや、遺伝子操作された胚を移植することはリスクを伴うし、苦しみを生み出す。さらに成功率は特に開始時点では非常に低いし、子孫は、病気の罹りやすさから血管や筋肉の異常にいたるまでの健康問題をしばしば抱えるのである。

まとめると、動物を遺伝子操作することの倫理的評価と、植物を遺伝子操作することの倫理的評価との主要な違いは、動物福祉が考慮されなければならないということである。動物の権利のほとんどの見解では、GM動物を人間が消費するために創造し使用することは倫理に反する。動物福祉の見解では、ケースバイケースの評価が必要とされる。というのも、遺伝子操作の幾つかの事例は動物福祉に対して良い影響をもつことになる可能性があるからである。とはいえ、CAFOに対する代替案〔となるかどうか〕を考慮した場合、ある遺伝子組み換えが動物の苦しみを十分に減らすのであれば、その遺伝子組み換えは、動物福祉という視点から見てCAFOを許容可能なものにするけれども、そのような遺伝子組み換えがあるのかといえば、それを特定するのは困難である。

◈合成肉

肉は動物の細胞組織であり、動物の細胞組織は通常は動物のなかで育てられる。しかし、成長促進剤や栄養培地を用いた細胞培養を用いて、生体外で〔ex vivo〕動物の細胞組織を育てることも可能である。これは、数十年にわたる研究の文脈のなかで行われてきた。培養肉の背景にある中心的な考えは、このプロセスを拡大し産業化することである。その結果、大量の動物細胞組織が、人間が消費するために「生きていない状態で」[*11]、また飼育農業による影響を引き起こすことなく育てられるわけである。培養肉に対しては、影響力の大きい支援者が存在する。動物の権利組織PETA――動物の倫理的扱いを求める人々〔People for the Ethical Treatment of Animals〕――は、市場に出る最初の培養肉製品のために一〇〇万ドルの賞金を申し出ている。多数の研究グループが試験管肉を開発するために働いており、幾つかの限定的な成功例が存在している。ロンドンの最近のイベントでは、培養肉パテが料理され、食された。

肉を食べることに関する中核的な倫理的懸念は、産業型の飼育農業が大規模な苦しみを生み出し、途方もない生態学的影響を与えているというものだ。これらの懸念の両方が、私たちの食べる肉が動物から手に入れたものであるという事実と関係している。これらの動物は苦しむ能力を有しているし、また大量の排泄物を生み出しながら、飼料に含まれるカロリーや栄養を食用の細胞組織へと効率悪く転換しているのである。（肉の生産に関する動物福祉的懸念と生態学的懸念は第3章で詳しく考察した。）動物が産業型の肉生産から取り除かれるようになるなら、その場合、産業型の肉生産は倫理的に問題のあるものとして存在することをやめるだろう。これが、合成肉〔synthetic meat〕、人工肉〔artificial meat〕、試験管肉〔in vitro meat〕あるいは培養肉〔cultured meat〕を生物工学によって作り出すことを擁護する中核的論証である。

培養肉を擁護する動機は倫理的なものであって、飼育農業に関連する苦しみや生態学的影響を取り除こうとするものである。合成肉は、合成肉に対する市民の需要を満たすという経済的理由から、あるいは（味という）美的理由から追求されているのではない。実際には、経済的理由や美的理由は、合成肉の成功に対する最大の障害の一部となっている。コストに関していえば、産業的に生産される動物肉のほうが、特に挽肉の形態と加工肉の形態では安価である。合成肉が（以下で考察される理由から）肉の最高級の切り身を作り出すことはなさそうであるから、経済的な競争力をもつためには、合成肉は加工肉や挽肉の価格帯のものである必要がある。さらに、産業型の飼育農業は、皮やペットフードのような幅広い種類の産業にとって重要であって、動物の各部位は洗剤からタバコにいたるまで非常に多くの製品に入り込んでいる。これは、産業型飼育農業の経済的特徴にとって重要なことである。培養肉は、動物細胞組織を生産するだけであるから、動物製品システム全体にわたって飼育農業に置き換わることはできないのであり、そのせいで、培養肉のコストが〔挽肉や加工肉と〕同等なものになることはいっそう困難になる。

美学に関していえば、培養肉が商業的に発展することにとっての課題は、「生きて」〔on the hoof〕育てられた肉によく似た味と食感をもつように培養肉を育てることである。味と食感は細胞組織タイプの結果として生み出されるものであり、同様に成長条件——たとえば栄養投入物、ストレス、刺激——の結果として生み出されるものである。動物の筋肉組織は動かなければならないし、それに影響を与えるあらゆる種類の新陳代謝過程が存在する。これは、たとえば筋肉の繊維質の性質や、筋肉－脂肪比率にとって重要である。類似した味と類似した食感をもった細胞組織をバイオリアクターのなかから手に入れるために、これらのプロセスや条件をいかにして模倣するのかということは、培養肉研究者にとって一個の難問である。生きて育てられた肉を模倣しようと試みるより、むしろ培養肉はそれ自体の美学を目標とすべきであると提案されてきた。そこで考えられているのは、培養肉の味が十分に美味しいものであるなら、培養肉が肉のような味がしなくとも、人々は培養肉を食べるだろう、ということである。肉の代用品のなかには、これと類似したものがある。幾つかの非ミート「バーガー」は肉の味を模倣することを狙っているが、一方、他の非ミートバーガーは、味が美味しいこと、肉の食事上、料理上の機能を果たすことだけを狙っている。しかし、培養肉が動物から作られた肉を置き換えることがないとすれば、その場合、培養肉は、意図していた動物福祉上の恩恵や生態学的な恩恵をもたらさないことになる。

市民の需要に関していえば、培養肉を求める要求の声は存在しないし、それだけでなく、市場で受け入れられるようになるには重大な障害が存在するように見える。さきに言及したように、植物を生物工学で作り出すことに比べて、動物を生物工学で作り出すことに関して、市民のより大きな懸念が存在しているのである。クローン動物から得られた肉を食べることに対する市民の著しい躊躇が存在する。合衆国では、「ピンクスライム」(あるいは赤身のきめの細かい牛肉)が学童に提供されることに反対する市民の抗議も存在した。ピンクスライムとは、余った細胞組織を抽出するために、食肉処理のあとに残った断片を温め回転させることによって作り出される加工肉製品のことである。クローン動物肉やピンクスライムのそれぞれが、動物に由来する非標準的に作り出された肉製品への抵抗を引き起こしている。このことを前提とすると、バイオリアクターで育てられ、生物工学を用いて作り出された肉への抵抗が、少なくとも同じ程度には存在するだろう、と予想するのは理に適ったことである。〔培養肉が〕市民によって受け入れられるのが困難であるという事態は、生きて育てられた肉に比べると培養肉のほうが高価で味がよくない(あるいは違った味がする)可能性があるという事実によって、さらに悪化する。このことから以下のような推測が導かれてきた。すなわち、せいぜいのところ培養肉は、肉を食べたいが肉を食べることの倫理性について心配している豊かな人々向けの隙間商品になるだけだろうという推測である。

ＣＡＦＯのなかで生きて育てられる肉よりも培養肉のほうが倫理的に好ましいということは、正しいかもしれない。培養肉のほうがより効率的である可能性もある。なぜなら、すべての投入物が、動物を生かしつづけておくことや、髪や歯を育てたり、移動のために燃料補給したりすることにではなく、食用の細胞組織を育てることに向けられることになるからである。培養肉は、排泄物やメタンガス排出といったような動物そのものが及ぼす生態学的影響のいずれももたらすことはないだろう。投入物が動物に由来するものでない限り（現在は細胞の成長の主要な媒体として用いられているのは子ウシの胎児の漿液（しょうえき）である）、培養肉は動物を直接に苦しませることはないだろう。しかし、前記の考慮事項は、産業型飼育農業によって生産される肉を培養肉が置き換えることに対して、重大な実践的障害となる。培養肉の追求を擁護する論証も、偽りのジレンマの誤謬を犯しているかもしれない。結局のところ、選択は、培養肉と産業型の飼育農業に由来する肉との間にのみあるわけではない。狩猟や小規模の有機農場といった別の供給源からの肉という選択肢もあるし、それだけでなく肉から解放された生活を採用するという選択肢もある。培養肉がＣＡＦＯ肉に対する代替案として開発されることは急を要することではない。多くの人々に入手可能であり、味が美味しく、安価で、健康によい代替物がすでに存在しているからである。

前記の考察が示唆しているのは、培養肉を擁護する倫理的論証は、最初にそう見えるほどには強力なものではないかもしれないということだ。しかし、そのことが正しいとしても、そこから、培養肉を開発することは問題があるとか間違っているとかいったことが導かれるわけではない。特に技術革新推定に価値あるなら、そうである。しかし、培養肉に対する幾つかの反論が提示されてきた。

培養肉生産に関する一つの懸念によると、培養肉生産が商業的に実現可能なものになるためには、培養肉生産は大規模で集約的な産業型のプロセスからなるものである必要がある。培養肉の未来像は、人々が自分のバイオリアクターを所持する分散型システム向きのものでは

（現在のところ）ない。むしろ培養肉生産は、大規模な肉製造設備と広大な分配システムを伴うものだろう。それだから培養肉生産は、産業型フードシステムというパラダイムの内部に明確に位置づけられるだろう。それゆえ、そのようなシステムが問題のあるものだとみなす者たちは、その産業型の特徴を根拠にして培養肉に反対する可能性がある。培養肉は、動物福祉という理由から産業型飼育農業に反対する者たちを、システム上の理由から産業型飼育農業に反対する者たちから隔てる——というのも培養肉は産業化を保持するけれども動物なしの産業化である——が、これは培養肉の興味深い側面である。

　培養肉に関する関連の懸念によると、培養肉は肉生産に対する還元主義的なアプローチを採用している。これは、フードシステムと農業システムの産業化が、文化、伝統、技能、差異、文脈を排除してしまうとするスローフード的な心配の一事例である。培養肉が引き起こすのは、食料生産が製造業の一形態となり、食料消費の焦点が「燃料補給」に合わせられるという事態である。培養肉は人々を自分たちの食べ物から疎外し、生産過程を隠し、食料と農業を文化的に（そして精神的に）貧弱なものにする。もちろん、これらと同じ懸念が、産業型の飼育農業に関しても提示されている。それゆえに、さきに考察された偽りのジレンマという論点がここで重要となる。というのも、含意されているのは、肉ではない食事や代替の動物肉の食事のほうが、産業的な動物肉か産業的な培養肉のいずれかが多い食事よりも好ましいということだからである。

　さらに、培養肉についてのもう一つの関連する懸念は、培養肉は逆効果を招く中途半端な手段であるというものだ。動物を食べることが倫理的に間違っているのなら、その場合、動物の類似物を食べることには問題があるように思われる。消費するために、ウシやニワトリの組織を培養するのではなく、その代わりに人間の組織を培養しなければならないと想定してほしい。これは多くの人にとって相当に不快なものに感じられるだろう。それは、他人を実際に食べることを伴うわけではないが、たとえそうだとしても、他人を食べることは悪いことであるという事実（ほとんどの人々が同意するだろう）によって、試験管で育てられた人間の組織を食べることが倒錯的なものになる。さらに、培養肉を求める「欲求（ニード）」は、「肉なしではやっていけない物語」〔can't go without meat narrative〕のなかへと流れ込んでいくように思われる。この物語は、以前の章で考察したように経験的に間違っており、問題を生み出すような仕方でジェンダー化されている。さらに、先行する諸段落で提起された懸念が正当なものであるとすれば、その場合、非産業型の肉の食事を採用するのに比べると、培養肉はより悪い代替物であるのにもかかわらず、人々は、培養肉を食べることによって、自分があたかも倫理的に行為しているかのように感じてしまうかもしれない。

培養肉は、ＣＡＦＯによって生産された肉よりも倫理的に好ましいかもしれない。しかし、産業的に生産された肉をまったく含まない食事よりも好ましくないかもしれない。また、培養肉は倫理的に問題のある次元を幾つか含むかもしれない――それらの次元はもしかしたら技術革新推定を打ち負かすほどのものではないかもしれないけれども。

3　結論

私たちはみずからを養うために生物工学に頼っている。私たちは、野生の植物や野生の動物を育ててはいない。それゆえ、論点は、将来、生物工学を用いて植物や動物を操作するかどうかではなく、そのことをいかにして倫理的に行うかということである。この章全体を通じてのテーマは、生物工学を用いて操作された農業生物は、多様な倫理的特徴を有しているということであった。それらの生物は、様々な目標、リスクと利益（そしてそれらの分配）を有している。それらの生物は、様々な権力、管理、調達に関する含意を有している。これらの理由から、ＧＭ植物やＧＭ動物に対する全面的な承認か全面的な反対かのどちらかが正当化されるということはありそうもない。それゆえ、人間の繁栄を促進し、かつ公正で持続可能で効率的で思いやりのある農業用生物工学の発展と利用を促進するためには、テクノロジーおよびその文脈の詳細と、ならびに規制システムや政策の設計とに注意を払うことが重要なこととなる。

◇読書案内

第1章の終わりにリストアップされたフードシステムとフード・エシックスに関する本のうちの幾つかは、遺伝子組み換え生物に関連する問題に取り組むものである。このトピックに関するヴァンダナ・シヴァの作品（『食糧テロリズム』）は、特に影響力をもっている。植物や動物を遺伝子操作することの倫理学に特に焦点を合わせた何冊かの本には、以下のものが含まれる。

Michael Ruse and David Castle, eds., *Genetically Modified Foods: Debating Biotechnology* (Prometheus)

Britt Bailey and Marc Lappé, eds., *Engineering the Farm: Ethical and Social Aspects of Agricultural Biotechnology* (Island Press)

Paul Thompson, *Food Biotechnology in Ethical Perspective* (Springer)

Gary Comstock, *Vexing Nature? On the Ethical Case against Agricultural Biotechnology* (Springer)

Bernard Rollin, *The Frankenstein Syndrome: Ethical and Social Issues in the Genetic Engineering of Animals* (Cambridge University Press)

Ronald Sandler, *The Ethics of Species: An Introduction* (Cambridge University Press)

この章で行われた合成肉に関する考察に対して大いに情報を与えてくれた二つの論文は、以下のとおりである。

Paul Thompson, "Artificial Meat," in *Ethics and Emerging Technologies* (Palgrave Macmillan)

Stella Welin, Julie Gold and Johanna Berlin, "In Vitro Meat: What are the Moral Issues?" in *The Philosophy of Food* (University of California Press)

第5章

食べ物と健康

食べ物は良好な健康状態にとって重要である。十分なカロリーと栄養を調達するための信頼できる手段がなければ、人間は発育しないし、よく機能しない。また、そのような調達手段がなければ、人間は病気や慢性疾患にいっそう罹りやすくなるし、さらには死ぬ可能性がある。このことは第2章で詳しく考察された。そのうえ、食べ物が他の仕方で健康と関係しているのは、もちろんのことである。食べ物の消費と結びついた危険要因がある——異物や病原体、化学物質という危険要因である。食べ物を過剰消費したり、栄養的に乏しい食べ物を消費することは、心臓病や糖尿病や他の病気のリスクを個人に対して増やす可能性があると同時に、深刻な公衆衛生上の課題を引き起こす可能性がある。多くの人たちが食物アレルギーをもっており、それはきわめて深刻なものになる可能性がある。食欲不振症〔拒食症〕や過食症のような食べ物をめぐる疾患が存在する。この章は、食べ物と健康に関連する問題の倫理的な次元に取り組むものである。

1　食品に起因するリスク

食品に起因する病気の原因は広範囲にわたるもので、それにはウイルス、バクテリア、寄生虫、毒素、プリオンが含まれる。豊かな国々においては、より多く見られる病原体は、大腸菌、サルモネラ菌、ノロウイルス、リステリア菌、カンピロバクター菌である。合衆国では、毎年、推定四八〇〇万人の合衆国市民（あるいは六人に一人）が食品に起因する病気に罹り、一二万八〇〇〇人が入院し、三〇〇〇人が死亡している。英国では、毎年、ほぼ一〇〇万人が病気になり、およそ二万人が入院し、五〇〇人が死亡している。発展途上国では、この問題はもっと深刻である。世界保健機構によると、食品と水による病気の事例が毎年二〇億に達し、一六〇万人が下痢性疾患で毎年死亡しており、その大多数が子どもたちである。この主要な理由は、二五億人が十分な衛生設備なしで生きていることであり、飲用可能な飲料水の信頼できる調達手段が七億六八〇〇万人に不足していることである。

フードシステムの事実上あらゆる場所で、食品が汚染される可能性がある。汚染は、衛生設備の欠如のゆえに、あるいは近年北アメリカでほうれん草（大腸菌）やトマト（サルモネラ菌）に関して発生したように汚染された投入物のゆえに、畑で発生する可能性がある。中国において乳児用粉ミルクに関連して大量発生した事例のように、汚染は加工や製造の段階で発生する可能性がある。合衆国では一九九三年にジャック・イン・ザ・ボックスという料理店で大腸菌の大量発生があって、これは調理の不十分な肉と関連したものであるが、この事例のように、不適切な調理によって汚染が引き起こされる可能性がある。そして、腐敗や害虫の蔓延の結果として輸送と貯蔵の段階で汚染が発生する可能性がある。病気は、狭苦しい場所に閉じ込められた動物たちの間で――たとえばアジアにおける鳥インフルエンザ――、あるいはグローバルな動物取引によって――たとえばＥＵやカナダにおける狂牛病――広まる可能性もある。

あらゆる種類の食品が汚染される可能性がある。汚染は、オーガニックで育てられる食品にも従来型で育てられる食品にも発生するし、同じく、ローカルな食品にもグローバルに調達され加工される食品にも発生する。しかし、食品に関連するリスクはすべて等しいわけではない。より高いリスクの食品には肉、卵、乳製品、生の食品が含まれる。より高いリスクの活動には、他人があなたの食べ物を調理する場所で（たとえば外食）、あるいは強い監視や規制がない場所で（たとえば屋台）食べることが含まれる。

さきに言及したとおり、食品に起因する病気だけが、食品の安全性に関わる問題なのではない。深刻なアレルギー反応もまた一般的である。一七〇〇万のヨーロッパ人と一五〇〇万のアメリカ人が食物アレルギーをもっていると推測されている。合衆国では、子どもたちのうち四％から六％が食物アレルギーをもっており、外来治療にやってくる毎年三〇万件以上の事故と、緊急治療室での毎年二〇万件以上の診察が、食物アレルギーと関係がある（CDC, 2013）。ＰＢＤＥ、ダイオキシン、ＤＤＴ、キセノエストロゲン、ＢＰＡのような合成化学物質は、畑や荒野で、あるいは加工や製造の間に食品を汚染する可能性があり、時間の経過とともに身体に蓄積し、そのことによって長期にわたる健康問題の一因となる可能性がある。加工食品や調理したての食品のなかにマクロスケールの異物が発見されることがしばしばある。

食品の安全性に関連する主要な規範的問題は、次のようなものである。

- ・どの水準のリスクが許容可能であるか（すなわち安全性のための最低限の閾値は何か）。どの水準のリスクが目標であるべきか（すなわち安全性の理想的水準は何か）。
- ・食品の安全性を保障する責任を誰が負うべきか。消費者、小売業者、納入業者、生産者、規制者に対して責任をどのように分配するか。
- ・食品の安全性に関連するいかなる情報が、特にラベル表示という形態で消費者に対して伝達されるべきか。
- ・食品の安全性に関する予防と確実性のどのような水準が、食品添加物、加工技術、栄養補助食品といった多様な事柄に関して適切であるか。

これらの問いが以下で取り組まれる。

◆リスクの規範的次元

リスクを安全性から区別することは重要である。リスクは、危険要因の頻度と規模に関する量的尺度である。たとえば、生肉を食べることによってサルモネラ菌に感染するリスクというのが何を意味しているかといえば、それは、サルモネラ菌に感染する頻度、つまり消費当たりの発生の数であり、ならびに、サルモネラ菌に感染した場合、それがどれほど深刻なものになるかということ、つまり結果の確率的な幅のことである。リスク評価は主として科学的なプロセスではあるけれども、それにもかかわらず、リスク評価には規範的で、したがって倫理的であるような構成要素が含まれるのであり、この要素は排除不可能である――たとえば、どのようなリスクを評価するのか、評価においてどのような尺度を用いるのか、周辺的な事例をどのように考慮するのか、不確実性をどのように扱うのか、どのような質のデータを用いることができるのか、どのような水準の確実性なら結論を導き出すのに十分なのかといったことを選択する際に、規範的、倫理的な構成要素が含まれることになる。リスク評価は、「大量の数値計算を行う」とか「統計を走らせる」とかいった事柄にすぎないのではない。というのも、リスク評価は不完全なデータにもとづいてリアルタイムに、そして実質的に未知のものを用いてしばしば行われるからである。

たとえば、食品サプライチェーンにおいては、ナノマテリアルが添加物や増量剤やコーティング剤などとして、そして他の利用方法のなかでも特に包装において次第に用いられるようになっている。たとえば、ナノスケールの二酸化チタンが、カテージチーズ、キャンディー、豆乳、マヨネーズ、そして他の多くの製品において増白剤や光沢剤として使われている。ナノマテリアルは、ナノスケール、つまり一〇億分の一メートルの大きさの材料を意味するが、これは一個一個の原子や分子といったスケールである。ナノマテリアルは工学の立場からは刺激的なものである。なぜなら、ナノマテリアルはそのバルク対応物[*1]とは異なった構造的、化学的、電気的、張力的性質をしばしば有するからである。また、同一の物質から作られる異なったナノマテリアルは異なった特性をもつことができるからである。このような多様性が、食品産業――ナノマテリアルの最先端に位置する――で働く者たちを含む技術者たちに対して、味、保存期間、追跡や監視といった点で製品を革新したり改良したりするためのいっそう重要な能力を与えてくれる。しかし、工学の視点からはナノマテリアルをかくも有望なものとする同じ特徴のせいで、様々に組み合わせた状態や濃縮した状態や、私たちの身体を含む環境などにおかれたとき、ナノマテリアルがどのように振る舞うかを予測するのが困難になる。ナノマテリアルのバルク対応物の特性から一般化することがいつも信頼できるとは限らないのである。それゆえ、ナノマテリアルのリスク評価は、どのようなデータが適用可能か、そのデータを基礎にしていかにして推定するか、高水準の不確実性にいかに応答するかといった事柄に関して、選択することを伴うことになる。新しいナノマテリアルは、その多様な特性とその特性に関する情報の欠如ということを前提すると、リスク評価がとりわけ難しい事例である。しかし、これらと同じ種類の規範的判断は、食品のリスク評価にも共通する部分として含まれる。このような規範的判断は、人工甘味料から食品容器にいたるまで、ＧＭＯから過体重／肥満の定義にいたるまで、あらゆる事柄に関して生じるのである。

◆安全性を定義する

行動や食材に関連するリスクが数量化されたあとでさえ、それらのリスクが許容可能なものであるかどうか——すなわちそのリスクは安全であるかどうか——という問題が残る。このような文脈で用いられる安全性は許容可能なリスクを意味する。リスクの量そのものは、何かが安全であるかどうかを決定しない。たとえば、私たちが生の鮨を食べているときには、グラノーラ・バーを食べているときに比べて、私たちは大きなリスクを受け入れているかもしれない。実際、リスクが様々に受け入れられているということは普通のことである。自動車を運転するときには、飛行機に乗るときに比べて、私たちは統計的により大きな死のリスクを受け入れている。スポーツをするときには、仕事に行くために歩くときに比べて、私たちはより大きな怪我のリスクを受け入れている。家で自分で料理をするときに比べて、通りの屋台から買ったものを食べるときには、私たちは食品に起因する病気のより大きなリスクを受け入れている。

食品に起因するリスクを除去すること——リスクゼロの食事——など、ありえない。倫理的な観点からすると、私たちは可能な限り食品の健康リスクを減らすように努め、物事を完全に安全にするよう努めるべきであると考えたくなる。しかし、私たちの行動から明らかであるように、私たちは実際にはそのようなことを信じていない。リスクを最小にした食事には、外食しないこと、生やレアの肉や魚を食べないこと、すべての野菜を入念に料理すること、とれたての果物を避けること、そして一般的に、きわめて高度に加工され低温殺菌され放射線照射され、あるいは酢漬けにされた食品を食べることが含まれるだろう。これは、ほとんどの人々が選択する食事ではない——それらが食品のリスクを最小化することになることを人々が知っているとしても。食べ物を食べることは、可能な限り安全な仕方でカロリーや栄養をとることにすぎないのではない。食べ物を食べることは、美、経験、便利さ、社交、文化的実践、そして他の多くの事柄にも関わる。人々は、これらの事柄とリスクとのトレード・オフを厭わない。人々は、採れたての食べ物、多様な食べ物、風変わりな食べ物、他人が用意してくれる食べ物を欲するのである。

それならば、許容可能なリスク――安全性――はいかにして定義されるべきだろうか。第一に、目標は、すべての食品のリスクがすべての文脈で同じ水準であるべきだというものではありえない。料理店で用意される生魚の鮨のリスクを、家で消費される冷凍食品の食事のリスクと同じにすることはできない。安全性は食品と文脈に相対的なものでなければならない。期待するのが合理的であるのは、次のことである。つまり、最善の安全性のための実践が、食品の種類と文脈に対応して用いられるということである――たとえば圃場では衛生設備が提供されること、屠殺された他の動物に由来する肉（これはウシ海綿状脳症（ＢＳＥ）あるいは狂牛病の原因であった）を動物に飼料として与えないこと、加工施設においては機械装置がきちんと清潔に保たれること、食品労働者は手袋を着用し手を定期的に洗うこと、病気の動物を食品に含めないこと、汚染の可能性のある食品をサプライチェーンから引き上げること等である。生産、加工、輸送、小売り、調理、処分の様々な形態において最善の実践を構成するのは何であるかを定義することは、科学的情報と価値判断の両方を含むだろう。というのも、能力や費用対効果といった事柄が、リスクの減少と一緒に考慮されなければならないからである。

第二に、安全性は文化的に影響を受けるものでありうるし、そうであって当然である。というのも、人々は、文化的、美的あるいは歴史的理由から、より大きなリスクをしばしば受け入れているからである。この件に関する例は以前に言及したものであるが、それは、生の（低温殺菌されていない）乳製品の消費率が合衆国よりもヨーロッパの各地で相当に高いというものである。同様に、ウシ成長ホルモン（ＢＧＨ）の遺伝子組み換えウシ成長ホルモン（ｒＢＳＴ）は、牛乳の生産量を増やすために雌ウシに与えられるが、これはＥＵやカナダやニュージーランドでは消費者の健康や動物福祉に関する懸念にもとづいて禁止されているけれども、合衆国では乳牛に対して広く使用されている。（実際、ＢＧＨを使用していない牛乳であることを示す合衆国のラベルはすべて、ＦＤＡ〔食品医薬品局〕は成長ホルモンで処理された雌ウシに由来する牛乳に有意な差異を見出していないという但し書きを含めなければならない。）安全性は許容可能なリスクであるから、どのようなリスクの閾値が安全であるとみなされるかということは、社会的、文化的な価値観に依存するのである。

第三に、個人の自律を尊重するのなら、人々が重大なリスクを負うことを選択する場合でも、人々がそうすることは許されるべきである。単に娯楽上の理由とか瑣末な理由からであっても、十分に情報が与えられた強制されていない選択を行っている限り、人々はとてつもなくリスクのある活動に自発的に従事することが許される。人々はベースジャンプをし、深海に潜り、フグを食す。重要なことは、人々がそれらの決定を下すことができる立場にあるということであって、このことは、食品の既知のリスクと可能な危険要因について――すなわちアレルゲンや病原体や化学的汚染物質の存在に関して――知らされることを要求する。（もちろん、このことは、それらの決定を下す対応能力（コンピテント）があることも意味する。それゆえに、私たちは、子どもたちや他の脆弱な人々が不必要なリスクに晒されないように、彼らを保護している。）

◆健康とラベル表示

前記の考察が示唆したのは、健康リスクを減らすための最善の実践に携わる責任があるのは生産者やサプライチェーンの行為者や小売り業者であり、これが確実になされるように手助けする責任は規制者にある、ということである。それらの者たちがすべての事例において完全な安全性を達成すると期待することはできないが、それにもかかわらず、それらの者たちは基礎的な水準の安全性を提供すべきである。そうすれば、消費者たちは、比較的リスクの高い食事、あるいは比較的リスクの低い食事をとることができるのであって、そうすることによって自分の選択に対する責任を引き受けることができるのである。しかし、消費者が自身の選択を行うのに先立って、食品のリスクに関係する重要な特徴についての情報が消費者に提供されるだろうという期待が存在するのは合理的なことである。これは、典型的には情報提供的なラベル表示を通じてなされる。（責任の割り当てに関して、これとは別の原則を示すことも可能である。たとえば、買い主危険負担原則〔caveat empto principle〕あるいは「買い主は気をつけよ」原則〔"buyer beware" principle〕にしたがうと、消費者が自分の購入品に関して調べる責任を負っており、売り手が既知の欠陥を意図的に隠したり、製品に関する虚偽の情報を提供したりするのでない限り、消費者がすべてのリスクを負う。)

前章で考察されたように、どの情報が食品ラベルに記載されるかについての決定は規範的なものである。ある製品に関するすべての情報をそのラベル(あるいはメニュー)に表示することは可能ではない。それだから、ラベル表示は差別的である。つまり、ラベル表示は、ある情報を別の情報に対して優先させることを伴う。ラベル表示は、価値を表現するような選択を伴うのである。また、ラベル表示は、生産者あるいは小売り業者に負担――コストと制約――を強いるものである。そうすることにおいて、ラベル表示は重要性のしるしとなる。私たちはGMO向けのラベル表示をめぐる言説のなかで、このことを見た。GMO向けのラベル表示に反対する主要な論証によると、このラベル表示は、〔GMOと非GMOの〕実質的同等性を前提すると、重要でないものを重要であるように思わせていることになる。重要でないものを重要であると思わせるがゆえに、BGHを与えられた雌ウシから採れた牛乳に関して、FDAは但し書きを要求しているのである。[*2]

ほとんどの国で行われている食品のラベル表示規制は、食品の安全性や健康情報や誠実性(オネスティ)に焦点を合わせてきた。たとえば、合衆国においては、初期のラベル表示規制は、製品に関する誤った情報によって、あるいは証明されていないのに製品が利益をもたらすという主張によって、消費者を誤解させないことに関連するものであった。それ以来、ラベル表示は拡大し、成分と栄養のデータに関する積極的な情報、ならびに、主要なアレルゲンの存在や、運転能力に対するアルコールの影響、中身が熱い場合のような潜在的リスクに関する情報を提供するまでになった。「ラベル表示」は料理店でも行われており、それは、個々の食品や調理に関係するリスクについてメニューに書かれている但し書きを通じて行われているし、また、張り紙や接客係が顧客に対して自身のアレルギーに関する情報を提供するよう気づかせることで、また、メニューの項目に関する栄養上の情報を用いることで、行われている。幾つかの事例においては、これらは必須である。別の事例では、消費者の健康と信頼の両方に対応するという理由から、それらは最善の実践として採用されている。健康リスクに関する伝達は、公的勧告――たとえば魚の内部に水銀が存在することに関する――という形態をとることもあるし、大量発生が存在する場合には通知という形態をとることもある。

先行する考察が説明しているように、食品のラベル表示における傾向がどのようなものであるかといえば、それは、リスクに関連するより多くの情報を消費者に提供するという傾向であった。ふたたび、根本的な規範原則によると、自分が購入する食品に関して――たとえばアレルゲン、成分、栄養上の内容、潜在的な危険要因に関して――正確に、十分に、はっきりと情報が与えられている限り、人々は自分の食品選択に関連するリスクに責任を負うべきである。消費者に情報が与えられていなければ、消費者に責任があるとみなすことはできない。しかし、ラベルに関連するコストやスペースの制約のせいで、合理的に期待することができるものに関して、限界も存在する――たとえば栄養上の情報はすべての年齢や身体サイズ向けに提供することができない。それゆえに、健康ラベル表示の一つの規範的次元は（前記の原則が受け入れられたあとでさえ）、含められる情報がどれほど包括的であるべきか、あるいは限定的であるべきかを決定することである。

ラベル表示のもう一つの規範的次元は、消費者が食品ラベルに書かれた情報をその限界も含めて理解するようになる、また、その情報をみずから利用するために解釈することができるようになる必要性に関係するものである。幾つかの研究が示したところでは、情報提供ラベルについての消費者の理解力はきわめて低い（Nielsen, 2012）。ラベルの理解を改善する際に、生産者や規制者や消費者のはたすべき役割はどのようなものだろうか。たとえば、生産者は幾つかの事例においては多言語のラベルを提供する（あるいはシンボルを用いる）必要があるだろうか、あるいは、飲食店における栄養情報をよりいっそう簡単に利用できるものにすべきだろうか。規制機関は、ラベルの目的と限界に関して広報を改善する必要があるだろうか。ラベルが消費者に教えることと教えないことについて学ぶという点で、もっと前向きになる責任が消費者にはあるだろうか。

健康と安全性に関連する情報が十分に重要なものとなるのは、また、その情報が要求されるべきだと立証されるのは、いつの時点だろうか。そのことの決定に関しても規範的な次元が存在する。アレルゲンを含む製品は積極的にラベル表示されるべきであるが、それに先立って、そのアレルギーはどれほど広範囲に広まっている必要があるだろうか。リスクや栄養に関する——たとえば様々な種類の脂肪や炭水化物を区別する——新しい情報を反映するためにラベルは変更されるわけだが、それに先立って、科学はどれほど確立されている必要があるだろうか。高水準の不確実性を伴う事例はどのように取り扱われるべきだろうか——たとえばGMOが存在することを示すラベル表示はどうだろうか。あるいは、蓄積すると健康問題を引き起こす合成化学物質が存在する可能性を示すラベル表示はどうだろうか。このような問題は、誠実さと不当表示に関しても同様に発生する。たとえば、どのくらいの割合の増量剤や添加物が含まれると、ある食材は「肉」「天然」あるいは「純粋」であると呼ぶことができなくなるだろうか。

さらにもう一つの規範的問題があり、それは、情報という必要条件がすべての種類の食品に対して同じものであるべきかどうかを決定することである。たとえば、合衆国では「一般食品（コンベンショナル・フード）」がもたらす健康上の利益に関する主張は、栄養補助食品（たとえばビタミン剤や栄養ドリンク）の健康上の利益に関する主張よりも厳格に規制されている。前者と後者の事例において異なった基準が用いられているわけだが、それに対する合理的な根拠は存在するだろうか。

ラベルに何が記載されるかということは、単純に健康上の理由からしてさえ（ましてや生態学的な理由、あるいは正義に関係した理由からして）論争の的である。なぜなら、それには、自律を保護すること、福祉を促進すること、コストと利益、負担と責任を割り当てることが含まれるからである。それにはまた不確実な事柄について決定することが含まれるし、それは、パターナリズム[*3]に関する問題や、私たちのフードシステムにおける政府の適切な役割は何かという問題も生み出すからである。この事例においてはそうであるように思われるが、効力のある規範的原則に関して、かなり広い合意が存在するときでさえ、この原則が具体的事例に適用される場合には重要な規範的問題が発生するのである。

◈不確実性に対処する

　不確実性のもとでの決定に備わる規範的な次元は、前章で詳しく取り組んだ（特に「技術革新推定に対する応答――予防原則」を見よ）。ここでその考察を繰り返す必要はない。次のように述べることで十分である。どれほどの予防とどれほどの確実性をもって前進するかという問題が、新しい加工技術、添加物、製品、分配システム（そして他の技術革新）に関して生じる。そのことは、GM作物のような新しい農業用テクノロジーと同様である。さらに、さきに考察されたように、リスクや安全性やラベル表示に関する判断は単に量的なものでは決してなく、価値判断や価値関与――それらが明示化されていないときでさえ――がこの判断には染み込んでいる。この理由から、様々な文脈や事例における不確実性やリスクに様々に対処する余地が存在するのであり、それだからこそ、安全性を定義するための開かれた包摂的なプロセスが重要となる。さらに、すでに考察されてもいるように、リスク管理と安全性に関する決定が一度なされると、これらの決定を実現するための責任とコストの割り当てに関して、ならびに、どのような方策が用いられるべきか――たとえば市販前の検査、市場流通後の監視、市場メカニズム、ラベル表示、消費者への警告、そして／あるいは法的責任、訴訟――に関して、規範的な問いが存在することになる。

2　肥満と公衆衛生

　前記の考察は、主としてウイルスやバクテリアのような分離性で感染可能な危険要素に焦点を合わせたものである。しかし、多くの食品健康問題はもっと長期的なものである。それらは、時間とともに蓄積する広範囲の実践や行動の結果として生み出される。身体における化学的蓄積――あるいは「体内蓄積物」――という事例は、このことの一例である。肥満の「蔓延」がもう一つの事例である。過体重〔overweight〕と肥満〔obese〕は、身長に対する体重の比率という観点から定義される。

（肥満度指数（ＢＭＩ）は体重を身長の二乗で除したものである。）たとえば、五フィート四インチ（一・六三メートル）の人物にとっての肥満限界点は一七四ポンド（七九キログラム）であり、五フィート九インチ（一・七五メートル）の人物にとって、それは二〇三ポンド（九二キログラム）である（Ogden et al., 2013）。さきに言及したように、「過体重」と「肥満」を定義することに関しては規範的次元が存在する。というのも、どのような基準を用いるべきかを選択することが、その定義には含まれるからである。

一九八〇年以来、グローバルには肥満率が二倍になった。ほぼ一五億人の成人（三五％）が過体重であり、そのうち五億人（二億人が男性、三億人が女性）が臨床的に肥満である。およそ一億七〇〇〇万人の一八歳以下の子どもたちは過体重であるか肥満であり、過体重である五歳以下の四〇〇〇万人の子どもたちのうち四分の三は、発展途上国で生活している（WHO, 2013; *The Lancet*, 2011）。それゆえ、多くの発展途上国は、現在「栄養不良の二重の負荷」と呼ばれているものに直面している。発展途上国は広範囲にわたる栄養不足（カロリーと栄養素の）を抱えていると同時に、広範囲にわたる過体重と肥満を抱えているのである。発展途上国は、食品と水に由来する広範囲の病気に関連した第三の課題にもしばしば直面している。

食料が豊富な多くの国々においては、過体重と肥満の程度が非常に高い。合衆国では、成人の六六％が過体重であり（そのうち三五％あるいは七八〇〇万人は肥満である）、子どもたちの一七％は肥満である（Ogden et al., 2012）。英国においては、成人の二六％が肥満である（Swinburn et al., 2011; Wang et al., 2011）。肥満危機に関しては社会－経済的な次元も存在する。多くの場所で、低所得集団やマイノリティ集団そして女性たちが不釣合いに影響を受けている（DeSilver, 2013）。たとえば、合衆国では、肥満率は黒人（四七・八％）とヒスパニック系（四二・五％）の成人が最も高い。

過体重の、とりわけ肥満の人物は、心臓病や二型糖尿病、高血圧、高コレステロール、脳卒中、幾つかの形態のガン、骨関節炎のような多くの非感染性の病気、そして／あるいは健康状態に対するより高いリスクのもとにおかれる。肥満の個人は、過体重ではない者たちに比べて医療コストが三〇％以上多くかかり、合衆国では二〇三〇年までに医療支出の一六％から一八％が過体重と肥満に関係するものになると予測されている（Wang et al., 2011）。

肥満の原因は、高カロリーで高脂肪の食品の過剰消費（すなわち高エネルギー摂取）であり、ならびに、不十分な身体活動（すなわち低エネルギー支出）である。第2章で考察したように、一人当たりのカロリー生産量は、世界の全地域において、とはいえ特に多くの豊かな国々において二〇世紀半ば以降増えてきた。結果として、「安価な」カロリーが入手可能となり、安価なカロリーは加工食品や飲料を甘くするのに用いられ、それらを高カロリーではあるが低栄養なものにしている。これらの加工食品や飲料は積極的に販売されており、特に子どもたちに対してそうである。一人前の分量と間食の頻度も著しく増加してきた。たとえば合衆国では標準的な飲み物のサイズが一九五〇年以降、六・五オンス〔約一九二ミリリットル〕から二〇オンス〔約五九一ミリリットル〕に増加し、一人当たりの甘味飲料の消費は男性が一日当たりほぼ二〇〇〔キロ〕カロリー、女性が一日当たり一〇〇〔キロ〕カロリー以上である。一二歳から一九歳の間、少年たちは平均して毎日二二オンス〔約六五一ミリリットル〕の高カロリーの炭酸飲料を飲み、少女たちは平均して毎日一四・三オンス〔約四二三ミリリットル〕を飲む（Ogden et al., 2011; CDC, 2011）。

グローバル化は、これらの食事習慣（たとえば間食やファストフード）や製品（たとえば高カロリーの飲料や加工食品や食用油）を世界中に輸出するのに役立ってきた。第1章で考察したように、グローバル・フードシステムに関する顕著な懸念は、それが不健康な食事を助長し拡大するあり方に向けられるものであった。人々は文化的、経済的、心理‐身体的理由から、これらの食事の影響を受ける。これらの食品は高カロリーであり低価格である。それらは便利である。それらは広く広告されている。それらはより高い生活の質としばしば結びついている。そして、私たちは甘くて脂っこい高カロリーの食品を求める進化した嗜好をもっている。というのも、飢餓の季節を生き延びるためには、食料が入手可能な時期にカロリーを詰め込むことは有益なことだったからである。

カロリー消費が増えるのと当時に、エネルギー支出が減ってきた。このことの主要な理由の一つは都市化である。人々の大多数が現在は都市（あるいは郊外）に住んでいる。そして、都市の生活は田舎の暮らしに比べて低い水準の身体活動と結びついている。座りっぱなしの労働形態の拡大がそうであるように、機械化された輸送機関——自動車と公共交通の両者——も身体活動を減らしてきた。

◈健康な食品の調達

個人のレベルでは肥満の原因は明らかである。すなわち、カロリー摂取の増加とカロリー使用の減少が不適切なエネルギーバランスをもたらしているのである。それゆえに、肥満への対処には、人々の食事を改善することと、規則的な身体活動を促進することとが含まれる。しかし、さきに言及したとおり、これらを行うことが困難になるような構造的要因が存在している——私たちが暮らす場所から食品の経済的側面にいたる一切がそうである。肥満を減らすためには、人々はより健康的な食品の調達方法と、身体活動のための機会とをもつことが欠かせず、そのうえで人々は健康的な食品と身体活動を活用することが欠かせない。それゆえに、この〔肥満〕問題に対しては二つの側面が存在する。供給可能性と選択である。

食品の供給可能性については第2章で詳しく取り組んだ。そこでの考察は栄養不足に焦点を合わせていたが、それは、健康的な食品の調達方法の欠如と結びついた栄養不良にも同じように当てはまる。たとえば、食料不安にある人々は、脂肪と砂糖が多い高カロリー食品のほうを、もっと健康的で栄養的に豊かな食品よりも購入する傾向がある。特に、前者がより安価でより簡単に入手可能であるときには、そうである。それゆえに、肥満危機に対処するのに役立つ一つの方法は、貧困を削減し、健康的な食品をより安価にし、その生産量を増やし、その分配を改善することによって、健康的な食品の調達方法を改善することである。これらの事柄は、栄養不足の場合と同じように、援助計画、農業補助金、商業規制、労働法のような広範囲の種類の公共政策によって、またフードシステムのより広い特徴によって影響を受ける。オルタナティブ・フードシステムを擁護する論証の一つは、オルタナティブ・フードシステムのほうが、グローバル・フードシステムよりも健康的な食品を供給するというものだ。

公共政策や公共プログラムも身体活動のための機会に影響を及ぼす。たとえば、交通機関政策や都市設計は、人々が仕事や学校や礼拝に歩いてゆく能力に影響を及ぼす。治安維持プログラムや地域安全プログラムは、スポーツのために安全な公共空間を提供することにとって重要である。教育政策は、授業日が体育や休憩のための時間を含んでいるかどうかということに関係してくる。

栄養のある食品の調達方法の欠如や身体活動のための機会の欠如を引き起こす要因に対処すれば、栄養不良の場合と同じように、多くの潜在的ウィン・ウィン関係が存在するようになる。たとえば、より良い食事と運動は学業の改善に結びつく。貧困を減らすと、貧しかった者たちの福祉が向上し、実質的な社会的利益が生み出される（たとえば経済活動や市民参加の増加）。歩いて移動できるコミュニティと安全な公共空間は、社会関係資本や余暇の機会を促進する。それゆえ、単に許容可能なものとしてのみならず、多くの事例において倫理的に善いものとして、あるいはおそらく社会正義に関係する理由から必要とさえされるものとして広くみなされるようなやり方で、肥満に対して、調達方法の次元に取り組み、そうすることで公衆衛生を劇的に改善することが可能なのである。

◈責任と選択

肥満危機の選択の次元に関する主要な倫理的問題の一つは、この危機に対処するのは誰の責任であるかということに関するものだ。グローバルな産業型フードシステムは、人々が欲しいものを、人々が欲しいときに、人々が払いたい価格で送り届けることに長けている。グローバルな産業型フードシステムが人々の食品選好を満たすことを非常に上手く行うということは、そのシステムを擁護する主要な論証の一つである。それゆえに、一つの有名な見解では、健康的な食品や身体運動の調達手段が存在する場合には、肥満は主として個人の責任の問題であるということになる。自分の食習慣を変更することは個人（そして子どもの場合は親）の責任である。グローバル・フードシステムは、人々が欲しいもの――これは、人々が何を購入しているのか、また人々が購入するものに対して幾ら払いたいのかによって示される――なら何でも送り届けているにすぎない。そして、人々が欲しいと思っているものは、脂肪や砂糖やナトリウムの多い食品なのである。人々がもっと健康的な食品を欲しいと思うなら、このシステムはそれを送り届けることだろう。

これに応答して批判者たちがしばしば指摘するのは、不健康な食品を売る企業は人々の選好を満たしているにすぎないのではない、ということだ。企業は人々の選好を形作ろうとしている。企業の目標――そして多くの事例における企業の受託義務――は、公衆衛生を促進することではないし、市民の福祉を促進したりすることですらなく、むしろ利潤を最大化することである。企業の主要な製品は高度に加工された高カロリーの食品であって、これによって、企業はその収益のほとんどを生み出すのである。これらの会社の多くは、生鮮食品を売りもしない。あるいは、これらの会社が生鮮食品を売るとしても、それらの会社は〔加工食品と〕同じくらい利益が上がるようには売ることができない、あるいは広範囲かつ簡単に売ることができない。それゆえに、これらの会社は、不健康な食品が市民によって消費されることを維持し成長させることに強い関心をもつのである。この点において、これらの会社は、人間が甘くて脂っこくて高ナトリウムの食品や飲料に対する強い好みをもっているという事実によって助けられている。しかし、これらの会社は市民の需要を積極的に促進してもいる。このことを行う一つの方法は、より健康的な食品に比べて加工食品のコストを低く抑える商業政策や労働政策や農業政策のためにロビー活動を行うことである。もう一つの方法は、フランチャイズの拡大やグローバル化や自動販売機のようなものを通じて、加工食品を広範囲で簡単に入手可能にすることである。第三の方法は、それらを広告することである。

不健康な食品を市場に出したり販売促進したりすることは、健康的な食品をそうすることをはるかに凌駕している。合衆国ではファストフード会社は、二〇一二年に四六億ドルを広告に支出し、食品産業と飲料産業は全体として一〇〇億ドルをゆうに超える金額を広告に支出している。同じ年、合衆国では一億一六〇〇万ドルしか果物や野菜の広告に支出されなかった――マクドナルドだけで野菜や果物の広告支出額の二・五倍以上を支出した。グローバルに見ると、コカコーラ・カンパニーが二〇一二年におよそ三〇億ドルを広告に支出した。こうした広告のかなりの部分が、子どもたち向けのものであった。合衆国では、二歳から一一歳の子どもたちは一日当たりほぼ一三の食品広告と飲料広告をテレビで見るが、一方、一二歳から一七歳の子どもたちは一日当たりほぼ一六の広告を見ている。これらの広告の大多数――二〇〇九年では八四％――が不健康な食品のためのものである。実際、子ども向けの番組では、食品広告と飲料広告の九五％は、脂肪や砂糖やナトリウムの多い製品のためのものであった（Powell et al., 2013）。大抵の場合、子どもたちを狙った広告は、子どもたちの興味を引くアニメなどの登場人物を利用しており、大抵の場合、食品と一緒についてくるおもちゃやゲームを強調する。それは効果的である。広告に晒されることは、子どもたちが自分の親にその製品をせがむ傾向がより高まることや、それらの製品の消費が増加することと相関関係にある。ケベックでは子どもたちを狙ったファストフードの電子広告と印刷広告が数十年間禁止されてきたが、そこでは、子どもの肥満率がカナダ全体の肥満率よりも十分に低くなっている（Dhar and Baylis, 2011）。

多くの人々が、子どもを標的とした不健康な食品の広告は倫理に反すると考えている。利益を得ることを目的にして、子どもたちにとって悪いことをするよう子どもたちを操作することが広告の目標だからというのが、その理由である。脂肪や砂糖やナトリウムの多い食事が、即時的にも長期的にも子どもたちにとって不健康なものであることは明らかである。過体重と肥満は、子どもと成人の両方の病気と不調――糖尿病や喘息や鬱病を含む――のリスクを増加させる。また、子どもたちを標的にした広告が、利益をうるために行われていることも明らかである。子ども向けの広告が搾取的あるいは操作的であると考えられている理由は、宣伝が人を説得することを意図したものであることや、宣伝が何かを売っているのだということが、未熟な子どもたちには分からないから、というものだ。実際、六歳以下の子どもたちは、番組と広告を区別することさえしていない。それゆえに、広告主は、子どもたちの脆弱さ――自分が何を見ているのかということについて子どもたちは批判的に考えることができないこと——を利用し、その結果、自分の福祉に対して持続的で有害な選好や習慣を子どもたちに形作らせているのである。それは、子どもたちにとってタバコを魅力的なものとするために、アニメの登場人物を利用し、子どもたちの視線のさきに広告をおくことと、それほど異なるわけではない。

この論証に応答してしばしば指摘されるのは、未熟な子どもたちが自分の食品を購入するわけではないということだ。購入するのは子どもの親である。さらに、親たちは、自分の子どもが広告に晒されることに対して責任がある。子どもたちがそんなにも多くの広告を見る理由は、子どもたちが画面を見ている時間が非常に長いからである。合衆国では、子どもたちは、一日当たり平均しておよそ三時間テレビを見ているし、画面を見る時間はおよそ五時間から七時間である。親たちは、子どもに携帯電話を買い与え、子どもが自分の寝室にテレビやコンピュータを置くのを許し、ビデオゲームに数時間を費やすことを許している。実際、子どもたちの見る習慣は、食べる習慣と同じように、親の習慣を後追いする。自分の親がより多くテレビを見れば見るほど、子どもたちはますます多く見る。自分の親がファストフードをより多く食べれば食べるほど、子どもたちはますます多くのファストフードを食べる。自分の親が運動をしなければしないほど、子どもたちはますます運動をしなくなる。それゆえに、より良い生活様式のモデルを作ることや、子どもたちが広告に晒されるのを監視すること（同じく何が広告であるかを子どもたちに説明すること）や、そしてより健康的な食品を購入することは、親の責任なのである。

親たちが自分の子どもの食事と身体活動の責任の多くの部分を負うという見方には、確かに利点がある。しかし、幾たびか強調してきたように、人々の食品選択は、コスト、味、入手可能性、社会規範、便利さといったものによって構造化されている。まさに現在、これらの要因が不健康な選択を助長しているのである。さらに、しばしば親の監督の外部で——たとえば自動販売機から、あるいは学校給食を通じて——不健康な食品を手に入れる機会が子どもたちにはある。それだから、自分の子どもの健康や良好状態に対する責任が親にあること、この責任が食事や運動にも及ぶこと、このことは正しいけれども、その一方で、親だけに責任があるということが導かれるわけではない。

私たちが「責任」というものを理解するときに、問題を引き起こしたことについて誰が非難されるべきかという観点からではなく、その問題に対処するために何が必要かという観点から理解するなら、親だけに責任があるわけではないのは明らかである。公衆衛生という課題は非常に広範囲で重大で体系的なものであるから、この課題に対処するためには、消費者、親、生産者、教育者、健康の専門家、政府など、すべてが必要とされる。親たちは、よい食習慣と運動のモデルとなり、それを促進し、また子どもが画面を見ている時間（これは広告と、座って運動しないことの両方に晒されることを伴う）を減らす必要がある。生産者たちは、より健康的な食品の選択肢と、その食品に関するより良い（そしてより使いやすい）栄養情報とを提供する必要があるし、同様に、子どもに対して不健康な食（イーティング）を助長することを控える必要がある。学校は、健康的な給食や身体活動のための機会を提供する必要があり、ならびに食事や運動の重要性について生徒たちに教育する必要がある。健康保険制度は、健康的な食事や運動の重要性を強調する必要があるし、また栄養カウンセリングとか、運動にかかるコストに助成金を出すとかいったことを通じて、健康的な食事や運動に参加するように人々を促す必要がある。政府と市民組織は、食事のガイドラインを開発し普及させ、健康的な食品にかかるコストを減らし、健康的な食品の供給量の増加を促進し、不健康な食品に（直接に間接に）助成することを差し控え、歩いて移動できる都市環境を計画する必要がある。これは処方箋の余すところのないリストであることを意図したものではなく、むしろ可能な選択肢の代表例である。この問題は個人的かつ体系的なものであるから、その解決も同様なものである必要がある。

◆規制と公衆衛生

とりわけ合衆国において肥満危機に対処するという文脈で有名になってきた倫理的問題があるが、それは、公衆衛生を促進するために政府の権力を用いることに関する問題である。政府が過体重と肥満に対処するのに重要な役割を演じることについては、広く合意がなされている。問題は、どのような方法でそうするのが適切かということである。政府の活動は主として教育的、情報提供的なものであるべきだろうか――たとえば食事のガイドラインや情報のラベル表示。政府は説得とプログラムによってより良い選択へ向かうよう人々を「軽く押す（ナッジ）」ことを企てるべきだろうか――たとえば公共広告や学校での健康教室。政府は商業界に介入すべきだろうか――たとえば不健康な食品に課税したり、健康的な食品に助成したり、子ども向けの広告を制限したりすることによって。政府はある種の食品をすべて禁止すべきだろうか――たとえば合成トランス脂肪を含む食品や超大型の甘味飲料。

これら――制限的規制――のうち最後の規制は特に論争的である。なぜなら、それは人々の選択肢を制限することを含むからである。たとえばニューヨーク市は、一六オンス〔約四七三ミリリットル〕を超える高カロリー飲料の禁止令を企てたが、この企ては広範囲の反対にあい、その後に裁判所によって違法であるとの判決が下された。その根拠は、この禁止令が、それを策定した衛生委員会の権限を越えているというものであった。さきに考察したように、自律という考慮事項は一般に、人々が危険な行動に従事することを選択する限り、そして、そうするように強制されていない限り、人々がそうするのを許すことを支持する。この推定を前提にすると、政府が介入すべき利害関係――あるいは地位――をもつのはなぜか、その十分な理由が存在する必要がある。一般に認められた一つの正当化理由によると、ある行動が他者に危険を及ぼす場合、国家は介入することができる。たとえば、多くの公共の場所においてタバコを吸うことは禁止されているが、その根拠は、間接喫煙が他者にとって不健康だからというものである。しかし、食品はこのようなものではないと、多くの人々が主張している。ある人物が脂肪や砂糖やナトリウムが多い食品を食べることを選択するとしても、それは、他の誰かの心臓病のリスクを増加させるわけではない。それゆえに、人々の食品選択を制限したり、人々が自分の食品選好にもとづいて行為したりすることをより困難に（あるいはコストがかかるように）したりする方法を用いて、国家が健康的な食を促すのを擁護する、市民の保護という正当化理由は存在しないように思われる。このような見解では、強制的な食品政策は、パターナリズム的であって正当化のしようがないことになる。

この見解に対する一つの応答は、この見解は子どもたちに関しては有効でない、というものだ。子どもたちの健康と福祉を保護する責任が国家にはある。それゆえに、学校給食や、子どもたちに向けられた食品助成金によって、健康的な食を促進することができるし、促進すべきなのである。もう一つの応答は、危険な行動に関連する医療コストの相当な割合を国家が負担するような場合、国家は危険な行動を減らすことに強い利害関係を有するというものだ。たとえば、この正当化理由は、シートベルトやヘルメットを強制する法律を支持するために用いられてきた。さきに言及したように、合衆国では、二〇三〇年までに医療コストの一六%から一八%が肥満に関連するものになるだろうと予測されている。そして、アメリカ人の四分の一以上が、政府が基盤となった健康保険に入っている——メディケア[4]やメディケード[5]、あるいは軍人／退役軍人給付金（Mendes, 2012)。すでに、メディケアの支出額の九%が肥満に関連する病気によるものである。英国とカナダでは単一支払者制[6]の医療制度が存在しているが、両国においては、肥満に関連するほとんどすべての医療コストを納税者が負担している。第三の応答によると、公衆衛生を促進するための国家介入に関する懸念は、政府の適切な役割に関する限定的な見方に依拠してしまっている。政府がその市民を危害から保護するだけでなく、その良好状態を促進すべきでもあるとすれば、その場合、おそらく積極的な反肥満対策は、公費負担教育や科学研究やインフラストラクチャーが正当化されるのと同じ根拠から正当化される。

公共政策は人々の食事を改善することができる。合成トランス脂肪が合衆国の幾つかの都市で禁止されているが、このおかげで合衆国全体での合成トランス脂肪の使用量が著しく減ったのである。また、FDAは全国的な禁止を検討しているところである。研究が示したところでは、不健康な食品の社会的コストを内部化するために不健康な食品に対して課税すると、それらの消費量が減る。生鮮食品に補助金を出したり、税や関税を取り除いたりすることで、生鮮食品の消費量を増やすことができる。カロリー量よりも栄養のある食品を優先して促進する農業政策は、食料供給全体の健康増進的性質（ヘルスフルネス）を改善することができる。規範的な問いは、これらの種類の介入が有効かどうかではない。むしろ、これらの介入が政府の適切な範囲に属すかどうか、あるいは、そのかわりにそれらは人々の選択を不適切に制限するのかどうか、人々の生き方についての特殊な見方を支持するものなのかどうかということである。

3　栄養主義・栄養補助食品・ダイエット

この章と先行する諸章で考察されたトピックの幾つかは、人々がとる食事の栄養上の内容に関係している。栄養主義〔nutritionism〕とは、良い食べ物や良い食事についての見方のことを意味し、この見方は、食べ物や食事の実践や生活様式といったことよりも、むしろ栄養の組成に焦点を合わせるものである。栄養主義の見方では、健康的な食とは、カロリーやビタミンやアミノ酸や他の投入物を私たちの体内で最適化することに関係している。栄養主義は、ラベル表示政策、栄養素の日々の摂取を中心に方向づけられた栄養ガイドライン、個々の栄養成分を制限したり促進したりする食事、食品の微量栄養素の強化、栄養補助食品産業の拡大――アメリカ人の半分そして英国人の三分の一が現在、毎日、栄養補助食品を摂取している――といったものを通じて表現されている。

栄養主義は食品に関する考え方として一般的なものになりつつあるが、それは同時に問題のある考え方でもあると、多くの人々が信じている。栄養主義に関する一つの懸念は、栄養主義のせいで人々の行う食品の評価や選択が貧しいものになっているというものだ。たとえば、栄養主義のせいで、卵やバターのような、ある種の食品が避けられている。卵やバターは健康的な食事の一部となることができるにもかかわらずである。栄養主義のせいで、高タンパク質で炭水化物のない食事といったような、個別の栄養素に焦点を合わせるファッド・ダイエット[*7]を採用するように、人々は導かれている。このような食事は、維持するのが難しく、また不健康なものであることがある。栄養主義のせいで、すべてのカロリーと栄養素が代用可能であると、人々は信じてしまう。だが、カロリーや栄養素が身体によってどのように使用されるのかという点からすると、カロリーや栄養素の摂り方は、すべて同じであるわけがない。栄養主義のせいで、人々は栄養補助食品とその貢献に関する誇大広告的な主張に晒され、たとえ栄養補助食品が人々の健康を改善しないとしても、人々はそれらに何百ドルも払うのである。

栄養主義に関するもう一つの懸念によると、栄養主義は食品に対する技術‐科学的なアプローチ法であって、これは私たちの健康課題に対処するための工学的なアプローチを誤って助長するものである。この見方では、栄養が不十分であることは、問題のある食料生産システムの兆候であり、また問題のある食事の実践の兆候である。それゆえに、そうしなければ不健康である食品のなかに栄養を操作して入れたり、そうしなければ不健康（あるいは不十分）である食事を錠剤や粉末で補ったりすることによって栄養の不十分さに対処するのではなく、むしろ、食料生産システムや私たちの生活様式に対する改革の一部として栄養の不十分さに対処する必要がある。ダイエットや栄養補助食品や栄養強化は、栄養不足問題の原因――安価でカロリーが高く栄養に乏しい便利な食品を生産する産業型フードシステムがそれである――に対処しないテクノフィクスである。栄養主義はこのシステムに対する解決法であるというより、むしろその要なのである。私たちは、産業型フードシステムを維持しながら、かつ、自分が必要とする栄養素をなおも手に入れることができる――これは虚偽の修辞である。食品と健康の問題について栄養主義がもつ還元主義的な理解に対する代替案はどのようなものかといえば、それは、栄養的に貧しい食事を生み出す生態学的、経済的、社会的、文化的な要因を理解し、それらの要因に対処することを目指す代替案である。さらに、「良い食事」は栄養的に十分な食事にすぎないのではない。食べ物は燃料にすぎないという見方は、食べ物の文化的、社会的、美的な次元を覆い隠してしまう。

前段で挙げられた栄養主義に関する懸念は、現代の食品科学や栄養に定位した食品政策や実践に対する、一般的な文化的批判と非難の両方を含んでいる。これらの懸念に対する一つの応答は、それらがあまりに広すぎるというものだ。それらの懸念は、栄養科学や栄養学者と、ファッド・ダイエットや企業によるマーケティングとを一緒くたにしてしまっている。多くの栄養補助食品の恩恵が誇張されていること、栄養強化は栄養の乏しい食事に対する不十分な対応であること、一次元的な食事は健康的な生活様式を促進するものではないこと、そういったことは正しいかもしれない。だが、このことから、人々の食べる食品の栄養的次元に関して研究したり、人々に教育したりすることに問題があるということは導かれない。事実、栄養主義批判は偽りのジレンマの誤謬を犯しているように思われる。食品を栄養レベルで理解することが、栄養不良や栄養不足に対処するためのいっそう包括的なアプローチの一部とはなりえない、と考える理由はない。

もう一つの応答は、もし人々が不健康な食事をとりつづけているなら——人々はそうしたいと欲しているように思われる——、不健康な食事を栄養的に補うほうが補わないよりも良いというものだ。さらに、人々が食べている食品に関する栄養レベルの情報は、人々の考えをより健康的な食事のほうに変えるのに役立つ。栄養主義批判は、食品科学や栄養強化が不健康な食事と産業型フードシステムの立役者になっていると想定しているように思われる。しかし、このことは巨大な食品企業や栄養補助食品産業の内部では正しいとしても、栄養科学者や実践家一般に関しては当てはまらない。彼らの多くは、人々の食事と生活様式を改善するのに献身している。また、栄養主義は食品が豊かであるがゆえの争点であるということも、しばしば指摘される。十分な栄養の調達手段が欠如しているために栄養不良に陥っている者たちにとっては、微量栄養素の栄養補助食品は死活的なものだからである。

栄養主義の批判者たちは、食品科学とか、食品の栄養上の構成要素に焦点を合わせたりすることとかが、理論上は、フードシステムや実践の体系的（システマチック）・組織的な改革に対立するものではないことを承認するかもしれない。だが、栄養主義の批判者たちは、それらが健康的な食事に対する代替ルートを約束することによって、そしてシステム上（システミック）の問題から注意をそらすことによって、それらは実際上は改革を拒んでいる、と主張するかもしれない。食品のニュースや教育は、食事、食事のガイドライン、個々の栄養素や栄養補助食品に関するものになっている。さらに、栄養主義には、食品と飲料のマーケティングが備える強力さが関わってくる。食品会社は、その食品の栄養的に強化された側面を宣伝し、その食品が健康的でないにもかかわらず、それを健康的なものであるかのように見えさせることができるからである。

4　摂食障害

摂食障害〔eating disorder〕とは、食べ物に関する異常行動のことであり、これは、不十分な、あるいは過剰な食物摂取を引き起こし、ある人物の健康に害を与える。これには、しばしば極端なストレスや、体型ないし体重に関する心配が伴っている。最も知られた三つの摂食障害があって、それは、神経性食欲不振症〔anorexia nervosa〕、神経性大食症〔bulimia nervosa〕、むちゃ食い〔binge eating〕である。食欲不振症〔拒食症〕は、個人が極度に体重不足であるときでさえ太り過ぎていると信じ、結果として食物摂取を著しく制限する場合である。大食症〔過食症〕は、個人が過剰な量の食物を食べ、そのあとで嘔吐、下剤の使用、そして／あるいは極端な食事制限によって、その食物を自分から除去してしまう場合である。むちゃ食いは、個人が〔食欲の〕コントロールの欠如を感じながら、短期間に大量の食物を食べる場合である。摂食障害は蔓延している。英国のほぼ二・五%の人々、合衆国のほぼ四%の人々が、その人生のある時点で摂食障害に苦しんでおり、その圧倒的多数が女性である（NIHM, 2014; Beat, 2010）。

摂食障害は心理的‐生物的‐社会的な複合的問題である。摂食障害の取り組みは、治療、教育、家族のカウンセリング、薬、そして場合によっては入院と監視を通じてなされる。摂食障害の原因と治療の両方に関して倫理的問題が発生する。摂食障害の原因に関しては、美人の文化的「理想」が摂食障害において演じる役割についての懸念が広く提示されている。広告、エンターテイメント、ファッション、大衆文化は一般に、痩せていることを魅力的であることや性的に魅力があることと結びつける。これが、「正しい」体型を有し、自分の体重をコントロールするように促す著しい社会的圧力を生み出すのであって、この圧力が、食べることをめぐって不安に導いたり異常な行動を促したりすることがある。結果として、摂食障害の発生に貢献するこうした原因に対処する社会的に共有された責任があると考えられている。このことはまた、摂食障害に苦しむ者たちに――自己管理の欠如とか弱さとかといった理由で――全責任を負わせることが犠牲者を非難することの一例であるとみなされる理由となっている。

治療に関しては、摂食障害は医療上の意思決定に関連する多くの倫理的問題を生み出す。医療上の意思決定に関する標準的なインフォームドコンセント・モデルは、患者の自律を優先するものである。人々が治療を受けることを望まないなら、人々は治療を受ける必要がない。しかし、医療の専門家たちや代理人たちは、与益[*8]によっても導かれるべきである。ある人物がインフォームドコンセントを与えることができない場合には特にそうである。それゆえ、摂食障害の極端な事例は、ある人物をその意思に反して治療することが正当化されるかどうか、どのような条件のもとで正当化されるかという問いを生み出すことになる。食欲不振症〔拒食症〕の人物が救命治療を必要とする場合、その人物が救命治療を望んでいないのに、救命治療をすることは許されるだろうか。その人物の生命は危険ではないが、その人物がきわめて不健康である場合はどうだろうか。このことは、成人と未成年者では異なるだろうか。この問題は摂食障害の心理的な構成要素によって複雑化する――たとえば極端な事例における治療拒否は、医療上の意思決定をなすための対応能力(コンピテンス)が欠如していることの兆候であると解釈されるべきだろうか(しばしば依存症についてそうであるように)。また、生活の他の側面におけるコントロールの欠如の感情や無力化されているという感情がしばしば摂食障害に貢献する原因であるという事実によっても、この問題は複雑化する。

与益の義務と自律の尊重との間に生まれる緊張は、また個々の治療――たとえば侵入的監視(たとえば風呂場での)と活動制限(たとえば入院)――に関しても発生する。人々に自殺のリスクがあると判断される場合にそうであるように、摂食障害の事例において「自己への脅威」は適用可能だろうか。あるいは、これは極端なロッククライミングやベースジャンプのようなものにより近い事例だろうか。これらにおいては、強制的な(説得的に対立するものとしての)介入は、非常に高リスクの負傷や死の可能性が存在する場合でさえ、自律の尊重という理由から受け入れられてはいない。

ほとんどの医学的、心理的障害と同じように、摂食障害に関する倫理的問題は、摂食障害が善いか悪いかではなく、それらがいかに定義され診断され治療されるのかということに関係する。つまり、摂食障害を予防し治療する責任と資源の割り当てに関するものであり、自律と与益が緊張関係にあるように見える場合のような、あるいはインフォームドコンセントが成し遂げられない場合のような困難な事例において、いかに決定するかということに関係する。

5 結論

全員が安全で健康的な食事の調達手段をもつべきであるという合意は、広くなされてきた。しかし、何が「安全」「健康的」「調達手段」とみなされるかが論争されている。同じように、これらを提供するのは誰の責任なのか、より安全で健康的な食品に関する意思決定を私たちが行うのを手助けするために、私たちの国家、私たちの友人、私たちの家族が、いつ、どのようにして介入するのが適切なのかということも論争されている。この章の目標は、食品と健康に関係する規範的問題の範囲と、これらの問題において作用している価値や原則とを、食物に起因する病気（食料の安全性）と肥満（公衆衛生）とに特に焦点を合わせて解明することであった。ほとんどすべての食物問題と同じように、これらの問題は、フードシステム、食品テクノロジー、食料政策、食品選択に関する言説と密接な関係がある。さらに、摂食障害に関する節が示しているように、それらの問題は、健康と食べ物をめぐる倫理的な光景の一部をなすにすぎない。食べ物は、私たちの良好状態にとってきわめて重要であるが、それはまたストレスや不安や危険要因の源でもある。

◎読書案内

第1章の終わりにリストアップされたフードシステムとフード・エシックスに関する本のうちの幾つかは、農業や食品や健康に関係する問題に取り組むものである。

エリック・シュローサーの『ファストフード国家』（ホートン・ミフリン）〔Eric Schlosser, *Fast Food Nation* (Houghton Mifflin)〕は、特に影響力をもってきた。食品と健康の、特に社会的、政治的そして／あるいは倫理的次元に関する本には、以下が含まれる。

Marion Nestle, *Safe Food: The Politics of Food Safety* (University of California Press)〔マリオン・ネッスル『食の安全――政治が操るアメリカの食卓』久保田裕子・広瀬珠子訳、岩波書店、二〇〇九年〕

Marion Nestle, *Food Politics: How the Food Industry Influences Nutrition and Health* (University of California Press)〔マリオン・ネスル『フード・ポリティクス――肥満社会と食品産業』三宅真季子・鈴木眞理子訳、新曜社、二〇〇五年〕

Jeff Benedict, *Poisoned: The True Story of the Deadly E. Coli Outbreak that Changed the Way Americans Eat* (Inspire Books)

Janet Poppendieck, *Free for All: Fixing School Food in America* (University of California Press)

Michael Pollan, *In Defense of Food: An Eater's Manifesto* (Penguin)

Gyorgy Scrinis, *Nutritionism: The Science and Politics of Dietary Advice* (Columbia University Press)

Julie Guthman, *Weighing In: Obesity, Food Justice, and the Limits of Capitalism* (University of California Press)

Alexandra Brewis, *Obesity: Cultural and Biocultural Perspectives* (Rutgers University Press)

第6章 食べ物と文化

私たちは文化的動物である。私たちの生活形式――私たちの世界への関わり方――の際立った特徴は何かといえば、それは、私たちの複雑な信念体系、社会的な取り決め、テクノロジーといったものである。他の種も道具を用いるし、社会的学習に従事するし、社会組織を有している。しかし、いかなる種も、私たちがこれらのものを発明し、蓄積し、普及させるのに匹敵する速度や規模で、これらを発明し、蓄積し、普及させることはない。その理由は、私たちの有する認知的、心理的能力が、他の種に属する個体の能力を超えているという点にある。これらの能力のおかげで、私たちは、世界の異なったあり方を想像することができるのであり、そのあり方を生み出すための戦略を考え出すことができるのであり、私たちの知識と発明を他者に広めることができるのである。

理性をもつことや学習や発明は、私たちの生き方にとって重要である。このことが文化的多様性の源泉となっている。人間の様々な人口集団が、独特の信念体系やテクノロジーや実践を、時が経つにつれ発展させてきた。彼らが他の人々との間に限定的な交換（たとえば貿易や移住）しかもたない場合、特にそうである。人々が分岐するようになった一つの事項が、食文化――人々はどのような食べ物を食べるのか、人々はどのように食べ物を生産（あるいは獲得）するのか、人々はどのように食べ物を調理するのか（そして誰が調理するのか）、人々はどのように食べ物を消費するのか（そして人々は誰とともにそうするのか）――、食文化の伝統、食文化をめぐる儀式である。食文化が文化ごとに相違するのはなぜかということの説明のうちで重要な部分は、生態学的なものである。太平洋の島々に住む人々は、たとえば肥沃な三日月地帯や北極地方に住む人々とは異なった資源を調達し、異なった気候を経験し、異なった生態学的な困難や好条件に直面してきた。結果として、彼らは、異なった食文化と、この食文化に関わる文化的実践や世界観や物語を発展させた。文化的アイデンティティや文化的意味や文化的規範は、それゆえ、それらが言語においてそうであるのと同じ仕方で食べ物のなかに埋め込まれており、食べ物を通じて表現されるのである。

序章で考察したように、この本は、個々の食文化の研究や調査を行うものではない。しかし、食べ物と文化が非常に緊密に結びついているという事実、また、文化は私たちの生活におけるアイデンティティや意味にとって重要であるという事実は、多くの倫理的問題を生み出す。この章は、食べ物と文化とが交差する地点に発生する倫理的問題に焦点を合わせる。

1　文化を尊重する

文化的アイデンティティは、ある文化が自分自身のものであると、ある人物が承認することを意味する。私たちのほとんどは、一つ、ないしもっと多くの文化——たとえば民族的文化、宗教的文化あるいは国民的／地域的文化——と一体感をもつ。文化のなかに位置づけられていることや文化的アイデンティティは、世界における場所の感覚や意味や方向づけを与えてくれるし、同時に社会的なつながりを強めてもくれる。そのことは個人の良好状態や繁栄にとって重要である。幾つかの研究が示したところでは、強い文化的アイデンティティは、人々の幸福に積極的に貢献する。これは文化の価値〔value of culture〕である。文化はまた価値を作り出すことができる。場所、実践、オブジェ、交流といったものは、それらが、ある文化の歴史、物語、社会構造、世界観、儀式において役割を演じる場合、価値をもつものとなる。これは文化的価値〔cultural value〕である。文化的アイデンティティや文化的価値を尊重することに関する懸念が、農業と食料の文脈でしばしば生じている。私は、このことの幾つかの事例をある程度詳しく考察してきたので、ここではそれらを短く振り返るだけにする。

◆差異に対する鈍感さ

ＧＭＯのラベル表示と肥満を考察する文脈で言及したように、政府は、文化や世界観に関して中立であるべきである。国家は、他の文化や世界観に対して、ある文化や世界観を優越させて促進することを目指すべきではない。その市民が文化的に多様である場合は、特にそうである。それゆえ、食料政策は一つの文化ないし宗教を前提とすべきではない。たとえば、宗教的に適切でない食品が学校給食プログラムのなかに存在するような場合、生徒たちは食べることと、自分たちの価値／伝統に忠実であることとの間で選択しなければならなくなるかもしれない。同様に、文化的に適切な食品が入手可能でないような社会的催し物――公的なものも私的なものも――が、意図せずに人々を排除したり周辺化したりしてしまうかもしれない。それゆえ、文化的差異の尊重に関する一つの争点は、食べ物に関する文化的差異を提供する義務が制度や個人にどの程度あるのかということであり、同様に、〔文化的差異の尊重に関する〕期待が、コストや供給可能性によってどの程度まで制限されるのが合理的かということである。

食料政策や実践における文化的多様性の承認が不十分であるのは、大抵の場合、文化的な近視眼の結果である。あるいは、自分のものとは異なる文化的視点が存在し、そのような視点からは物事が非常に違って見えるかもしれないということの理解が欠落している結果である。たとえば、ある視点からすると、GM作物に関する唯一の合理的な懸念はその健康リスクであって、GM作物が安全であることが示されれば、ラベル表示は不当なものとなるということがあるかもしれない。しかし、遺伝子レベルでの操作は内在的に問題があるとみなす別の視点が存在する。積極的ラベル表示は、このような世界観を信奉する人々が、自分の確信する価値にしたがって食べることに役立つだろう。同様に、マカ族の捕鯨は、生態学的な視点や動物福祉の視点からすると問題があるように見えるかもしれないし、それは伝統的な文化実践であるとさえ思われないかもしれない。というのも、それは現代的なテクノロジーを用いるからである。だが、この捕鯨に参加する者たちの視点からすると、それは巨大な文化的価値をもっている――それは文化的アイデンティティを促進し、文化的な誇りを育成するからである。それゆえに、食べ物に関する文化的差異を尊重する方向への重要な一歩は何かといえば、それは、該当する者たちの文化的視点から（単に経済的視点や健康という視点からだけではなく）、食べ物の問題を理解するように試みることである。

◆不正義と搾取

食料政策と農業政策は、すでに不利な立場にあるか周辺化されているかしている者たちにとって有害な仕方で、様々な文化的影響を及ぼすことがしばしばある。たとえば、商品単作を推進したり伝統的な小農地農業を置き換えたりする国内政策や国際政策や貿易協定に対して、このことが当てはまると考えられている。たとえばヴァンダナ・シヴァは、土地所有権の整理統合と種子供給に対する権力とが小規模生産者や農業コミュニティや関連する文化的実践に対してもちうるカスケード効果を叙述した。彼女が強調するのは、農業の祭りや儀式や実践——種子の分かち合いをめぐる祭りや儀式や実践のような——が、多くの小農地コミュニティにおける人間関係や社会体制にとっていかに重要であるかということである。

商品単作や産業型フードシステムを支援する政策は、伝統的な食料や調理を維持するのをいっそう困難にすることもある。たとえば、シヴァが強調するところでは、インドにおけるからし油の小規模生産を制限する政策は貧困者（生産者と消費者の両方）にとって経済的に不利であるというだけではなく、大豆油への転換をも促したということである。この転換は、文化的に不適切なことであるし、また地域の生産者ではなく大規模な（しばしばグローバルな）行為者によってコントロールされている。自然資源の管理政策も様々な文化的影響を及ぼすことがある。たとえば、合衆国の太平洋岸北西部における河川のための水管理政策は、サケの移動に影響を与えている。サケの移動は、その地域のアメリカ先住民集団にとって経済的、文化的に重要なものである。さらに、より多くの水が農業に振り向けられることは、サケやサケに頼る者たちにとっては水の減少を意味する。

また、十分な同意や対価を伴うことなく文化的知識が利用される場合、あるいは文化的知識がその文化の世界観に反する仕方で利用される場合にも、不正義が発生すると考えられている。これは、**生物資源盗賊行為**〔biopiracy〕——すなわち商業化された製品を作り出すために、地域の、あるいは自生種の生物学的知識を搾取的に利用すること——の背景にある懸念である。**生物資源探査**〔bioprospecting〕、すなわち新しい製品へと発展する可能性のある生物資源の探索は、農産業や製薬産業においてよく行われており、それは植物や動物の自生種の知識にしばしば依拠する。生物資源探査は、生物工学上の発明の実りある源であったし、そうありつづけている。しかし、生物資源探査は文化的知識を利用するのだから、それは、公正で文化的に敏感な仕方で行われなければならない。そうでないときには――生物資源探査がコミュニティの同意なしで行われたり、コミュニティのためにならなかったり、文化的に侮辱的な実践を含んでいたりする場合――、それは不正であるとみなされる。たとえば、北アメリカにおけるオジブワ族の幾つかの部族は、伝統的に栽培されてきた様々な野生の米の遺伝子組み換えと特許に反対してきたが、その理由は、遺伝子組み換えや特許が自分たちにとって経済的に不利になり（彼らの野生の米の生産と競争することになり、彼らの苗代を汚染することになり、彼らの米を特許侵害責任に対して開放することになるからである）、野生の米の完全性（インテグリティ）、共通の遺産、所有権という点で、彼らの文化的実践や世界観に対立するから、というものだ。

◆同質化と喪失

第1章で考察したように、グローバルな産業型フードシステムに関する有名な懸念は、それが生産プロセスや生産物における標準化を助長し、それによって文化的多様性を減らし、伝統的な農業の実践や料理の実践を追放してしまう、というものだ。ファストフードのフランチャイズが広範囲に存在することは、このような同質化（しばしば「アメリカ化」と呼ばれる）を象徴している。現在、一一七か国に三万二〇〇〇を超えるマクドナルドの店舗が存在している。しかし、商品単作が進展していること、育てられる作物と動物の種類が著しく減っていること、小農地土地所有から企業による大規模所有への転換が起きていること、加工食品や飲料の消費がグローバルな規模で途方もなく増加していることなどにおいても、このような同質化は明らかである。

標準化された生産とインスタント食品は、食料と農業における文化的な多様性を損なうだけでなく、私たちの生活における食料や農業の意味や価値を損ないもすると考えられている。安価なインスタント食品の隆盛は、食べ物を調理することとか、友人や家族と一緒に食べることとかに費やされる時間が少なくなっていることと相関している。このことと関連する一つの心配は、料理の知識と技能が伝授されなくなるということだ――すなわち言語が次の世代によって学ばれないときに伝統は失われるが、それとまさに同様の仕方で、文化的に価値のある実践や機会が失われつつあるのである。もう一つの心配は、そのまわりに家族が集められ、文化的アイデンティティが表現される場としての力を食べ物が失っているというものだ。さらにもう一つの心配は、このことが食べ物の美学と鑑賞の喪失に貢献しているというものだ。その懸念は、人々は、次第に、食べ物を燃料として、あるいはその栄養上の内容という観点から考えるようになっており、大量生産された加工食品で満足している、という懸念である。第1章で考察したように、これらは、まさにスローフード運動やローカルフード運動を活気づけている類いの懸念である。

文化的喪失と同質化に関する心配が、食料政策の多くの争点を生み出している。たとえば、貿易政策や規制や補助金は、文化的に価値があり文化的アイデンティティと結びついている農業の伝統的形態を保護するということを根拠にして、どの程度正当化されうるだろうか。文化的に重要な料理の実践を促進し維持する際に、政府が果たす役割はどのようなものだろうか。そして、そのようにするには、どのような手段なら許容可能だろうか――たとえば教育か優遇措置か補助金か。これらの問いは、公衆衛生を促進する際に国家が果たす役割についての行った考察（第5章）で提示された考慮事項、つまり国家権力と資源の適切な使用、パターナリズム、個人の自律といった考慮事項の多くと交差するものである。グローバル企業によって生産された安価なファストフードや加工食品が、人の食べたいものである場合、文化的な伝統や歴史の価値は、商業界に介入したり、伝統や歴史を保護するために国家資源を費やしたりすることの根拠となるだろうか。

2　問題のある文化的実践

前記の考察は、文化や多様性や差異に対する尊重が欠如していることから生じる食物問題を強調したものであった。しかし、食べ物をめぐる文化的実践は、それ自体に問題があることがある。

幾つかの事例では、文化的に価値のある実践は生態学的に問題がある。たとえば、フカヒレ・スープの象徴的、薬用的な力に関する中国や他のアジア諸国の伝統は、サメのヒレだけを求めてサメを捕獲し、サメの体の残りの部分は廃棄するという実践を推し進めている。ヒレを獲ることは、他の形態の商業型漁業や混獲の影響とならんで、サメの個体数に壊滅的な影響を及ぼしている。サメの比較的遅い増殖速度を前提とすると、特にそうである。何千万ものサメが毎年殺されており、国際自然保護連合――生物多様性評価を行い、絶滅危惧種のレッドリストを整備している――によると、エイやサメの種の四分の一に絶滅のおそれがある（IUCN, 2014）。さらに、サメは大型の捕食動物であるから、その数が減ることは、水生食物網と水生系全体に及ぶカスケード効果をもたらす。人間の個体数がもっと少なく、動物を捕獲・保存・輸送する能力がもっと乏しく、社会的、経済的理由からほとんどの人々に入手可能でなかったときには、フカヒレ・スープを食べるという実践は生態学的に問題のあるものではなかった。しかし、産業化された漁業、グローバルな分配システム、経済発展、社会的変化が、フカヒレ・スープを食べることを生態学的に問題のあるものとするのに貢献したのである。フカヒレ・スープが唯一の事例であるわけではない。ゴリラやサイやトラや多くの爬虫類の部位を薬として使用したり消費したりすることに関する伝統や信仰についても、ならびに、多くの商業用に捕獲されたり狩猟されたりする種――クロマグロやシラスウナギや多くの渡り鳥の種のような――についても、事情は同様である。

いま述べたことは、生態学的な問題や生物多様性の問題に貢献する、文化的に重要な食料の実践と伝統の事例である。加えて、それ自体は問題があるとはみなされないが、グローバルな産業型フードシステム――資源を保全したり種を保護したりするための十分な管理や規制や最善の実践が存在しない――という文脈において、問題のあるものとなった文化的な伝統や実践が存在する。しかし、それ自体で問題があるとみなされるような、食料と農業をめぐる他の文化的な実践が存在する。これらの実践の幾つかは人間以外の動物に関係する――たとえばイルカの追い込み漁やフォアグラを手に入れるために家禽に食物を無理やり摂取させることである。しかし、〔問題がある〕多くの実践は、ジェンダー役割やジェンダー期待に関係するものだ。食べ物の用意をする責任は不釣合いに女性に課せられている。多くの文化的伝統において、女性の主要な役割は、主婦であること、食事を作る人であることだと考えられている。幾つかの事例では、男性が最初により多く、そして／あるいは栄養的に優れた食べ物を食べる。女性たちは多くの文化において、男性たちにとって魅力的であるためにと、特定の体型と容姿を維持するよう食物摂取を厳しく監視することが期待されている。女性たち、そして少女たちは不釣合いに摂食障害に苦しんでいる。その事例は長く続きうるだろうが、しかし、それぞれの事例において文化的実践は問題があると考えられている。なぜなら、それらの文化的実践は、問題のある権力関係や規範や役割や期待を表現し永続化しているからである。

ジェンダー規範とジェンダー期待の表現が近年著しい関心を呼び起こした一つの領域があって、それは食品広告の領域である。食品調理に関連する製品は、主に女性に狙いを定めており、大抵の場合、良い女性というのは（痩せているのに加えて）、そこで自分の家族にきちんと食事が与えられることになる清潔な家庭を維持しているものだ、という期待を利用している。ダイエット装置やヨーグルトそして朝食のシリアルを売るために、体重と体型に関する女性的な「理想」が利用され、かなり広められているのである。男性を狙った食品広告——たとえばスポーツイベントの最中に放送されるビールや料理店の宣伝——においては、女性たちはいつものように物として見られ、性的魅力を過剰に付加され、粗末に扱われ、あるいは揶揄されたりしている（たとえば、物質主義的で、愚かで、過度に感情的で、あるいは口やかましいものとして描かれている）。男らしさは、肉を、しかもそれを多く食べることと結びついているのであり——ビッグ・バーガーや手羽のバケット——、女性的な男性は嘲笑される（そして、幾つかの事例では叩かれさえする）。宣伝が、食べ物をめぐるジェンダー化されたステレオタイプや期待や役割をからかうために——これは次第に当たり前のことになっている——それらを意図的に誇張するときでさえ、それらは効力をもっているのである。幾つかの事例においては、それらは名前においてさえあからさまで露骨である——たとえばフーターズ・レストラン、[*1] スキニーガール・ウォッカ、[*2] マンウィッチ・スロッピー・ジョー・ソース。[*3] 食品広告における不当表示、偏った描写、ステレオタイプな描写、侮辱的な描写は、もちろんセックスやジェンダーに限定されない。それは、人種、民族、性的指向、階級に関しても同じように生じている。

3　倫理的相対主義

文化に関わる考慮事項に対して、どの程度の規範的重要性が与えられるべきかということが、フード・エシックスにおける重要な争点となる。なぜなら、文化的実践はしばしば問題がある可能性があるからである。何かが文化的伝統の一部であるという事実によって、別の点ではその何かが倫理的に好ましくないとみなされても、その何かは許容可能なものになることができるだろうか。この問いは、文化的な実践や伝統への訴えが有する正当化の威力がいかほどであるかということに関係する問いである。

文化的実践の規範性を考察するときには、正当化と説明の区別を心に留めておくことが重要である。物事がどのようにして存在するようになったかということについての説明は、物事がそのようであるべきかどうかという問いを未決のままにする。このことを理解するために、疑う余地のない事例を考察してみよう。ある男性がその妻を虐待しているのだとして、なぜそうなのかの説明は、彼の子どもの頃の経験や、感情のコントロールが彼に欠如していることや、彼の経済的状況や彼の薬物使用や、あるいは妻の行動についての彼の認識に訴えるものであるかもしれない。しかし、このような説明が存在するからといって、この説明は、その行為を許容可能なものとして、あるいは継続すべきものとして正当化することはない。配偶者間の虐待というものは、それがなぜ生じるのかを私たちが説明できる場合でさえ、明らかに倫理に反する。あらゆる文化的実践に対する説明が存在する——たとえば、それを成立させた歴史的、経済的、生態学的、社会的要因の説明である。しかし、このことから、すべての文化的実践の継続を擁護する十分な理由が存在するという意味で、すべての文化的実践は正当化されるということが導かれるわけではない。たとえば、人間の歴史の行程全体にわたって、多くの文化が奴隷制を実践してきた。各事例において、いかにしてその実践が成立したのかということに関する説明が存在する。しかし、奴隷制が経済的に都合が良かったとか、宗教的権威によって裁可されたとかいう事実は、奴隷制を倫理的に許容可能なものとして正当化するわけではない。（ここでの争点は、その文化的文脈にいる人々ならそれを承認するだろうかということではなく、それはなされるべきであったか否かである。）何かが文化的な実践である、あるいは伝統であるという事実から、その実践に関与することが倫理的に許容可能であるという結論を引き出すことは、いつも妥当なことであるとは限らない。第3章において、私は、このことを伝統に訴える誤謬と呼んだ。（ある実践を評価することと、称讃や非難を帰することとの区別を心に留めておくことも重要である。私たちは、奴隷所有の実践が合法的で広く受け入れられていた時代に奴隷を所有していた人物よりは、違法な人身売買に今日関与している人物のほうを厳しく判断するかもしれない。しかし、このことは、今日の奴隷制が、歴史全体を通じて存在した奴隷制よりも倫理的に悪いものだという考えと合成されるべきではない。正当化が説明から区別されなければならないのとまったく同じように、正当化は有責性〔culpability ――非難可能性〕から区別される必要がある。）

ある人々は、倫理のすべてが文化に相対的であると信じると主張する。すなわち、彼らは文化相対主義〔cultural relativism〕と呼ばれる、倫理的真理の基礎に関する一見解を承認している。（倫理の本性に関する研究領域はメタ倫理学〔metaethics〕と呼ばれる、それだから文化相対主義はメタ倫理学における一理論あるいは一見解である。）文化相対主義によると、何が倫理的に正しく、何が間違っているのか、あるいは何が善く、何が悪いのかということに関する主張の真理は、文化的な規範や実践によって決定される。すなわち、ある行為や実践は、ある人の文化が行っていることに反する場合は間違っており、ある行為や実践は、文化的規範に合致していれば正しいということだ。たとえば、文化相対主義によると、フォアグラを食べることが倫理的に許容可能であるかどうかは、フォアグラを食べることが、ある人の文化的実践の一部であるかどうかに依存する。それが広く受け入れられており歴史的になされてきたのであれば、その場合、それを行うことは倫理的に許容可能だろう。もしフォアグラを食べることが広く反対されており、それを禁じる法律が存在するのであれば、その場合、フォアグラを食べることは間違っていることになる。もう一度いうと、文化相対主義によれば、倫理は文化的な実践や規範によって決定される。伝統に訴える誤謬が存在するわけではない。

　文化相対主義に対する最も有名な反論は、それは著しく直観に反する含意を有する、というものだ。何が正しく、何が間違っているかが、ある文化に相対的であり、かつ、ある文化が、子どもを生贄にすることや、女性たちが所有物であるかのように女性たちを売ることや、あるいはマイノリティ集団に対する大量虐殺といったことを承認している場合、その文化に住む人々にとっては、これらのことは、行うのが倫理的に正しいことになってしまう。さらに、いかなる文化的実践も、他の任意の文化的実践より倫理的に善かったり悪かったりするわけではないことになる。それらの文化的実践はすべて、その文化の内部では正しいからである（なぜなら、何が倫理的に正しいかを決定するのは文化的実践なのだから）。加えて、文化が倫理的に進歩することは決してなく、文化はただ変化するだけであることになる。文化相対主義によると、合衆国やイギリスにおいて女性たちが財産を所有できなかったり投票できなかったりしたこと、そして有色の人々が奴隷にされたりしたことは、それらがその国の支配的な感情であり法である場合は、正しいことだったということになる。そうだとすると、これらの感情や実践や法が変化したとき、何ごとも倫理的により善くなったわけではないのである。（文化相対主義に関する別の一連の困難があって、それらの困難は、一個の文化を構成するのは何であるかを定義することや、その定義がなされうるとしたら、その文化に対する規範を規定するのは何であるか――たとえば法や理想あるいは実際の実践――を決定することに関係する。）

　文化相対主義を承認すると主張する人々が、この見解の含意するもの――すなわち無辜（むこ）の人々を組織的に差別したり奴隷にしたり殺害したりすることが倫理的に正しいことだとされる可能性がある――をひとたび理解すると、実にしばしば、彼らはその考えを選択的相対主義

〔selective relativism〕と呼ばれるかもしれないものへと修正する。選択的相対主義によると、倫理的主張のなかには文化的に相対的なものもあるが、しかしすべての主張がそうであるわけではない。（私は選択的相対主義について後のほうで考察する。）しかし、ある者たちは文化相対主義を承認しつづける。だが、文化相対主義が反直観的な含意を強固に有するのなら、その場合、文化相対主義を受け入れるためには、強力な論証が提供されなければならない。文化相対主義を擁護する論証はどのようなものだろうか。

文化相対主義を擁護する中核的論証は、文化的相違にもとづく論証である。この論証は、様々な文化が様々な倫理的信念をもっており、様々な実践や規範を採用しているという観察とともに開始される。ある文化はカースト制を有するが、他の文化はそうではない。ある文化は男性と同じ法的な権利や保護を女性に対して与えているが、別の文化は与えていない。ある文化は刑事司法において体刑や死刑を用いているが、他の文化はそうしていない。ある文化はイルカ漁を許しているが、他の文化はそうではない。この論証は、そのあと次のように主張して続いてゆく。様々な文化的実践や文化的規範や文化的信念をそれによって評価すべき基準は、ある文化的視点の外部には存在しない、と。すべての評価はある文化的視点を想定しなければならないのだから、すべての評価も文化的に相対的である。それゆえ、すべての倫理的主張や倫理的規範はある文化的視点の一部であるというだけでなく、これらの主張や規範の評価すべても文化的に相対的である。倫理的主張を行ったり評価したりすることに関しては、文化を超越したり、その外部に出たりすることは断じてできない。

文化的相違にもとづく論証の中核的構成要素をなすのは、しばしば裁定の困難〔challenge of adjudication〕と呼ばれているものである。仮に文化相対主義が間違っているとすれば、その場合、ある文化の倫理的な信念や規範を正当化されるもの、あるいは正当化されないものとして評価することが可能でなければならない。そして、このことは、評価のための、文化から独立した基準が存在することを要求する。すなわち、様々な文化の倫理的な信念や実践の間で裁定するための何らかの方法が存在しなければならないが、この方法それ自体は、ある文化の個々の倫理的な信念や規範を前提とするものではない（前提としてしまえば、それは論点先取となるだろう）。結局、これが、異文化間の経験的な不一致が解決される仕方である。任意の個々の文化から独立した基準が存在し、これが文化をまたいで裁定することができるというわけである――たとえば科学的方法である。私たちは、地球の形や質量と重力の関係や恐竜の実在といったものについての主張の真理が文化的に相対的であると考えたりはしない。なぜなら、経験的主張を評価したり裁定したりする有効な方法が存在しているからである。だが、倫理的信念に対してはそのような基準や方法は存在しない。そのように文化的相違にもとづく論証は主張するのである。

裁定の困難や文化的相違にもとづく論証に応答するには、倫理的な主張や信念を評価するための非相対主義的な方法があることを証明することが必要となる。多くの人々は、それが存在すると信じている。実際、その方法の幾つかは、本書全体を通じて考察されてきた。倫理的主張を評価することが可能となる一つの方法は、倫理的主張を支えるために用いられている経験的な前提を評価することである。たとえば、第3章で考察されたように、動物を食べることの倫理的許容可能性を支持して提示される考慮事項の一つは、動物は苦痛を感じないというものであった。しかし、動物が苦痛を実際に感じていることを示す、強い心理的ならびに行動的証拠が存在する。それゆえに、この考慮事項は、動物を食べることが倫理的に許容可能であるということに対する正当化理由としては、不健全であることになる。人間の歴史は、両性間の差異に関する間違った信念、異なった人種や民族に属する人々に関する間違った信念、そして人間と人間以外の動物に関する間違った信念が、不当な倫理的信念を生み出し、そうすることで差別、征服、奴隷制、大量虐殺といった倫理に反する実践を引き起こした事例で埋め尽くされている。

何らかの個別の文化的視点に訴えずに倫理的信念を評価することができるもう一つの方法は、倫理的信念を支持して用いられている推理（リーズニング）を評価することである。倫理学は、科学と同じように推論（インファレンス）を用いる。科学的推理においては、経験的データから結論への推論が存在する。科学的な結論は、そのデータが良いものであり、かつ推論が妥当である場合にのみ正当化される。科学的推理においては誤りが発生する。たとえば、導かれる結論がデータに対する最善の説明ではないことがしばしばあるし、あるいは、データが因果関係を保証するほど十分に強固でないにもかかわらず、因果関係が主張されたりすることがしばしばある。それゆえに、科学的実践の一部には、どの時点で誤りが発生するかを見定めるために、他人のデータや推理を評価することが含まれる。同じ事態が倫理学においても発生する。倫理学においては、前提――経験的主張や価値の主張や原則――から結論への推理によって結論が確立される。しばしば、遂行される推論が無効であることがあり、結論が前提から論理的に導出されないことがある。それゆえに、結論が正当化されないことがある。

推理においてよくなされる誤りは誤謬と呼ばれる。誤謬推理の幾つかの形態がフード・エシックスにおいてもよく見受けられる。たとえば、完全主義の誤謬は、グローバルな栄養不良に対処する私たちの責任に関する考察のなかで登場した。自然に訴える誤謬は、動物を食べることに関する考察のなかで登場した。偽りのジレンマの誤謬は、合成肉に関する考察のなかで登場した。衆人に訴える誤謬は、遺伝子組み換え動物に関する考察のなかで登場した。フード・エシックスと食料政策においてよく見受けられる誤謬には、人身攻撃の誤謬〔ad hominem fallacy〕――ある見解の理非を考察するかわりに、その見解をもつ人物を攻撃すること――や、早まった結論の誤謬〔fallacy of hasty conclusion〕――関連する情報の幾つかだけにもとづいて全体の倫理的評価を行うこと――が含まれる。これらの両方がフードシステムに関する言説において頻繁に発生する。それゆえ、倫理的信念を評価するためのもう一つの方法は、倫理的評価が依拠する情報を評価することに加えて、倫理的評価を支持して提示される推理の質を評価することである。もしその推理が誤謬であるならば、その場合、その見解はその推理によっては正当化されていないことになる。

何らかの文化的視点を想定しない仕方で倫理的な信念や実践を評価することが可能になる第三の方法は、内的整合性という観点からのものである。ある文化（ないしある人物）が、相互に不整合な倫理的主張を承認しているとしたら、あるいは、そうした倫理的主張が、ある原則は承認しても、その含意するものを承認しないとしたら、その場合、少なくともそれらの信念の一つは虚偽であるに違いない。たとえば、ある社会ないし文化が動物虐待を間違ったことであるとみなし（かつ、それを禁ずる法律を通し）、しかしその後に、人々の食べ物の選好を満たすためだけに動物が苦しむCAFOを許可し、それに助成金を出しているなら、その場合、人々の価値観や法律や実践は相互に不整合であり、それらのうちのどれかは改訂されるべきである。同様に、ある人物が苦痛は本来的に悪であると信じているが、動物は倫理的に考慮するに値しないと信じているなら、その場合、それらの見解は、人間と人間以外の動物との間に倫理的に重要な差異が存在しない限り、相互に緊張関係にあることになる。それゆえに、文化的な（そして個人的な）倫理的信念を評価するもう一つの方法は、それらがどの程度内的に整合的であるか、その程度を見ることによるものである。

まとめると、これらの方法――信念の事実的基礎を評価すること、信念を支える推理の質を評価すること、信念の整合性と一貫性を評価すること――は、個人や文化が有する倫理的な信念や実践を評価し、それらの間で裁定するための一揃いの堅固な方策を提供してくれる。それらの方法は、推理と経験的情報という基準を用いるので、一つの文化の信念や実践をもう一つの文化の倫理的視点から判断することを含むものではない。動物が苦痛を感じるかどうかは、文化的文脈に依存しない。何かが自然のなかで生じるということから、人々がその何かを行うことが許されるということへ推論することは論理的に無効であって、それは、その人の文化的アイデンティティとは関係がない。このことが正しいとすれば、その場合、倫理は単に文化的実践の問題にすぎないのではないし、また、それは主観的なものではない。諸個人や諸文化が有する倫理的な信念や規範や実践を厳密に評価することは可能である。それゆえに、裁定の困難に対処することができるのであって、倫理的相対主義は間違いであることになる。

倫理的相対主義に対抗するこの論証に対してしばしばなされる一つの応答は、経験的情報と推理の基準はそれ自体が文化に依存している、というものだ。しかし、これはかなり信じがたい。農業目的のために生じる森林破壊の総量や海洋漁場の健全さは、この世界の状態に関する客観的な事実であって、誰かが、あるいは何らかの文化がそれらについて何を信じているかということから独立している。海洋漁場はまったく枯渇していないとすべての人々が信じることができるとしても、実際には、そのことは、海洋漁場の枯渇が深刻であるという事実を変えることはないだろう。さらに、ある漁場が枯渇していないという事実から、世界の漁場は健全であるという結論へと推論することは虚偽であって――それは証拠が保証する以上のことを主張している――、それは、ある人の文化的文脈とは無関係である。何が研究されるのか、どのような種類のデータが信頼できるものとみなされるのか、どのような種類の推論がなされているのかといった事柄に関して、科学的実践は実にしばしば文化の影響を受ける。このことは正しい。しかし、これらの事柄はそれ自体が批判的評価に晒される。さきに考察したように、しばしば科学（そして倫理学）は、それがなされるべきほどには申し分なくなされているわけではないのである。

文化相対主義を支持してしばしばなされるもう一つの論証は、私たち自身の文化的実践とは異なる文化的実践を私たちは尊重し、それに寛容でなければならないのであって、このような尊重は倫理的相対主義を採用することを私たちに要求する、というものだ。しかし、この論証は、倫理的相対主義が真であるということを示すというよりは、むしろ倫理的相対主義が間違っていることを実際には想定している。すべての文化がそれ自身とは異なる文化的実践を尊重し、それに対して寛容であるべきであるということが真であるなら、その場合、非相対主義的な倫理的真理――すなわち、すべての文化は他のすべての文化を尊重すべきであるという真理――が存在することになる。この理由から、この論証の支持者たちは、しばしば全面的相対主義――すなわちすべての倫理的主張の真理は文化的に相対的あるいは主観的である――から、選択的相対主義――すなわち多くの倫理的主張の真理は文化的に相対的である――に移行する。

4　文化の規範性

　文化相対主義に関する前記の考察が示唆したのは、文化的な規範や信念や実践は、倫理学に関してはいつも決定的なものであるとは限らないということだ。ある実践が文化的伝統となっているとか、文化的に受け入れられているとかいった事実は、それ自体では、その実践をなすことが許されるということを含意しない。というのも、しばしば文化的な規範や信念や実践は、正当化されるものとして、あるいは正当化されないものとして評価することができるからである。伝統に訴える誤謬が存在している。しかし、これは、文化的な考慮事項が規範的にはまったく重要ではないということを主張するものではない。この章のはじめで考察したように、文化的伝統は文化的アイデンティティ――価値あるものである――にとって重要であり、また文化的伝統は価値を作り出すことができる。それゆえ、文化的な考慮事項が倫理学において規範的なものとして取り上げられるべきなのはいつであり、どの程度であるかという問いを再検討する必要がある。

　幾つかの事例では、文化的実践は慣習（コンベンション）であって、これは人々がなすべきことに対する規範を定めるものだ。たとえば、オーストラリアでは人々は自動車を運転するとき道路の左側を通行するという事実は、慣習である。それが慣習であるのは、道路の右側を通行する仕組みに比べて道路の左側を通行する仕組みのほうをより正当化する理由が存在しないからである。しかし、その慣習が一度設定されると、それは規範的になる。オーストラリアでは左側通行が慣習（と法）であるという事実は、オーストラリアでは全員が左側通行すべきだということを含意している。順調で安全な道路の移動は、人々がこの実践を遵守することに依拠しているし、この慣習を故意に意図的に破ることは倫理に反することになるだろう。エチケットから家族の取り決め、祝日にどのような食べ物を食べるかということにいたるまで、多くの事柄が文化的あるいは社会的慣習である。道路の通行の事例のように、しばしば慣習は倫理的に規範的なものとなる――

すなわち、それを犯すことは悪いことである。テーブル上の食器の配置といったような別の事例では、慣習は規範的ではない――フォークをスプーンの隣に置くことは倫理に反することではない。

そうすると、問題は、文化的実践がいつ倫理的に規範的なものとなり、いつそうでないかを選り分けることである。前述の考察事例――車の運転と食器――が示唆しているのは、この選り分けが、賭けられているものの重要性と関係しているということだ。自動車の運転の事例においては、価値のある何かが賭けられている。すなわち、他の人々の良好状態が賭けられている。それゆえに、その規範を遵守することが許されるだけではなく、そうすることは義務なのである。食器のエチケットにおいては、（たとえあったとしても）比較的重要ではない何かが賭けられている――おそらく他者たちがあなたのことをいかに評価することになるかということが賭けられている。それゆえに、たとえ些細な理由であっても、その規範を破ることは許容可能である。

前記の考察は、文化的規範を破ることが許されるのはいつであるかということに関するものであった。もう一つの種類の事例は、文化的実践が他の規範的考慮事項に反する場合のものである。何かが、ある文化的伝統の一部であるという事実によって、その何かが他の場合には倫理的に問題があるとみなされるとしても、その何かは許容可能なものになることができるだろうか。しばしばそのようになることができるように思われる。たとえば、子どもたちを意図的に驚かせることは普通は許されないが、ハロウィーンのときにはそうすることが許される。とはいえ、これには限界がある。たとえば、子どもたちを本当に怖がらせたり、長期的には子どもたちにとって有害となったりするような仕方で、それがなされることがあってはならない。このことが示唆しているのは、倫理的考慮事項（この事例では子どもたちの良好状態）が、ある伝統や文化的実践の内部においてさえも、許容可能なものを制限するということである。

フォアグラは、フランスでは伝統的なクリスマスイブの食べ物である。この文化的実践が存在することに対する説明が存在している。しかし、さきに考察されたように、ある説明が存在するということは、その文化的実践が倫理的に許容可能であるかどうかを私たちに教えてくれるわけではない。目下の目的のために、動物の苦しみが倫理的に重要なものであると想定しよう（この論点は第3章で詳しく考察した）。カモやガチョウの肝臓を太らせるために、それらに強制的に餌を与えることは、それらが苦しむ原因となる。フォアグラを食べることが伝統ではなく、フォアグラを食べると非常に美味しい味がするだけだと想定してほしい。その場合（動物の苦しみが倫理的に重要であると仮定すると）、フォアグラを食べることは許容可能ではないことになるだろう。というのも、フォアグラを食べることは、単なる料理の選好のために不必要な苦しみと死を引き起こすことを伴うことになるからである。クリスマスイブにフォアグラを食べることが伝統であるという事実は、そのような事情を変えるだろうか。一つには、その事実が意味するのは、クリスマスイブにフォアグラを食べることが長い時間、多くの場所で広く実践されているだけでなく、積極的に広められている、あるいは伝えられている、ということである。通常は、何かが倫理的に問題があると考えられる場合、その何かがより広く普及すればするほど、それはより悪いことである。そうだとすると、この点では、フォアグラを食べることが伝統であるということは、フォアグラを食べることを倫理的にいっそう問題のあるものにするのであって、問題のないものにするのではないように思われる。しかし、フォアグラを食べることが伝統であるということは、フォアグラを食べることが文化的アイデンティティや価値ある実践に結びついていることも意味する。このことは、フォアグラを食べることの規範的な意味を周辺的なものから重要なものへと――それが不必要な苦しみを引き起こすことを正当化する見込みがある地点にまで――高めるのに十分だろうか。

そのように考えない人々がいる。ある文化的伝統が不必要な苦しみを引き起こすとき、それが示しているのは、その文化の内部に問題のある何か（この事例では動物に対する文化的な態度）が存在するということであり、それだから、それは承認されるべきではない、ということだ。すなわち、文化的実践の価値ある部分が不必要な危害を引き起こすことを伴うという事実は、その文化に関して評価的なものを私たちに伝えてくれる。つまり、その事実は、〔苦しみを生み出す〕その実践を許さないのである。（多くの人々は、結婚の強制や女性の割礼に関して類似した種類の論証を行う。）さらに、文化的価値の主張を評価する際には、その伝統が文化的アイデンティティや実践にとって、どれほど重要であるかを見極める必要がある。重要な文化的価値を喪失せずに、文化的伝統を差し控えたり、修正したり、代替したりすることは可能だろうか。たとえば、マカ族が主張するところでは、彼らの捕鯨は、その文化的アイデンティティや実践にとって重要であり、捕鯨に対する合理的な代替案（たとえば命を奪うことのない象徴的な「狩り」）は存在しない。しかし、クリスマスイブのフォアグラの事例においては、フランス人のアイデンティティや誇りや文化的連続性が、この特定の料理の伝統を継続することに左右されるというのは、信じがたいことだと思われる。

前述のことは、次のことを示唆している。個別の事例において文化的実践への訴えが、他の規範的考慮事項（倫理的考慮事項を含む）に優先すべきかどうかは、以下の点に依存する。①その実践／伝統が文化的アイデンティティや実践にとってどれほど重要であるか。②その実践／伝統によって損なわれる倫理的考慮事項がどれほど重要であるか。③倫理的考慮事項が文化的実践によってどの程度損なわれるか。④文化的な意味や価値を実質的に喪失することなく、その実践を修正したり代替したりすることができるかどうか。

5　食通文化

食べ物が豊富に存在する場所では、食べ物はエンターテイメントの一源泉であると次第にみなされるようになっている。フード・ネットワーク[*4]は現在、合衆国で一億世帯以上に達しており、アメリカ人の五〇％以上が、料理に関するテレビ番組を「非常に頻繁に」あるいは「時々」見ると報告している。私たちは、著名人シェフによって楽しませられたい、食べ物のコンテストによって夢中にさせられたい、エキゾチックな場所の奇妙な食べ物に関して学びたいと熱望している。食べることは、次第に娯楽として扱われるようになっている。第1章で考察したように、豊かな国々に住む人々が食べ物に支出する所得の割合は相対的に小さい。私たちの多くは頻繁に外食することができる状態にあり、より珍しい食品、小規模専門店の食品、調理に凝った食品、新しい食品、グルメ食品を味わうために、お金を払うことができる状態にある。

食通〔foodie〕が意味するのは、料理することや食べることや飲むことを趣味や仕事として採用する人物のことである。食通は、食べ物と飲み物に対する鑑賞力や知識を養うことに注ぎ込む。彼らは、自分の人生において食べ物の美学と経験を優先させる。彼らは、新しくてレベルの高い美食経験を追求する。彼らは、フード・ツーリズム（あるいはキュリナリー・ツーリズム）に参加し、[*5]エキゾチックな、あるいは並外れた食べ物を経験するために新しい場所に旅をする。彼らは食べ物の調理の技術を発展させる。食通とは、食べ物を料理し消費することが中心的実践であるような人々のことである。

食通主義〔foodieism〕は論争的である。このことは驚くべきことであると思われるかもしれない。食べ物と食べることに関する一つの趣味が、スポーツや芸術に関する趣味以上に少しでも問題があるはずがあろうか。人々が余分な時間と資源を有しており、アルチザンチーズやシングルモルト・スコッチの美的な鑑賞力を発展させたり、北インドの料理の歴史や技術を学んだり、ヨーロッパのワイン地帯を旅行したり、あるいは街中の最新の最も革新的な料理店で食べたりするだけのことに余分な時間と資源を費やしたいと考えているとして、なぜ誰かがそれに反対すべきなのだろうか。自律というものを尊重するのであれば、倫理に反する事柄に従事することを伴ったり、もっと重要な事柄から注意をそらしたりするのでない限り、人々がその資源と余暇を好きなように費やすことは許されるべきである。

食通主義は、しばしばスローフードやローカルフードと結びつく。そのため、食通主義に対する反論は、オルタナティブ・フード運動のあれらの側面に対してなされた反論に似ている。たとえば、食通主義は、エリート主義的であるとか、利己的（セルフサーヴィング）であるとかいって非難される。というのも、食通主義は、大量の資源を自分自身に費やすことに重点をおくからであり、豊かな者たちにとってだけ手が届くものだからである。食通主義はまた階級差別的（クラシスト）であるとも考えられている。というのは、食通主義は、ワーキングプアや中産階級が好むファストフードや加工食品の名誉を傷つけながら、富者に訴えかけるグルメ食品や小規模専門店の食品の価値を吊り上げるからである。食通主義はまた、食料不安や栄養不良や生態学的劣化のような現実の食料問題から注意をそらすものだとみなされているし、子ウシやフォアグラの生産とか、〔二酸化炭素などを〕大量に排出する食事とかいった倫理的に問題のある実践を維持するための正当化理由として、美学を用いるものだとみなされている。食通主義は、馴染みのない食べ物や人々を、私たちが見物に行き経験することができる風変わりでエキゾチックな「他者」として扱うが、そのような扱いは、他者たちを物として見たり商品化したりすることであり、植民地主義とエスニシズムの痕跡をもつと考えられている。

これらの懸念は、ある程度は、食通たちの戯画に反対して、あるいは少なくとも最悪の形態の食通主義に反対して提示されているものである。食べ物に対して深い美的関心をもつ多くの人々、そして食べ物に関連した趣味や職業を始める多くの人々が、利己的で、エリート主義的で、生態学的に鈍感で、あるいは倫理的に不注意であるということはない。第1章で考察したように、スローフードはその目的を拡大して、食べ物の美学や鑑賞力の促進のほかに、食料正義、人権、食料調達、持続可能性、動物福祉を含めるようになった。（ただし、これらの事柄が文化的に重要な食べ物あるいはグルメ食品と衝突することになるとき、それらの事柄への関与が深いかどうかついて懸念が提示されてきた。）エリート主義的で利己的で無責任な食通や食通組織は存在する。だが、食べ物の鑑賞力を教育、栄養、食料安全保障、コミュニティの向上に結びつけることに関心をもつ小規模事業主、農民、教師、コミュニティ組織も存在する。食べ物の美学に関与することは、美学への関心がどのように追求されるかということを未決のままにしておく。有徳な芸術家や釣り人であることも、悪徳の芸術家や釣り人であることも可能であるのとまったく同じように、有徳な食通であることも悪徳の食通であることも可能である。本当の問いは、思いやりがあり、正しく、生態学的に慎重なやり方で、どのように「食べ物を愛する」かということなのである。

6 結論

文化はフード・エシックスと二つの仕方で交差する。第一に、文化的な伝統や実践によって提起される倫理的争点や倫理的問いが存在する――たとえば文化的な伝統や実践をどのように尊重するか、いつそれらを受け入れるかといったことである。第二に、どのような種類の食べ物文化を発展させることを私たちは目指すべきか、そのことに関する規範的な問いが存在する。しかし、ある実践が伝統的な食文化に結びついていようが、新興の食べ物文化に結びついていようが、評価的な問いは大部分は同じである。その実践は他者の自律と実践を尊重しているだろうか。その実践は持続可能なものだろうか。その実践は問題のある権力関係を広めるものだろうか。その実践は入手しやすいもので〔他者を排除するのではなく〕包摂的なものだろうか。その実践はコミュニティを強化するだろうか。その実践は思いやりがあるものだろうか。そして、その実践は人々の生活を改善し豊かにするものだろうか。

◎読書案内

これまでの章の終わりに記載された資料の幾つかは、食べ物と文化が交差する地点に生じる社会的、倫理的な問題に取り組むものである。

Food, Culture & Society (Bloomsbury)――食料・社会研究学会〔the Association for the Study of Food and Society〕によって刊行されている雑誌。

Vandana Shiva, *Stolen Harvest: The Hijacking of the Global Food Supply* (South End Press)〔ヴァンダナ・シヴァ『食糧テロリズム――多国籍企業はいかにして第三世界を飢えさせているか』浦本昌紀訳、明石書店、二〇〇六年〕

Alison Hope Alkon and Julian Agyeman, eds., *Cultivating Food Justice: Race, Class, and Sustainability* (MIT Press)

Robert Gottlieb and Anupama Joshi, *Food*

Justice (MIT Press)

Carlo Petrini, *Slow Food: The Case for Taste* (Columbia University Press)

Ted Kerasote, *Bloodties: Nature, Culture, and the Hunt* (Kodansha)

この章で考察された話題に関する他の優れた資料には、以下が含まれる。

Lisa Heldke, *Exotic Appetites: Ruminations of a Food Adventurer* (Routledge)

Carolyn Korsmeyer, *The Taste Culture Reader: Experiencing Food and Drink* (Bloomsbury)

E.N. Anderson, *Everyone Eats: Understanding Food and Culture* (New York University Press)

Food and Foodways (Taylor & Francis)――食料の歴史と文化に関する論文を掲載する雑誌。

もっと一般的に、倫理的相対主義とメタ倫理学への二冊のわかりやすい入門書としては以下のものがある。

Russ Shafer-Landau, *Whatever Happened to Good and Evil?* (Oxford University Press)

James Rachels, *The Elements of Moral Philosophy* (McGraw-Hill)〔ジェームズ・レイチェルズ『現実をみつめる道徳哲学――安楽死からフェミニズムまで』古牧徳生・次田憲和訳、晃洋書房、二〇〇三年〕

訳注

序章

＊1　栽培農業は crop agriculture、飼育農業は animal agriculture の訳語である。直訳すれば、それぞれ作物農業と動物農業となるが、日本語としては一般的ではないと考えられるので、栽培農業、飼育農業と訳した。農業は大きく二つの領域からなる。一つは、土地を耕し植物を栽培し、その作物を収穫する農業である。もう一つは、植物を飼料として動物を飼育する農業（畜産）である。栽培農業と訳したものは前者に、飼育農業と訳したものは後者に該当する。

＊2　動物福祉や動物の権利という用語が本書では頻出する。通常、福祉や権利という語は人間に関して用いられる。だが、倫理学には、これらの語を動物にまで拡張しようという立場が存在している。福祉や権利という視点から人間と動物の関係を見直そうという試みである。動物は不当に苦しめられていないか（動物福祉）、動物は、人間が利用する手段としてではなく、目的として尊重されているかどうか（動物の権利）という論点は、動物から作り出される食べ物が倫理的に善い食べ物かどうかを判断する際の基準の一つとなる。

＊3　ここでは、well-being を良好状態と訳した。ウェルビーイングは、直訳すれば、良好であること、良い状態で存在することである。通常は、福祉、福利、幸福などと訳される。ちなみに、ウェルビーイングは、世界保健機関（WHO）が世界保健機関憲章で採用した健康の定義のなかで用いられている。「健康とは、身体的、精神的、社会的に完全に良好な状態のことであって、単に病気や虚弱が不在であるということではない」（Health is a state of complete physical, mental and social well-being and not merely the absence of disease or infirmity）。この定義を参考にすると、ウェルビーイングは、身体が良好であることだけでなく、個人が精神的・社会的に良好であることをも含む概念である。

＊4　『最新農業技術事典』はフードシステムについて、以下のように解説している。「フードシステムとは、農畜水産物が種々のルートを経て生産者から最終消費者に到達するまでの複雑かつ重層的な構造、あるいは垂直的な統合の過程を指していう。すなわち、個々の経営体（農家・企業）や消費者は、個別に存在しているのではなく、食を介した一つのシステムのなかに包合されて存在しており、システム内に存在する他者との関わりのなかで、食に関する行動が存在するというのが、システム論的な捉え方のひとつである。」（独立行政法人農業・生物系特定産業技術研究機構編『最新農業技術

事典』農文協、二〇〇六年、「フードシステム」の項）。フードシステムは今日、グローバルな規模に拡大しており、また、あたかも工業製品を作り出すシステムであるかのように産業化（もっと強くいえば工業化）されている。このことが引き起こす倫理的問題が次章で分析される。

＊5　食料安全保障（food security）については、一九九六年に開催された世界食料サミットにおいて、以下の定義が採用された。「活動的で健康な生活をおくるために、食事のニーズと食べ物の選好を満たす十分で安全で栄養がある食料が、すべての人々にどんなときにでも物理的、経済的に入手可能であるなら、食料安全保障は存在する」（FAO Food Security Programme, *An Introduction to the Basic Concepts of Food Security*, 2008 at http://www.fao.org/docrep/013/al936e/al936e00.pdf）。大摑みにいえば、誰もがいつでも必要な食料を調達できることが、食料安全保障の基本である。この状態が実現しないとき、食料不安（food insecurity）が発生する。

＊6　原語はfoodwayである。定まった訳語はまだ存在しないようであるが、ここでは、以下に倣い、食文化という訳語を採用した。参照、エイミー・グプティル／デニス・コプルトン／ベッツィ・ルーカル『食の社会学――パラドックスから考える』伊藤茂訳、NTT出版、二〇一六年、二三八頁。

第1章

＊1　選好の原語はpreferenceである。「好み」や「嗜好」と訳してもよいが、ここでは、経済学などにおける用法との連続性を意識して選好と訳している。簡単にいえば、選好は、ある個人が、あるものを（他のものに比して）選ぶこと・欲求することを意味する。本書の文脈では、野菜よりも肉を好んだり、生鮮食品よりも加工食品を好んだり、健康な食品よりも、カロリー・脂肪・糖分の多い食品を好んだりするような場面で、選好という言葉が用いられている。

＊2　本書では考慮事項（consideration）という語が多用されている。考慮事項とは、何かを決定するに際して、検討の対象として考慮すべき重要な関連事項のことである。日常生活でも、何が正しいことなのか、何をなすべきなのかを決定する際には、多様な事柄を考慮しなければならない。たとえば、ある大学に進学するかどうかを決定するには、本人の意志、経済状況、学力、移動距離など、様々な事柄を考慮しなければならない。同じように、倫理的問題の是非を考える場合も、様々な問題を考慮しなければならない。フード・エシックスの文脈でいえば、人間の健康、人権、個人の自律、動物福祉、動物の権利、生態学的影響、格差、正義、文化的多様性などが、考慮すべき重要な関連事項となる。

＊3　経済学の用語で、生産規模が大きくなると、それに

伴ってコストが下がり、効率が上がってゆく傾向のこと。
＊4　サプライチェーン（supply chain）。サプライは供給、チェーンは連鎖であるから、供給連鎖と訳されることがある。製品が、原料の段階から消費者の手に渡るまでのプロセスのつながりのことである。工業製品などに関して使用される用語であるが、食べ物の背後にも、工業製品並みの複雑なサプライチェーンが控えている。
＊5　総合的有害生物管理（integrated pest management）は以下のことを示す。「ゴキブリ・ネズミ・害虫などの有害生物を、統合的に管理する手法。生物的手法（天敵など）・化学的手法（殺虫剤など）・物理的手法（罠など）などを統合的に用い、人間と有害生物との持続的な棲み分けをめざす。」（『スーパー大辞林』三省堂、「IPS」の項）
＊6　被覆作物とは「畑地が風や雨水などによって侵食されるのを防ぐために植える、地面を覆うように茂る性質のある作物をいう。被覆作物の条件としては、多年生で冬場も地面を覆う越冬性の強いことも重要である。庭園やゴルフ場などのシバ類や、牧草畑におけるクローバー類などがその例で、イネ科やマメ科の多くの牧草は傾斜地に栽培されて、風食や雨食から土壌を守る働きをしている」（『日本大百科全書』小学館、「被覆作物」の項）。
＊7　微量栄養素とは、微量であっても生命の維持に必要とされる栄養素のことであり、ビタミンやミネラルなどを指す。
＊8　米国フリトレー社のスナック菓子のこと。
＊9　生活賃金（living wage）とは、最低限の生活水準を保証する賃金のことである。生活賃金が最低賃金と一致するとは限らず、最低賃金が生活賃金に届かないことがある。
＊10　スズキ目アカメ科の魚類。
＊11　理解に迷う箇所であるが、単作によって微量栄養素が不足し、その結果、健康被害などが出るという点で微量栄養素に影響されてしまうということだろう。
＊12　原文ではCAFOsと略記されているが、訳文中ではCAFOと表記する。
＊13　フィードロット（feed lot）とは、以下のような大規模な飼育場のことである。「当初はドライロット（dry lot）とも呼ばれ、米国やオーストラリアの乾燥地帯で、柵で囲った運動場（裸地の放牧区画（lot）を多数配置して数千～数万頭規模で肉牛の多頭数大規模肥育を行う場を示す用語として用いられた。」（農業施設学会農業施設用語解説集編集委員会編『よくわかる農業施設用語解説集』筑波書房、二〇一二年、一〇七頁）
＊14　ケージ（cage）は、ブタやニワトリを飼育するための檻や籠のことであり、このケージを何段か重ね並べたものがバタリー式のケージである。

＊15　断嘴（debeaking）については、本書一〇〇頁を参照のこと。

＊16　除爪（declawing）については、本書一〇〇頁を参照のこと。

＊17　ブロイラーは元々は直火焼きのための調理器具である。ここから転じて、丸焼き用の肉のために飼育されるニワトリがブロイラーと呼ばれるようになった。

＊18　妊娠期間用檻と訳したのはgestation crate。これは、妊娠期間中や出産後の雌ブタを飼育するための小さな檻のことである。本書一〇〇頁を参照のこと。

＊19　次節ではフード・ジャスティスと表記している。

＊20　高果糖コーンシロップ（high-fructose corn syrup）は、トウモロコシから採取されたデンプンを化学的に分解しブドウ糖に変え、さらにそれを酵素によって果糖に変えたもの。

＊21　whole food の訳語として、一般に英和辞典は「自然食品」という語を掲載しているが、ここではカタカナで「ホールフード」とした。wholeは丸ごとという意味であり、したがってホールフードとは「加工・精製されていない丸ごと食べる食べ物」のことである（『現代用語の基礎知識２０１８』自由国民社、「ホールフード」の項）。

＊22　テキスト本文ではコンヴィヴィア〔convivia〕となっているが、コンヴィヴィウムと表記した。コンヴィヴィアはコンヴィヴィウムの複数形である。コンヴィヴィウムはラテン語で「饗宴」の意。

＊23　ユナイト・ヒア（UNITE HERE）は、アメリカとカナダにまたがる労働組合。組合員数は二七万人で、ホテル業、食品サービス業、製造業、繊維産業、運輸業、空港産業などの従業員からなる。（https://www.facebook.com/pg/Unite-Here/about/?ref=page_internal）

＊24　カーボンフットプリント（carbon footprint）は、直訳すると「炭素の足跡」であり、以下のことを意味する。「カーボンフットプリント（ＣＦＰ）は、購入・消費している商品やサービスのライフサイクルにおいて、『どこ』で『どれだけ』〔二酸化炭素〕が排出されたかを算出し表示するものである。」（八木宏典監修『世界の農業と食料問題の全てがわかる本』ナツメ社、二〇一三年、一三三頁）。

＊25　アーティザナル・フード（artisanal food）を、ここでは職人的食品と訳した。これは、大量生産の食品とは異なり、人の手を用い、小規模の伝統的なやり方で作られる食品のことである。

第2章

＊1　一日当たり一・二五ドルの購買力平価（purchasing power parity; PPP）については、本書六三頁を参照。

＊2　ケイパビリティ（capability）は、経済学者のセンや哲学者のヌスバウムによって用いられている概念としては、次のようなことを意味する。センやヌスバウムは、人々の暮らし向きの良さが所得や財によってではなく、ケイパビリティがどれほど拡大しているのかによって理解されるべきであると主張した。ケイパビリティは、所得や財などが与えられることによって生み出される人間の潜在能力のことである。たとえば、ある人物が基礎医療の整った地域に生まれると、その人物は長寿になる潜在的可能性が高まる。この箇所でもそのようなニュアンスが生かされていると考えられる。つまり、食料が調達しやすい社会制度のもとに生きる人物は、その食料調達の潜在的可能性が高まるであろう。

＊3　人口置換水準とは、「長期的に人口が増加も減少もしない出生水準」のこと。（『スーパー大辞林』三省堂、「人口置換水準」の項）

＊4　社会関係資本と訳したのは、social capital である。これは、人々のつながり、信頼関係、相互扶助といった人的ネットワークを資本や資源という視点から捉えた社会学の概念である。ソーシャル・キャピタルは、経済学では社会資本と訳され、道路や上下水道のようなインフラストラクチャーを意味する。しかし、本書の文脈では、後の二〇六頁での用法からもわかるように、ソーシャル・キャピタルは社会関係資本のほうを指しているであろう。

第3章

＊1　種差別はピーター・シンガーの用語であり、種の違いを不当に強調する差別のことである。つまり、人間以外の種に属する動物が、人間という種に属さないという理由だけで不公平に扱われることが種差別である。

＊2　カスケード効果とは、ある現象や影響が次々と連鎖的に広がってゆくことである。

＊3　「農業、林業、その他の土地利用」の原語は agriculture, forestry and other land uses であるので、ＡＦＯＬＵと略されている。

＊4　フォーチュン五〇〇社とは、合衆国の経済誌『フォーチュン』が毎年一度発表しているリストのことで、合衆国内の企業の総収入上位五〇〇社が掲載される。フォーチュン一〇〇〇社は上位一〇〇〇社のリストである。

＊5　トロフィー・ハンティングは以下のような狩猟である。「合法的に趣味として行う野生動物の猟。個人の記念品（トロフィー）として剥製などを持ち帰る。欧米では伝統的に盛ん。アフリカではサイのほかゾウやライオン、ヒョウ、キリンなども対象になっている。ワシントン条約では、動物の種類ごとに生息数を考慮し、どの地域で猟ができるかを定めて

いる。」（『朝日新聞』朝刊、二〇一三年一月一五日）

＊6　キャンド・ハンティング（canned hunting）は、トロフィー・ハンティングの一種で、フェンスなどで囲われた空間に動物を閉じ込めて（缶詰状態（キャンド）にして）殺す狩猟のことである。狙われる動物はこの囲いの外に逃げることはできない。

＊7　Wilderness Education Association Japan によると、Leave No Trace は「自然を利用するすべての人が、環境に対する責任をもち、楽しく利用するための環境倫理プログラム」であり、以下の七原則からなる。（http://weaj.jp/lnt-seven-principles-only/）

・事前の計画と準備（Plan ahead and prepare）
・影響の少ない場所での活動（Travel and camp on durable surfaces）
・ゴミの適切な処理（Dispose of waste properly）
・見たものはそのままに（Leave what you find）
・最小限のたき火の影響（Minimize campfire impacts）
・野生動物の尊重（Respect wildlife）
・他のビジターへの配慮（Be considerate of other visitors）

＊8　原語は hook-and-bullet である。hook は釣り針、bullet は銃弾であって、それぞれ漁猟と狩猟を象徴している。ちなみに、Wiktionary 英語版によると、hook-and-bullet の意味は以下のとおり。Relating to, or characteristic of, the outdoor pursuits of fishing and hunting.（漁猟や狩猟のアウトドアでの遂行に関係する、あるいは、それに特徴的）。

＊9　食物網（food web）とは「生態系内でのすべての食物関係（食う-食われる）の総合をいう。この関係は食物連鎖ともいうが、自然界では動物は多種類の食餌をとっており、食物の循環は、網の目のように相互関係が入組んでいて、単なる鎖ではないことからこの名がある。」（『ブリタニカ国際大百科事典小項目版』ブリタニカ・ジャパン、「食物網」の項）

第4章

＊1　戻し交雑育種と訳したのは back-breeding である。バック・ブリーディングという語そのものは、絶滅した種を復活させるための技術を意味するようである。バック・ブリーディングは「出発点が家畜の現存する種類である選抜育種（selective breeding）の一形態である。バック・ブリーディングと、他のもっと一般的な選抜育種の諸形態との主要な違いは、バック・ブリーディングにおいては、育種家の意図が育種プロセスの行程を逆転し、家畜化において失われた性質を復活させることであるのに対して、選抜育種の目的は通常は、乳の生産の増加といった望まれた性質を強化することによって目新しいものを作り出すことである。」（M. Oksanen & H. Siipi ed., *The Ethics of Animal Re-creation and*

Modification: Reviving, Rewilding, Restoring, Palgrave Macmillan; 2014.)

ただしこの意味で理解すると、形質の制御という本文の文脈にうまく合致しないように思われる。本文の文脈からすると、バック・ブリーディングは戻し交雑育種（backcross breeding）を表しているように思われる。戻し交配あるいは戻し交雑とは「両親（P1とP2）の交配から得られたF1にP1またはP2を交配することをいう」（独立行政法人農業・生物系特定産業技術研究機構編『最新農業技術事典』農文協、二〇〇六年、「戻し交配」の項）。

＊2　ゲンゲ科の魚の一種（『ランダムハウス英和辞典』小学館、「ocean pout」の項）。

＊3　特定の遺伝子の機能を壊すこと。

＊4　前駆体〔precursor〕とは以下の物質のことである。「生化学反応において、着目する生成物の前の段階にある一連の物質。一般には一つ前の段階の物質を指す。」（『広辞苑第六版』岩波書店、「前駆体」の項）

＊5　イネ科の雑草。

＊6　ここで用いられる推定（presumption）は、ある事柄が反証されるまではそれを正しいものと判断しておくことを意味する。法律用語で無罪の推定（有罪と宣告されるまでは無罪と見なされること）という言い方があるが、その際の推定に近いだろう。それだから、技術革新推定は、何らかの害悪があるということが示されない限り、技術革新を利用可能と認めることである。

＊7　たとえば、遺伝子組み換え大豆に対する、遺伝子組み換えがなされていない大豆のこと。

＊8　一九九八年一月に米国ウィスコンシン州で開催されたウィングスプレッド会議で採択された予防原則に関する宣言のこと。

＊9　カルタヘナ議定書については以下のとおり。「遺伝子組み換え生物の国際取引に関する取り決め。生物多様性条約に基づく一九九九年コロンビアのカルタヘナ（Cartagena）での会合の決議を踏まえ、二〇〇〇年採択。」（『スーパー大辞林』三省堂、「カルタヘナ議定書」の項）

＊10　テクノフィクス（technofix）は、『ロングマン現代英英辞典』（第六版）によると「問題に対する技術的解決」（a technological solution to a problem）という意味である。問題を生み出す根本的な原因や構造を不問に付して、テクノロジーを用いて問題を解決することの問題性が、ここでは指摘されている。問題を生み出す原因がテクノロジーであるとき、この問題をテクノロジーで解決しようとすることは、問題をむしろ永続化することになる。

＊11　「生きていない状態で」と訳したのは off the hoof で、

hoofは蹄のこと。on the hoofは肉用の家畜がまだ殺されていない状態（蹄で立っている状態）を意味するので、off the hoofは、その反対、つまり一匹の個体として生きているのでない状態を意味するだろう。

第5章

＊1　バルク（bulk）は、語としては、もともと「かさばった物」、「巨大な物」といった意味がある。バルク物質は、ナノスケールよりも大きなスケールの物質である。同一の物質でもナノスケールの場合と、バルクな状態では異なった性質を示す。バルク対応物は、後者の状態の物質であろう。

＊2　本書一九七頁以下で紹介されている「ＦＤＡは成長ホルモンで処理された雌ウシに由来する牛乳に有意な差異を見出していないという但し書き」のことだろう。

＊3　パターナリズム（paternalism）は、ラテン語の父（pater）から出てきた言葉であり、父権主義、温情主義、温情的介入主義などと訳される。語源からもわかるように、パターナリズムがモデルにする人間関係は、親子の関係である。通常、親は、その子どもの行く末を本人の代わりに決定することが許される。同じように、パターナリズムによれば、本人とは別の誰かが、本人の利益になるという理由から、本人の代わりに決定してしまうことが容認される。したがって、パターナリズムは、自己決定の対極にある。

＊4　高齢者向けの保険制度。

＊5　低所得者向けの保険制度。

＊6　政府のような単一の機関が、医療費の支払いや保険料の徴収を行う制度。

＊7　ファッド・ダイエット（fad diet）は一時的に流行する減量法のことである。このようなダイエットが生じる背景には、フード・ファディズムと呼ばれる価値観の蔓延がある。フード・ファディズムは「特定の食品や栄養素が身体に及ぼす影響を、過度に評価するような考え方。食品の善し悪しを単純に決めつけ、これらを過度に食べ分けるような行為を誘発する。」（『スーパー大辞林』三省堂、「フード・ファディズム」の項）。

＊8　与益の原語はbeneficenceで、通常は、善行あるいは慈愛などと訳される。他者に利益をもたらすように行為することを命じる義務のことであるので、ここでは与益という訳語を用いた。与益は積極的義務に分類される。消極的義務としては、他者に危害を加えることを禁じる危害原則などがある。

第6章

＊1　フーターズ・レストラン（Hooters Restaurant）の

hooters は米語の俗語で「オッパイ」の意。フーターズ・レストランの女性スタッフのコスチュームは胸部が強調されている。

＊2　スキニーガール・ウォッカ〔Skinny Girl Vodka〕のskinny girl は「細身の少女」の意。スキニーガール・ウォッカは女性向けのアルコール飲料である。

＊3　マンウィッチ・スロッピー・ジョー・ソース（Manwich sloppy joe sauce）。マンウィッチ社のスロッピー・ジョー用のソース。スロッピー・ジョーは、アメリカ発祥のサンドイッチの一種で、スパイスの効いた挽き肉とトマトソースを挟む。ジョーは男の名前であるから、肉食と男性との関係が表現されているということだろう。

＊4　フード・ネットワーク（The Food NetWork）は、食をテーマにした米国のテレビの専門チャンネルである。

＊5　フード・ツーリズム、あるいはキュリナリー・ツーリズムは、ある地域の食べものや食文化をその地域で楽しむために行われる旅のことである。

訳者あとがき

本書は、ロナルド・L・サンドラーによるフード・エシックスの入門書である。著者は現在、アメリカ合衆国のノースイースタン大学の哲学教授であり、同大学倫理学研究所の所長も務めている。二〇〇一年にウィスコンシン大学マディソン校で博士号を取得している。多数の研究業績があるが、本書を除く単著のみを記すと、以下のとおりである。

Character and Environment: A Virtue-Oriented Approach to Environmental Ethics, Columbia University Press, 2007.

The Ethics of Species: An Introduction, Cambridge University Press, 2012.

本書のテーマであるフード・エシックスは、倫理学の一分野である。倫理学は、その一つのあり方として、現代社会が生み出す様々な問題――倫理問題――に関して、それが倫理的に見て許されるかどうかを検討し、その問題の解決に資することを目指している。たとえば、人生の終末において安楽死を選択することは倫理的に許されるだろうか。許されるとしたなら、その根拠は何だろうか。あるいは、親の欲望を叶えるために、デザイナーベビーを作ることは許されるだろうか。許されるとしたら、その根拠は何だろうか……。このリストは、果てしなく続くことだろう。この長いリストのなかには、食べ物に関わる問題も含まれる。畜産工場は動物に多大な苦しみを与えると言われているが、そのような畜産工場で作られた肉を食べることは許されるだろうか。食料不安に苦しむ人々が数多くいるにもかかわらず、豊かな国の住民たちが、食料不安を放置したまま、贅沢な食事をとり続けることは許されるだろうか。自然のなかには存在しない遺伝子組み換え作物を開発したり、食べたりすることは許されるだろうか。個人の健康を実現するために、政府はどのように介入することが許されるだろうか。倫理的に問題のある食の実践は、文化や伝統を根拠にして正当化されるだろうか。そもそも、大量生産・大量消費・大量廃棄をもたらす現在のグローバルなフードシステムは許されるだろうか(これらの問題は、本書が検討している問題である)。こうした食べ物が生み出す様々な問題を倫理学の視点から考察し、その解決を目指すのが、フード・エシックスである。

フード・エシックスは、少なくとも英語圏においては、すでに一個の学問分野として確立していて、おびただしい数の研究成果が生み出されている。様々な論文集が何冊も刊行されているし、大規模な辞典も発行されている。他方、この国では、フード・エシックスという分野の存在が、本格的には認知されていないように思われる。たとえば、この国を代表する倫理学系の事典(『現代倫理学事典』と『応用倫理学事典』)には、残念ながらフード・エシックスの語が掲載されていない。あるいは、bioethics には生命倫理学、environmental ethics には環境倫理学といったように定まった訳語が存在しているが、フード・エシックスはそうではない。もちろん、この国で、フード・エシックスの研究が行われていないということではない。だが、それらの研究が、フード・エシックスという見出しのもとにまとめられることは少ないように思われる。

このような状況は、この国の出版状況にも反映している。食べることをめぐる関心は、一般に広く共有されているはずである。安くて美味しい食べ物だけではなく、健康な食べ物、公正に作られた食べ物、自然環境に「優しい」食べ物を食べたいという思いを、多くの人々が抱いているように思われる。だからこそ、食べ物をめぐる様々な書物が、書店の本棚を埋めているのだろうと推測される。他方で、その書店の本棚には、そうした問題を倫理学の視点から包括的に考察する書物がほとんどおかれていない。私は、そのことをずっと残念に感じていた。それだから、この状況を変えてくれる日本語の本が登場するのをずっと待ち望んでいたのであるが、その気配はないようであった。そんななか、二〇一五年に本書の原著が上梓された。早速、購入し読んだところ、本書はまさに私が待ち望んでいた本であるという手応えを感じたのである。

実際、本書は、読者を遠くまで運んでくれる優れた入門書である。つまり、この本を一冊読むことで、それを読む以前には知らなかった話題や理論の存在に触れることになり、その結果、自分で考え始めるところまで導いてくれるような入門書である。本書は食べ物に関する問題の所在を指摘するだけでなく、それに対してどのような理論が提示されてきたのか、どのような論争が繰り広げられてきたのかということを丹念に明快に見通しよく解説している。本書を読むと、本当に遠くにまでたどり着くことができる。

しかし、残念ながら、本書は英語で書かれている。ならば、ぜひとも日本語に訳すことにしようと決心し、それ以来、小間切れではあったが時間を見つけて、訳文を作る作業を続けた。訳文ができあがったあと、ナカニシヤ出版で編集の仕事をされている石崎雄高さんに本書の出版の御相談をしたところ、御快諾いただき、このような形で上梓される運びとなった。人文書をめぐる厳しい出版状況のなか、本書のように大部な本の出版をお引き受けいただいたことについて、石崎さんに心より御礼申し上げる。と同時に、「食べることの倫理」という本質的な問題に関心を持っていただいたことに敬意を表したい。ちなみに、本訳書の題名として食物倫理という語を用いたが、これは石崎さんの発案である。フード・エシックスの訳語としてこの語が定着していくのかどうか。それを見届けることを、私は楽しみにしている。

なお、本訳書がなるにあたっては紆余曲折があり、その過程で何人かの方々のお手を煩わせることになった。ここでそのお名前をあげることはできないが、この場を借りて、これらの方々にも御礼申し上げる。また紙幅の都合により、訳者解題等の掲載を断念せざるをえなかった。それに代わるものとして、以下の小論をお読みいただければ幸いである。馬渕浩二「フード・エシックスとはなにか――R・L・サンドラー『フード・エシックス』を読む」、『人間・自然論叢』第四七号、中央学院大学、二〇一九年。

本書を訳出するに当たっては、日本語としてのリーダビリティを重視した（もちろん、文意の正確な伝達を犠牲にすることのないように注意を払ったつもりである）。その結果、原文では一文であるものを訳文では複数の文に分けざるをえない箇所も多々あった。あるいは、相当にかみくだいて訳出した部分もかなりある。また、主に関係代名詞節の文意を明確にするために、原文にはない「――」を多用することになってしまった。これらは、読みやすさのための方策であったが、逆に読みにくくなっているのではないかと怖れてもいる。さらには、思わぬ誤解や不正確な部分が存在するかもしれない。読者の御教示を請う次第である。

かつて、ドイツの哲学者フォイエルバッハは、「人間とは人間が食べるもののことである」（Der Mensch *ist*, was er *isst*）と述べたことがある。これは、ドイツ語の「～である（ist）」と「食べる

（isst）」とが、両方ともイストと発音されることにかけた言葉遊びなのではあるが、しかし同時に、それは重要な事柄を的確に言い当ててもいる。何をどのように食べるのか――そのことを通して、人間の本性が垣間見えるということである。もしそうであるなら、食べ物について考えることは、私たち自身を、そして私たちが住まうこの世界を考えることと別のことではない。そして、本書は、そのことの証左となっているように思われる。本書を手にとっていただきたいと考える所以である。

訳　者

pacts of Food Choices in the United States," *Environmental Science & Technology*, vol. 42, no. 10, pp. 3508–3513.

WHO. 2013, "Obesity and Overweight," World Health Organization. Available from: <http://www.who.int/mediacentre/factsheets/fs311/en/index.html>. [April 17, 2014].

——. 2014, "Water Sanitation Health," World Health Organization. Available from: <http://www.who.int/water_sanitation_health/en/>. [April 17, 2014].

World Bank. 2011, *World Development Report 2012: Gender Equality and Development*, The International Bank for Reconstruction and Development/The World Bank, Washington, D.C.

——. 2013, "Migrants from Developing Countries to Send Home $414 Billion in Earnings in 2013," World Bank. Available from: <http://www.worldbank.org/en/news/feature/2013/10/02/Migrants-from-developing-countries-to-send-home-414-billion-in-earnings-in-2013>. [April 20, 2014].

——. 2014a, "Data: Agricultural Land (% of Land Area)," World Bank. Available from: <http://www.data.worldbank.org/indicator/AG.LND.AGRI.ZS?order=wbapi_data_value_2011+wbapi_data_value+wbapi_data_value-last&sort=asc>. [April 8, 2014].

——. 2014b, "Data: Proportion of Seats Held By Women in National Parliaments (%)," World Bank. Available from: <http://www.data.worldbank.org/indicator/SG.GEN.PARL.ZS>. [April 17, 2014].

——. 2014c, "Data: GDP Ranking," World Bank. Available from: <http://data.worldbank.org/data-catalog/GDP-ranking-table>. [April 20, 2014].

World Food Programme. 2012, "How High Food Prices Affect The World's Poor," World Food Programme. Available from: <http://www.wfp.org/stories/how-high-food-prices-affect-worlds-poor>. [April 17, 2014].

World Watch Institute. 2004, *State of the World 2004: Special Focus, The Consumer Society*, New York: Norton.

——. 2012, "Despite Drop from 2009 Peak, Agricultural Land Grabs Still Remain Above Pre-2005 Levels," World Watch Institute, *Vital Signs Online*. Available from: <http://www.worldwatch.org/despite-drop-2009-peak-agricultural-land-grabs-still-remain-above-pre-2005 Levels>. [April 23, 2014].

Worm, B., Barbier, E.B., Beaumont, B., Duffy, J.E., Folke, C. and Halpern, B.S. 2006, "Impacts of Biodiversity Loss on Ocean Ecosystem Services," *Science*, vol. 314, no. 5800, pp. 787–790.

——. 2013a, "Fertilizer Use and Price," United States Department of Agriculture, Economic Research Service. Available from: <http://www.ers.usda.gov/data-products/fertilizer-use-and-price.aspx>. [April 20, 2014].

——. 2013b, "Irrigation & Water Use," United States Department of Agriculture, Economic Research Service. Available from: <http://www.ers.usda.gov/topics/farm-practices-management/irrigation-water-use.aspx#.Uo5QFWR4bsg>.[April 20, 2014].

——. 2013c, "Farmers Markets and Local Food Marketing," United States Department of Agriculture, Agricultural Marketing Service. Available from: <http://www.ams.usda.gov/AMSv1.0/farmersmarkets>. [May 12, 2014].

——. 2014a, "Food Expenditures: Overview," United States Department of Agriculture, Economic Research Service. Available from: <http://www.ers.usda.gov/data-products/food-expenditures.aspx#26654>. [April 20, 2014].

——. 2014b, "Corn: Background," United States Department of Agriculture, Economic Research Service. Available from: <http://www.ers.usda.gov/topics/crops/corn/background.aspx#.UmfYw5R4bsg>. [April 20, 2014].

——. 2014c, "Food Security in the U.S.," United States Department of Agriculture, Economic Research Service. Available from: <http://www.ers.usda.gov/topics/food-nutrition-assistance/food-security-in-the-us.aspx#.U3PhnIFdVyz>. [May 14, 2014].

USDA-NASS. 2014, "Milk: Production per Cow by Year, US," United States Department of Agriculture/National Agricultural Statistics Service. Available from: <http://www.nass.usda.gov/Charts_and_Maps/Milk_Production_and_Milk_Cows/cowrates.asp>. [April 20, 2014].

USFWS. 2012, *2011 National Survey of Fishing, Hunting, and Wildlife-Associated Recreation State Overview*, United States Fish and Wildlife Service. Available from: <http://www.digitalmedia.fws.gov/cdm/ref/collection/document/id/858>. [May 20, 2014].

Van Huis, A., Van Itterbeeck, J., Klunder, H., Mertens, E., Halloran, A., and Muir, G. 2013, *Edible Insects: Future Prospects for Food and Feed Security*, Food and Agriculture Organization of the United Nations. Available from: <http://www.fao.org/docrep/018/i3253e/i3253e.pdf>. [May 20, 2014].

Wang, Y.C., McPherson, K., Marsh, T., Gortmaker, S.L. and Brown, M. 2011, "Health and Economic Burden of the Projected Obesity Trends in the USA and the UK," *The Lancet*, vol. 378, no. 9793, pp. 815–825.

Weber, C.L. and Matthews, H.S. 2008, "Food-Miles and the Relative Climate Im-

tional Alternatives? A Systematic Review," *Annals of Internal Medicine*, vol. 157, no. 5, pp. 348–366.

Swinburn, B.A., Sacks, G., Hall, K.D., McPherson, K., Finegood, D.T. and Moodie, M.L. 2011, "The Global Obesity Pandemic: Shaped By Global Drivers and Local Environments," *The Lancet*, vol. 378, no. 9793, pp. 804–814.

Thomas, C.D., Cameron, A., Green, R.E., Bakkenes, M., Beaumont, L.J. and Collingham, Y.C. 2004, "Extinction Risk from Climate Change," *Nature*, vol. 427, no. 6970, pp. 145–148.

UN. 1948, *Universal Declaration of Human Rights*, United Nations, Office of the High Commissioner for Human Rights. Available from: <http://www.ohchr.org/en/udhr/pages/introduction.aspx>. [April 20, 2014].

——. 1966, *International Covenant on Economic, Social and Cultural Rights*, United Nations, Office of the High Commissioner for Human Rights. Available from: <http://www.ohchr.org/EN/ProfessionalInterest/Pages/CESCR.aspx>. [April 20, 2014].

——. 2009, *World Population Prospects: The 2008 Revision, Highlights*, United Nations, Department of Economic and Social Affairs, New York.

——. 2013a, *World Population Prospects: The 2012 Revision, Highlights and Advance Tables*, United Nations, Department of Economic and Social Affairs, New York.

——. 2013b, *The Millennium Development Goals Report 2013*, United Nations, New York.

UNICEF. 2011, *Statistics By Area/Child Nutrition*, UNICEF, Childinfo. Available from: <http://www.data.unicef.org/nutrition/malnutrition>. [April 20, 2014].

——. 2013a, *Water, Sanitation and Hygiene*, UNICEF. Available from: <http://www.unicef.org/wash/>. [April 22, 2014].

——. 2013b, *Levels & Trends in Child Mortality: Report 2013*, UNICEF, WHO and World Bank. Available from: <http://www.childinfo.org/files/Child_Mortality_Report_2013.pdf>. [May 15, 2014].

USDA. 2012a, "U.S. Agricultural Trade: Import Share of Consumption," United States Department of Agriculture, Economic Research Service. Available from: <http://www.ers.usda.gov/topics/international-markets-trade/us-agricultural-trade/import-share-of-consumption.aspx#.U02Wdq2wL4P>. [April 21, 2014].

——. 2012b, "Dairy: Background," United States Department of Agriculture, Economic Research Service. Available from: <http://www.ers.usda.gov/topics/animal-products/dairy/background.aspx#.Utdh32RDuFA>. [April 20, 2014].

Food Product, Leopold Center for Sustainable Agriculture. Available from: <http://www.leopold.iastate.edu/pubs-and-papers/2005-03-calculating-food-miles>. [April 20, 2014].

Powell, L.M., Schermbeck, R.M., and Chaloupka, F.J. 2013, "Nutritional Content of Food and Beverage Products in Television Advertisements Seen on Children's Programming," *Childhood Obesity*, vol. 9, no. 6, pp. 524–531.

Pretty, J. and Hine, R. 2001, *Reducing Food Poverty with Sustainable Agriculture: A Summary of New Evidence*, University of Essex, Centre for Environment and Society. Available from: <http://siteresources.worldbank.org/INTPESTMGMT/General/20380457/ReduceFoodPovertywithSustAg.pdf>. [May 20, 2014].

Pretty, J.N., Morison, J.I.L. and Hine, R.E. 2003, "Reducing Food Poverty by Increasing Agricultural Sustainability in Developing Countries," *Agriculture, Ecosystems & Environment*, vol. 95, no. 1, pp. 217–234.

Pretty, J.N., Noble, A.D., Bossio, D., Dixon, J., Hine, R.E. and Penning de Vries, F.W.T. 2006, "Resource-Conserving Agriculture Increases Yields in Developing Countries," *Environmental Science & Technology*, vol. 40, no. 4, pp. 1114–1119.

Rao, M., Afshin, A., Singh, G., and Mozaffarian, D. 2013, "Do Healthier Foods and Diet Patterns Cost more than Less Healthy Options? A Systematic Review and Meta-analysis," *BMJ Open*, vol. 3, no. 12, e004277. Available from: <http://bmjopen.bmj.com/content/3/12/e004277.full.pdf+html>. [April 21, 2014].

Reading, B.F. 2011, "Education Leads to Lower Fertility and Increased Prosperity," Earth Policy Institute, *Data Highlights*. Available from: <http://www.earth-policy.org/data_highlights/2011/highlights13>. [May 12, 2014].

Robert Half. 2014, "More than a Third of UK Female Employees Have Faced Barriers During Their Career, While Half of HR Directors Believe Progress is Being Made," Robert Half. Available from: <http://www.roberthalf.co.uk/id/PR-03852/women-still-facing-gender-barriers-in-uk-business>. [May 15, 2014].

Running, S.W. 2012, "A Measurable Planetary Boundary for the Biosphere," *Science*, vol. 337, no. 6101, pp. 1458–1459.

Schmitt, J. and Jones, J. 2013, "Slow Progress for Fast-Food Workers," Center for Economic and Policy Research. Available from: <http://www.cepr.net/index.php/blogs/cepr-blog/slow-progress-for-fast-food-workers>. [April 21, 2014].

Seufert, V., Ramankutty, N. and Foley, JA. 2012, "Comparing the Yields of Organic and Conventional Agriculture," *Nature*, vol. 485, no. 7397, pp. 229–232.

Smith-Spangler, C., Brandeau, M.L., Hunter, G.E., Bavinger, J.C., Pearson, M. and Eschbach, P.J. 2012, "Are Organic Foods Safer or Healthier than Convention, Fish Watch. Available from: <http://www.fishwatch.gov/wild_seafood/>. [April 21, 2014].

OECD. 2013a, "Aid to Poor Countries Slips Further as Governments Tighten Budgets," *Organization for Economic Cooperation and Development*. Available from: <http://www.oecd.org/newsroom/aidtopoorcountriesslipsfurtherasgovernmentstightenbudgets.htm>. [April 20, 2014].

——. 2013b, *OECD Compendium of Agri-environmental Indicators, Organization for Economic Cooperation and Development*. Available from: <http://www.oecd-ilibrary.org/agriculture-and-food/oecd-compendium-of-agri-environmental-indicators_9789264186217-en>. [April 21, 2014].

Ogden, C.L., Kit, B.K., Carroll, M.D. and Park, S. 2011, "Consumption of Sugar Drinks in the United States, 2005–2008," Centers for Disease Control and Prevention, *NCHS Data Brief*, no. 71. Available from: <http://www.cdc.gov/nchs/data/databriefs/db71.htm>. [May 20, 2014].

Ogden, C.L., Carroll, M.D., Kit, B.K. and Flegal, K.M. 2012, "Prevalence of Obesity and Trends in Body Mass Index Among US Children and Adolescents, 1999–2010," *The Journal of the American Medical Association*, vol. 307, no. 5, pp. 483–490.

——. 2013, "Prevalence of Obesity among Adults: United States, 2011–2012," Centers for Disease Control and Prevention, *NCHS Data Brief*, no. 131. Available from: <http://www.cdc.gov/nchs/data/databriefs/db131.htm>. [May 20, 2014].

Olinto, P., Beegle, K., Sobrado, C. and Uematsu, H. 2013, "The State of the Poor: Where Are the Poor, Where is Extreme Poverty Harder to End, and What Is the Current Profile of the World's Poor?'," World Bank, *Economic Premise*, no. 125. Available from: <http://siteresources.worldbank.org/EXTPREMNET/Resources/EP125.pdf>. [May 20, 2014].

Ortiz, I. and Cummins, M. 2011, *Global Inequality: Beyond the Bottom Billion —A Rapid Review of Income Distribution in 141 Countries*, UNICEF, Social Inclusion, Policy and Budgeting. Available from: <http://www.unicef.org/socialpolicy/index_58230.html>. [May 20, 2014].

O'Sullivan, M. and Kersley, R. 2012, "The Global Wealth Pyramid," Credit Suisse, *Global Trends*. Available from: <https://www.credit-suisse.com/us/en/news-and-expertise/news/economy/global-trends.article.html/article/pwp/news-and-expertise/2012/10/en/the-global-wealth-pyramid.html>. [April 17, 2014].

Pirog, R. and Benjamin, A. 2005, *Calculating Food Miles for a Multiple Ingredient*

Insights. Available from: <http://www.oecdinsights.org/2010/01/25/biofuel/>. [April 17, 2014].

MacDonald, J. and McBride, W. 2009, "The Transformation of U.S. Livestock Agriculture: Scale, Efficiency, and Risks," *United States Department of Agriculture, Economic Research Service*. Available from: <http://www.ers.usda.gov/publications/eib-economic-information-bulletin/eib43.aspx>. [April 20, 2014].

Mendes, E. 2012, "Fewer Americans Have Employer-Based Health Insurance: Medicare, Medicaid, or Military/Veterans' Benefits Covers 25.2%," *Gallup*. Available from: <http://www.gallup.com/poll/152621/fewer-americans-employer-based-health-insurance.aspx>. [April 22, 2014].

Milanovic, B. 2012, *The Haves and the Have-Nots: A Brief and Idiosyncratic History of Global Inequality*, New York: Basic Books.

Mueller, N.D., Gerber, J.S., Johnston, M., Ray, D.K., Ramankutty, N. and Foley, J.A. 2012, "Closing Yield Gaps through Nutrient and Water Management," *Nature*, vol. 490, no. 7419, pp. 254–257.

Myrskyla, M., Kohler, H.P. and Billari, F.C. 2009, "Advances in Development Reverse Fertility Declines," *Nature*, vol. 460, no. 7256, pp. 741–743.

NAWS. 2004, *The National Agricultural Workers Survey*, United States Department of Labor, Employment and Training Administration. Available from: <http://www.doleta.gov/agworker/report9/toc.cfm>. [April 21, 2014].

Nicolia, A., Manzo, A., Veronesi, F. and Rosellini, D. 2013, "An Overview of the Last 10 Years of Genetically Engineered Crop Safety Research," *Critical Reviews in Biotechnology*. Available from: <http://www.geneticliteracyproject.org/wp/wp-content/uploads/2013/10/Nicolia-20131.pdf>. [April 20, 2014].

Nielsen. 2012, "Fifty Nine Percent of Consumers around the World Indicate Difficulty Understanding Nutritional Labels," Nielsen. Available from: <http://www.nielsen.com/us/en/press-room/2012/fifty-nine-percent-of-consumers-around-the-world-indicate-diffic.html>. [April 22, 2014].

NIMH. 2014, *Health & Education: Statistics*, National Institute of Mental Health. Available from: <http://www.nimh.nih.gov/statistics/index.shtml>. [April 20, 2014].

NOAA. 2012, *Status of Stocks 2012: Annual Report to Congress on the Status of U.S. Fisheries*, National Oceanic and Atmospheric Administration, Fisheries. Available from: <http://www.nmfs.noaa.gov/sfa/statusoffisheries/2012/2012_SOS_RTC.pdf>. [May 20, 2014].

——. 2013, *Wild-Caught Seafood*, National Oceanic and Atmospheric Administra-

ment of Agriculture, Economic Research Service, Report no. 786.

Foley, J.A., Ramankutty, N., Brauman, K.A., Cassidy, E.S., Gerber, J.S. and Johnston, M. 2011, "Solutions for a Cultivated Planet," *Nature*, vol. 478, no. 7369, pp. 337–342.

FSA. 2011, *Foodborne Disease Strategy: 2010–15: An FSA Programme for the Reduction of Foodborne Disease in the UK*, Food Standards Agency, London.

Godfray, H.C.J., Beddington, J.R., Crute, I.R., Haddad, L., Lawrenc, D. and Muir, J.F. 2010, "Food Security: The Challenge of Feeding 9 Billion People," *Science*, vol. 327, no. 5967, pp. 812–818.

Gunders, D. 2012, *Wasted: How America Is Losing Up to 40 Percent of Its Food from Farm to Fork to Landfill*, Natural Resources Defense Council. Available from: <http://www.nrdc.org/food/files/wasted-food-ip.pdf>. [May 20, 2014].

Haberl, H., Erb, K.H., Krausmann, F., Gaube, V., Bondeau, A. and Plutzar, C. 2007, "Quantifying and Mapping the Human Appropriation of Net Primary Production in Earth's Terrestrial Ecosystems,"' *PNAS*, vol. 104, no. 31, pp. 12942–12947.

IPCC. 2007, *Fourth Assessment Report*, Intergovernmental Panel on Climate Change, Geneva, UNEP/WMO.

——. 2014, *Fifth Assessment Report*, Intergovernmental Panel on Climate Change, Geneva, UNEP/WMO.

IUCN. 2014, "A Quarter of Sharks and Rays Threatened with Extinction," International Union for Conservation of Nature. Available from: <http://www.iucn.org/?14311/A-quarter-of-sharks-and-rays-threatened-with-extinction>. [April 22, 2014].

James, C. 2013, "ISAAA Report on Global Status of Commercialized Biotech/GM Crops," ISAAA Brief No. 46, ISAAA. Available from: <http://www.isaaa.org/resources/publications/briefs/46/default.asp>. [May 20, 2014].

Krausmann, F., Erb, K.H., Gingrich, S., Haberl, H., Bondeau, A. and Gaube, V. 2013, "Global Human Appropriation of Net Primary Production Doubled in the 20th Century," *PNAS*, vol. 110, no. 25, pp. 10324–10329.

Kroll, L. 2014, "Inside the 2014 Forbes Billionaires List: Facts and Figures," *Forbes*. Available from: <http://www.forbes.com/sites/luisakroll/2014/03/03/inside-the-2014-forbes-billionaires-list-facts-and-figures/>. [May 15, 2014].

The Lancet. 2011, "Obesity," *The Lancet*. Available from: <http://www.thelancet.com/series/obesity>. [April 20, 2014].

Love, P. 2010, "Fueling Hunger? Biofuel Grain 'Could Feed 330 Million'," *OECD*

Report, Food and Agriculture Organization of the United Nations, Rome.
——. 2013b, *The State of the World's Land and Water Resources for Food and Agriculture (SOLAW): Managing Systems at Risk*, Food and Agriculture Organization of the United Nations, Rome.
——. 2013c, *The State of Food Insecurity in the World: The Multiple Dimensions of Food Security*, Food and Agriculture Organization of the United Nations, Rome.
——. 2014a, "Greenhouse Gas Emissions from Agriculture, Forestry and Other Land Use," Food and Agriculture Organization of the United Nations. Available from: <http://www.fao.org/resources/infographics/infographics-details/en/c/218650/>. [April 4, 2014].
——. 2014b, *Common Oceans: Global Sustainable Fisheries Management and Biodiversity Conservation in Areas beyond National Jurisdiction*, Food and Agriculture Organization of the United Nations. Available from: <http://www.fao.org/docrep/019/i2943e/i2943e.pdf?utm_source=twitter&utm_medium=social+media&utm_campaign=faoknowledge>. [May 17, 2014].
FAOSTAT. 2008a, *FAO Methodology for the Measurement of Food Deprivation: Updating the Minimum Dietary Energy Requirements*. Food and Agriculture Organization of the United Nations Statistics Division, Rome.
——. 2008b, *FAOSTAT*, Food and Agriculture Organization of the United Nations Statistics Division. Available from: <http://www.faostat.fao.org>. [August 31, 2010].
——. 2010, "Minimum Dietary Energy Requirement," Food and Agriculture Organization of the United Nations Statistics Division. Available from: <http://www.fao.org/fileadmin/templates/ess/documents/food_security_statistics/MinimumDietaryEnergyRequirement_en.xls>. [May 12, 2014].
——. 2013, *FAO Statistical Yearbook: 2013: World Food and Agriculture*, Food and Agriculture Organization of the United Nations Statistics Division, Rome.
——. 2014a, *FAOSTAT*, Food and Agriculture Organization of the United Nations Statistics Division. Available from: <http://www.faostat.fao.org/>. [April 21, 2014].
——. 2014b, *Agriculture, Forestry and Other Land Use Emissions by Sources and Removals by Sinks: 1990–2011 Analysis*, Food and Agriculture Organization of the United Nations Statistics Division. Available from: <http://www.fao.org/docrep/019/i3671e/i3671e.pdf>. [May 20, 2014].
Fernandez-Cornejo, J. and McBride, W. 2000, *Genetically Engineered Crops for Pest Management in US Agriculture: Farm-Level Effects*, United States Depart-

FY 2011, U.S. Equal Employment Opportunity Commission. Available from: <http://www.eeoc.gov/eeoc/statistics/enforcement/sexual_harassment.cfm>. [April 20, 2014].

——. 2014b, *Enforcement and Litigation Statistics*, U.S. Equal Employment Opportunity Commission. Available from: <http://www.eeoc.gov/eeoc/statistics/enforcement/index.cfm>. [April 20, 2014].

EPA. 2011, *What's the Problem?*, United States Environmental Protection Agency. Available from: <http://www.epa.gov/region9/animalwaste/problem.html>. [July 1, 2014].

——. 2014a, *Concentrated Animal Feeding Operations (CAFOs): What is a CAFO?*, United States Environmental Protection Agency. Available from: <http://www.epa.gov/region7/water/cafo/>. [April 20, 2014].

——. 2014b, *Estimated Animal Agriculture Nitrogen and Phosphorus from Manure*, United States Environmental Protection Agency. Available from: <http://www2.epa.gov/nutrient-policy-data/estimated-animal-agriculture-nitrogen-and-phosphorus-manure>. [April 20, 2014].

Ezeh, A., Bongaarts, J. and Mberu, B. 2012, "Global Population Trends and Policy Options," *The Lancet*, vol. 380, no. 9837, pp. 142–148.

FAO. 2004, *The State of Food and Agriculture, Agricultural Biotechnology: Meeting the Needs of the Poor?*, Pood and Agriculture Organization of the United Nations, Rome.

——. 2006, *Livestock's Long Shadow: Environmental Issues and Options*, Food and Agriculture Organization of the United Nations, Rome.

——. 2010, "World Deforestation Decreases, but Remains Alarming in Many Countries," Food and Agriculture Organization of the United Nations. Available from: <http://www.fao.org/news/story/en/item/40893/icode/>. [April 20, 2014].

——. 2011, *The State of Food Insecurity in the World: How Does International Price Volatility Affect Domestic Economies and Food Security?*, Food and Agriculture Organization of the United Nations, Rome.

——. 2012a, *The State of World Fisheries and Aquaculture 2012*, Food and Agriculture Organization of the United Nations, Rome.

——. 2012b, *The State of Food Insecurity in the World: Economic Growth Is Necessary but not Sufficient to Accelerate Reduction of Hunger and Malnutrition*, Food and Agriculture Organization of the United Nations, Rome.

——. 2013a, *Food Wastage Footprint: Impacts on Natural Resources —Summary*

2014].
Chandy, L. and Gertz, G. 2011, *Poverty in Numbers: The Changing State of Global Poverty from 2005 to 2015*, The Brookings Institution, Washington, D.C.
CIA. 2014, *The World Factbook*, Central Intelligence Agency. Available from: <https://www.cia.gov/library/publications/the-world-factbook/rankorder/2127rank.html>. [April 20, 2014].
Cleland, J., Bernstein, S., Ezeh, A., Faundes, A., Glasier, A. and Innis, J. 2006, "Family Planning: The Unfinished Agenda," *The Lancet*, vol. 368, no. 9549, pp. 1810–1827.
Costa-Pierce, B.A., Bartly, D.M., Hasan, M., Yusoff, P., Kaushik, S.J., Rana, K., Lemos, D., Bueno, P. and Yakupitiyage, A. 2011, *Responsible Use of Resources for Sustainable Aquaculture*, Global Conference on Aquaculture 2010, Phuket, Thailand, Food and Agriculture Organization of the United Nations, Rome. Available from: <http://www.ecologicalaquaculture.org/Costa-Pierce-FAO(2011).pdf>. [May 20, 2014].
DEFRA. 2005, *Managing GM Crops with Herbicides: Effects on Wildlife*, Department for Environment, Food and Rural Affairs, York.
——. 2012, *Food Statistics Pocketbook: 2012 —in year update*, Department for Environment, Food and Rural Affairs, York.
Department of Labor. 2014, *Data and Statistics*, United States Department of Labor. Available from: <http://www.dol.gov/wb/stats/stats_data.htm>. [May 16, 2014].
De Schutter, O. 2011, *Agroecology and the Right to Food*, Report presented to the 16th Session of the United Nations Human Rights Council. Available from: <http://www.srfood.org/images/stories/pdf/officialreports/20110308_a-hrc-16-49_agroecology_en.pdf>. [May 12, 2014].
DeSilver, D. 2013, "Obesity and Poverty Don't Always Go Together," *Fact Tank*. Available from: <http://www.pewresearch.org/fact-tank/2013/11/13/obesity-and-poverty-dont-always-go-together/>. [April 20, 2014].
Dhar, Tirtha and Baylis, Kathy. 2011, "Fast Food Consumption and the Ban on Advertising Targeting Children: The Québec Experience," *Journal of Marketing Research*, vol. 48, no. 5, pp. 799–813.
DSB. 2011, *Trends and Implications of Climate Change for National and International Security*, United States Department of Defense, Defense Science Board, Washington, D.C.
EEOC. 2014a, *Sexual Harassment Charges: EEOC & FEPAs Combined: FY 1997—*

参考文献

Alexandratos, N. and Bruinsma, J. 2012, *World Agriculture towards 2030/2050: The 2012 Revision*, Food and Agriculture Organization of the United Nations, Rome.

Aquastat. 2014, *Water Uses,* Food and Agriculture Organization of the United Nations, Rome. Available from: <http://www.fao.org/nr/water/aquastat/water_use/index.stm>. [May 12, 2014].

Beat. 2010, *Facts and Figures: How Many People in the UK Have an Eating Disorder?, Beat*. Available from: <http://www.b-eat.co.uk/about-beat/media-centre/facts-and-figures/>. [April 20, 2014].

Bentham, J. 1907 [1823], *Introduction to the Principles of Morals and Legislation,* 2nd edn., Oxford: Clarendon Press.

BLS. 2014, *Occupational Employment Statistics: Occupational Employment and Wages, May 2013: Combined Food Preparation and Serving Workers, Including Fast Food*, United States Bureau of Labor Statistics. Available from: <http://www.bls.gov/oes/current/oes353021.htm>. [April 21, 2014].

Buzby, J.C. and Hyman, J. 2012, "Total and Per Capita Value of Food Loss in the United States," *Food Policy*, vol. 75, no. 5, pp. 561–570.

Carlson, R. 2014, "The U.S. Bioeconomy in 2012 Reached $350 Billion in Revenues, or about 2.5% of GDP," *Synthesis*. Available from: <http://www.synthesis.cc/2014/01/the-us-bioeconomy-in-2012.html>. [April 22, 2014].

Cassidy, E.S., West, P.C., Gerber, J.S. and Foley, J.A. 2013, "Redefining Agricultural Yields: From Tonnes to People Nourished per Hectare," *Environmental Research Letters*, vol. 8, no. 034015. Available from: <http://www.iopscience.iop.org/1748-9326/8/3/034015>. [May 20, 2014].

Catalyst. 2014, "Knowledge Center: Women CEOs of the Fortune 1000," *Catalyst*. Available from: <http://www.catalyst.org/knowledge/women-ceos-fortune-1000>. [April 20, 2014].

CDC. 2011, *Reducing Access to Sugar-sweetened Beverages among Youth*, Centers for Disease Control and Prevention. Available from: <http://www.cdc.gov/features/healthybeverages>. [April 17, 2014].

——. 2013, *Food Allergies in Schools*, Centers for Disease Control and Prevention. Available from: <http://www.cdc.gov/healthyyouth/foodallergies/>. [April 20,

マ・ヤ 行

メタ倫理学（metaethics） 231, 245
有機農業（organic agriculture） 12-15, 30, 39, 47, 62, 139, 158, 160
予防原則（precautionary principle） 161, 162, 202, 252

ラ 行

ラッペ，フランシス・ムーア（Lappé, Frances Moore） 13
ルーカル，ベッツィ（Lucal, Besty） 247
レイチェルズ，ジェームズ（Rachels, James） 245
＊
ラウンドアップ除草剤（Roundup herbicide） 153,
ラベル表示（labeling） 37, 39, 150, 165, 176-178, 194, 198-202, 211, 213, 223, 224
　強制的――（mandatory labeling） 176-178
　自発的――（voluntary labeling） 176-178
　消極的――（negative labeling） 176, 177
　積極的――（positive labeling） 176, 224
リスク評価（risk assessment） 194, 195
リバティー除草剤（Liberty herbicide） 153,
良好状態（well-being） 2, 116, 132, 134, 140, 171, 209, 212, 218, 223, 239, 246
浪費（waste） 11, 64, 71-73, 84, 90, 138, 158
ロカボア（locavore） 41, 45, 46

ポーラン，マイケル（Pollan, Michael） 13, 55
*
培養肉（cultured meat） 150, 183-188
背理法（reductio ad absurdum） 172
パターナリズム（paternalism） 201, 211, 227, 253
パナマ病（Panama disease） 160
美学（aesthetics） 37, 38, 43, 50, 54, 105, 184, 185, 227, 242, 243
肥満（obesity） 35, 196, 202-206, 210, 212, 218, 219, 223
標準化（standardization） 7, 18, 27, 31, 38, 100, 226
貧困（poverty） 16, 23, 24, 32, 44, 60, 63, 65, 67, 70, 72-74, 76-84, 86, 90, 92-95, 118, 158, 205, 206, 225
貧困ギャップ（poverty gab） 75, 82, 93
貧困ライン（poverty line） 28, 60, 63, 66, 75, 82
ファーマーズ・マーケット（farmers' market） 42
フェアトレード（fair trade） 37, 43, 52, 166
フォアグラ（foie gras） 50, 228, 231, 239, 240, 243
フカヒレ（shark fin） 227, 228
複作（polyculture） 12, 14, 70
不正義（injustice） 33, 43, 224, 225 →正義も見よ
　環境――（environmental injustice） 32, 34
　気候的――（climate injustice） 32, 34
　経済的――（economic injustice） 32
　歴史的――（historical injustice） 33, 120
不適切なエネルギーバランス（poor energy balance） 205
フードシステム（food system） *iii*, 2-4, 6, 17, 19, 25, 33, 42, 46, 48, 52, 53, 54, 55, 63, 64, 67, 71, 72, 95, 119, 136, 146, 155, 169, 187, 189, 193, 201, 205, 206, 215, 218, 235, 246, 247
　オーガニックな――（organic food system） 48
　オルタナティブ――（alternative food system） 53, 54, 206
　グローバル――（global food system） 6-9, 11, 17-27, 29-31, 34, 37, 39, 40, 43, 46, 52-56, 204, 206, 256
　グローバルな産業型――（global industrial food system） 8, 9, 13, 19, 30, 32, 36-38, 41, 44, 52-54, 169, 170, 226, 228
　産業型――（industrial food system） 50, 187, 214, 225
　ローカルな――（local food system） 46
フード・ツーリズム（food tourism） 242, 254
フード・ファディズム（food faddism） 253
フードマイル（food miles） 30, 41, 46, 47, 50
文化的価値（cultural value） 223, 224, 241
文化的実践（cultural practice） 4, 26, 38, 43, 44, 106, 114, 117, 122, 123, 128, 169, 196, 222, 226, 227, 229-233, 236-241
文化的相違（cultural divergence） 233, 234
文化的多様性（cultural diversity） 26, 222, 224, 247
文化の価値（value of culture） 223
文化の規範性（normativity of culture） 238
平均食事エネルギー供給量の十分度（average dietary energy supply adequacy） 15, 16
便利さ（convenience） 19, 38, 196, 209

タ　行

ダイエット（dieting）　213, 214, 229
　ファッド――（fad diet）　213, 214, 253
大規模な行為者（large actor）　7, 34
大食症（過食症）（bulimia）　125, 192, 216
大腸菌（e. coli）　35, 152, 192, 193 →食物（食品）に起因する病気も見よ
単作（monoculture）　12, 14, 26, 40, 155, 158, 164, 165, 168, 169, 248
地域支援型農業（CSA）（community-supported agriculture）　42
底辺への競争（race to bottom）　23, 28
テクノフィクス（technofix）　169, 174, 179, 181, 214, 252
天然猟／漁（wild capture）　98, 113, 119
同質化（homogenization）　27, 226, 227
同情（compassion）　76, 82, 120
道徳的運（moral luck）　78, 82, 86, 120
動物の権利（animal right）　104, 114, 180, 183, 246, 247
動物福祉（animal welfare）　2, 6, 32, 43, 47, 49, 50, 54, 98, 100, 101, 103-107, 112, 114, 116, 118-120, 128, 129, 132, 139-141, 145, 178, 180-183, 185, 187, 197, 224, 243, 246, 247
土地の収奪（land grab）　66
トランスジェニック（transgenic）　151, 153, 171
トロフィー・ハンティング（trophy hunting）　130, 250

ナ　行

ヌスバウム，マーサ（Nussbaum, Martha）　95, 250
ネッスル，マリオン（Nestle, Marion）　219
＊
ナノマテリアル（nanomaterial）　195
肉食への応答
　義務的肉食主義（obligatory carnivorism）　98
　同情的肉食主義（ compassionate carnivorism）　98
　良心的肉食主義（conscientious carnivorism）　129
　良心的肉食動物（conscientious carnivore）　128
　倫理的完全菜食主義（ethical veganism）　98
　倫理的魚菜食主義（ethical pescetarianism）　98
　倫理的菜食主義（ethical vegitarianism）　98
　倫理的雑食主義（ethical omnivorism ）　98
肉の性的政治（sexual politics of meat）　122, 124-126
妊娠期間用檻（gestation crate）　31, 52, 100, 249
農業労働者（agricultural worker）　27, 28, 44

ハ　行

ハーディン，ギャレット（Hardin, Garret）　80, 81
フォア，ジョナサン・サフラン（Foer, Jonathan Safron）　146
フォイエルバッハ，ルートビッヒ（Feuerbach, Ludwig）　258
ベンサム，ジェレミー（Bentham, Jeremy）　109
ボルグマン，アルバート（Borgmann, Albert）　36
ポッゲ，トーマス（Pogge, Thomas）　95

食事の多様性（diet diversity）　45
食通主義（foodieism）　242, 243
食の砂漠（food desert）　33, 44
食品産業労働者（food industry worker）　27, 28, 44
食品ロス（food loss）　17, 84
食文化（foodways）　4, 38, 222, 244, 254
食物アレルギー（food allergy）　193
食物（食品）に起因する病気（foodborne illness）　35, 36, 192, 193, 218
食欲不振症（拒食症）（anorexia ）　125, 192, 216
食料安全保障（food security）　3, 22, 23, 34, 43, 49, 50, 54, 65, 67-69, 75, 76, 84, 93, 158, 169, 243, 247
食料（の）供給可能性（food availability）　16, 17, 65, 67, 71
食料の主権（food sovereignty）　25, 26, 34, 43, 158
食料の自律（food autonomy）　25, 26, 34
食料不安（food insecurity）　13, 16, 22-24, 48, 61, 65, 67, 70, 73-75, 77, 83-85, 95, 118, 120, 177, 178, 205, 243, 247, 256
人口（population）　9-12, 36, 45, 47, 51, 60-63, 65, 68, 73, 80, 81, 124, 139, 155, 222, 250
人口置換水準（replacement-level fertility）　68, 69, 250
人工肉（artificial meat）　184 →培養肉も見よ
水産養殖（aquaculture）　29, 33, 119, 140, 141, 145, 179
スヴァールバル世界種子貯蔵庫（Svalbard seed vault）
正義（justice）　2, 6, 44, 77, 78, 82, 86, 158, 201, 247 →不正義も見よ
　環境——（environmental justice）　33
　グローバルな——（global justice）　6
　社会——（social justice）　43, 49, 51, 54, 56, 206
　食料——（food justice）　33, 34, 95, 243 →フード・ジャスティスも見よ
　分配的——（distributive justice）　32, 118, 119, 120, 140
生態学的影響（ecological impact）　12, 29, 30, 31, 33, 40, 47, 49, 98, 114-118, 120, 128, 132, 137, 140, 142, 144, 169, 170, 178, 179, 183, 184, 247
政府開発援助（official development assistance）　82, 94
生物工学（bioengineering）　*iii*, 3, 150, 152, 153, 164, 167, 171, 179, 180, 184, 185, 188, 225
生物資源探査（bioprospecting）　225, 226
生物資源盗賊行為（biopiracy）　225
生物多様性（biodiversity）　6, 12, 29, 39, 40, 69, 80, 115, 119, 143, 145, 160, 168, 228, 252
世界人権宣言（Universal Declaration of Human Rights）　76
世界を養う（feeding the world）　9, 10, 12, 15, 16, 20, 155, 156, 158, 160, 179
摂食障害（eating disorder）　125, 216-218, 229
選好（preference）　6, 8, 18, 20-22, 24, 25, 53, 92, 102, 105, 114, 117, 206, 207, 209, 211, 236, 240, 247
漸進的変化（incremental change）　157, 167
相対主義（relativism）
　選択的——（selective relativism）　232, 233, 237
　全面的——（global relativism）　237
　文化——（cultural relativism）　231-233, 237
　倫理的——（ethical relativism）　230, 236, 245

コストの外部化（cost externalization）　7, 21, 35, 100, 117
誤謬推理（fallacious reasoning）
　偽りのジレンマの誤謬（false dilemma fallacy）　182, 186, 215, 235
　完全主義の誤謬（perfectionist fallacy）　88, 235
　自然に訴える誤謬（fallacy of appeal to nature）　127, 128, 172, 174, 235
　衆人に訴える誤謬（fallacy of appeal to the crowd）　179, 235
　人身攻撃の誤謬（ad hominem fallacy）　235
　伝統に訴える誤謬（fallacy of appeal to tradition）　127, 231, 232, 238
　早まった結論の誤謬（fallacy of hasty conclusion）　235
ゴールデンライス（golden rice）　154, 164, 170
痕跡を残さない（leave no trace）　137

サ　行

シヴァ，ヴァンダナ（Shiva, Vandana）　13, 14, 26, 56, 189, 225, 244
シュローサー，エリック (Schlosser, Eric)　56, 219
シンガー，ピーター（Singer, Peter）　92, 95, 146, 250
セン，アマルティア（Sen, Amartya）　95, 250
*
裁定の困難（challenge of adjudication）　233, 234, 236
殺虫剤と除草剤のランニングマシーン（pesticide and herbicide treadmill）　159
瑣末性（inconsequentialism）　110-112, 117, 140
サルモネラ菌（salmonella）　35, 192-194 →食物（食品）に起因する病気も見よ
産業型農業（industrial agriculture）　12-14, 23, 40, 47, 62, 70, 103, 136, 139, 155, 158-160, 170, 174, 175
ジェンダー（gender）　15, 122, 124-127, 188, 229
試験管肉（in vitro meat）　183, 184 →培養肉も見よ
持続可能性　2, 6, 40, 43, 49, 51, 54, 158, 159, 243
実質的同等性（substantial equivalence）　166, 177, 199
資本コスト（capital cost）　8, 23, 158
社会的距離（social distance）　41, 42
集中家畜飼養施設（concentrated animal feed operation）　30, 100 → CAFO も見よ
従来型農業（conventional agriculture）　12, 13, 15, 49, 115, 136 →産業型農業も見よ
出生率（fertility rate）　9, 61, 67-69, 73, 81, 92, 94 →人口も見よ
狩猟（hunting）　31, 98, 103, 117, 126-140, 142, 143, 145, 146, 186, 228, 250, 251
　狩猟と公共の安全（public safety dimension of hunting）　131
　狩猟とスポーツ（sport dimension of hunting）　130
　狩猟と生存（subsistence dimension of hunting）　130
　狩猟と生態学的管理（ecological management dimension of hunting）　130
　狩猟の経済的次元（economic dimension of hunting）　130
　狩猟の文化的次元（cultural dimension of hunting）　130
　狩猟の倫理的次元（ethical dimension of hunting）　129
狩猟倫理コード（hunting codes of ethics）　136, 137
商業型漁業（commercial fishing）　22, 136, 140-142, 144, 228
消費者の健康（consumer health）　34, 35, 197, 200
消費パターン（consumption pattern）　62
商品化（commodification）　7, 31, 67, 78, 243
商品単作（commodity monoculture）　9, 23, 48, 159, 168-170, 179, 225, 226

温室効果ガス（greenhouse gas）　29, 30, 46, 115, 142, 145, 159

カ　行

グプティル，エイミー（Guptill, Amy E.）　247
コプルトン，デニス（Copelton, Denise A.）　247
　＊
買い主危険負担原則（caveat emptor principle）　199
買い主は気をつけよ原則（buyer beware principle）　199
化学物質への暴露（chemical substance, exposure to）　34
隠されたプロセス（hidden process）　36
加工食品（processed food）　18, 19, 26, 27, 34-36, 38, 40, 50, 51, 53, 176, 194, 204, 207, 226, 227, 243, 247
家族計画（family planning）　69, 81
カーボンフットプリント（carbon footprint）　46, 47, 249
カリング・コンテスト（culling contest）　131, 139
カルタヘナ議定書（Cartagena Protocol）　162, 252
環境人種差別（environmental racism）　34
環境と開発に関するリオ宣言（Rio Declaration on Environment and Development）　162
間接的義務（indirect duty）　134
機械化（mechanization）　7, 24, 205
危害原則（harm principle）　156
技術革新（innovation）　7, 11, 12, 155, 159, 161, 162, 164, 174, 202, 252
技術革新推定（innovation presumption）　161, 162, 186, 188, 202, 252
　——論証　156
規模の経済（economy of scale）　7, 18
キャンド・ハンティング（canned hunting）　131, 132, 139, 251
救命ボート倫理（lifeboat ethic）　80, 81
キュリナリー・ツーリズム（culinary tourism）　242, 254
共同の実践（communal practice）　26
共有地の悲劇（tragedy of the commons）　142
共有地問題（commons problem）　143, 144, 145
グローバルな調達（global sourcing）　7, 18, 23, 53
経済成長（economic growth）　10, 24, 32, 73, 74
経済発展（economic development）　24, 68, 78, 228
ケララ州（インド）（Kerala）　74
権利（right）
　消極的——（negative right）　77
　人権（human right）　6, 49, 76, 86, 145, 243, 247　→動物の権利も見よ
　積極的——（positive right）　77
　道徳的——（moral right）　77
　法的——（legal right）　77
　労働者の——（worker's right）　27, 43, 178
広告（advertising）　21, 124, 125, 204, 207-211, 214, 216, 229
公衆衛生（public health）　44, 54, 157, 192, 202, 206, 207, 210, 212, 218, 227
工場型農場（factory farm）　100　→CAFO も見よ
合成肉（synthetic meat）　150, 183, 184, 189, 235　→培養肉も見よ

索　　引

A—Z

Bt 作物（Bt crop）　153 →遺伝子組み換え（GM）作物も見よ
CAFO　30, 33, 34, 100, 101, 103, 105, 112, 113, 117-120, 127, 129, 137, 138, 145, 180-182, 186, 188, 236, 248
GM 作物に対する外在的反論（extrinsic objection to GM crops）　168
GM 作物に対する内在的反論（intrinsic objection to GM crops）　171

ア　行

アダムズ，キャロル・J（Adams, Carol J.）　122, 146
＊
アクアアドバンテージ・サーモン（AquaAdvantage© salmon ）　178, 182
アレルギー（allergy）　157, 192, 199, 201
安全性（safety）　28, 36, 45, 50, 67, 121, 157, 161, 176, 178, 193, 194, 196, 198, 199, 201, 202, 218
池のシナリオ（pond scenario）　87
偽りのジレンマ（false dilemma）　187
遺伝子組み換え（GM）作物（genetically modified (GM) crop）　3, 12, 39, 47, 150, 153-162, 164-173, 175-177, 179, 180, 202, 224, 256
遺伝子組み換え（GM）植物　174
遺伝子組み換え生物（GMO）（genetically modified (GM) organism）　150, 155, 162, 165, 173, 177, 178, 196, 199, 201, 223
遺伝子組み換え（GM）動物（genetically modified (GM) animal）　150, 178-180, 182, 183, 188, 235
遺伝子工学（genetic engineering）　173, 174, 180, 182
イントラジェニック（intragenic）　151
インフォームドコンセント（informed consent）　168, 217, 218
ウィングスプレッド宣言（Wingspread Statement）　161
栄養主義（nutritionism）　213-215
栄養不足（undernourishment）　16
栄養不良（malnutrition）　3, 9, 15, 17, 22-24, 33, 44, 60-62, 67, 73-78, 80-95, 119, 120, 155, 164, 205, 206, 215, 235, 243
栄養不良の二重の負荷（double burden of malnutrition）　203
栄養補助食品（supplement）　163, 194, 201, 213-215
エンバイロピッグ・ブタ（Enviropig© swine）　179
オーガニック（organic）　37, 39, 40, 47-49, 178, 193
　非認証――（uncertified organic）　13
オルタナティブ・フード運動（alternative food movement）　39, 43, 44, 53-56, 242
　オーガニック運動（organic movement）　40, 47, 48
　オーガニックフード（organic food）　39, 40
　スローフード（slow food）　40, 42-44, 49, 50, 51, 53, 227, 242, 243
　フード・ジャスティス（food justice）　6, 43, 44, 249 →食料正義も見よ
　ローカルフード（local food）　6, 40, 42, 44-47, 53, 227, 242

■著者紹介
ロナルド・L・サンドラー（Ronald L. Sandler）
ノースイースタン大学哲学教授。同大学倫理学研究所所長。ウィスコンシン大学マディソン校で博士号を取得（2001年）。主な著作に，*Character and Environment: A Virtue-Oriented Approach to Environmental Ethics*（Columbia University Press, 2007），*The Ethics of Species: An Introduction*（Cambridge University Press, 2012），など。

■訳者紹介
馬渕浩二（まぶち・こうじ）
中央学院大学教授（倫理学・社会哲学専攻）。博士（文学）。主な著作に，『貧困の倫理学』（平凡社，2015年），『世界はなぜマルクス化するのか』（ナカニシヤ出版，2012年），など。

食物倫理入門（フード・エシックス）
――食べることの倫理学――

2019年3月28日　初版第1刷発行
2021年3月12日　初版第2刷発行

訳　者　馬渕浩二
発行者　中西　良

発行所　株式会社　ナカニシヤ出版
〒606-8161　京都府左京区一乗寺木ノ本町15
TEL（075）723-0111
FAX（075）723-0095
http://www.nakanishiya.co.jp/

ⓒ Koji MABUCHI 2019
印刷／製本・モリモト印刷
＊乱丁本・落丁本はお取り替え致します。
ISBN978-4-7795-1339-8　Printed in japan

◆本書のコピー，スキャン，デジタル化等の無断複製は著作権法上での例外を除き禁じられています。本書を代行業者等の第三者に依頼してスキャンやデジタル化することはたとえ個人や家庭内での利用であっても著作権法上認められておりません。

倫理空間への問い
―応用倫理学から世界を見る―

馬渕浩二

現実の倫理問題を具体的に論じる応用倫理学の原点に立ち返り、安楽死、エンハンスメント、海外援助、戦争、資本主義、自由主義など、従来抜けていた問題を含む八つのテーマに挑む。

二七〇〇円＋税

世界はなぜマルクス化するのか
―資本主義と生命―

馬渕浩二

労働者とは誰か？ 労働者と資本主義の関係の本質とは？ 生命が社会的に生産され、労働者へと訓育されていくこの過程を「マルクス化」として捉え、読み解く、野心的な倫理的マルクス論。

二四〇〇円＋税

医療倫理の歴史
―バイオエシックスの源流と諸文化圏における展開―

A・R・ジョンセン／藤野昭宏・前田義郎 訳

古代の諸文化に始まり現代のバイオエシックスに至る、医療倫理の形成過程を探究。西洋史に留まらず、中国・インドなど東洋圏の展開まで押さえた、医療倫理を根本から考える上で必読の一冊。

三〇〇〇円＋税

技術の倫理
―技術を通して社会がみえる―

鬼頭葉子

「正しい技術者であるために守るべきことは？」「科学技術から利益を得ている私たちが心得るべきことは？」…。「高度な技術を利用する者」である全現代人に向けた「技術倫理学」の入門書。

二三〇〇円＋税

＊表示は二〇二一年三月現在の価格です。